THE FALL OF IMPERIAL CHINA

大清帝國的衰亡

魏斐德
Frederic Wakeman, Jr.

廖彥博——譯

目錄

導讀一

兩個意義上的承先啟後

廖敏淑
國立政治大學歷史學系副教授

導讀的形式很多，可以敘述作者或是書籍學術脈絡，也可以對書中主旨、特色作畫龍點睛的簡介，鑒於本書已有葉文心教授作了前者方式的導讀、又有譯者廖彥博博士作了後者方式的〈譯後記〉，而跟美國學界不存在任何淵源的筆者，或許只能試著另闢蹊徑，提供讀者另一個角度的導讀了。此篇導讀預計分兩部分，前一部分先概述本書的讀後感；後面則以每章讀書札記的方式，呈現筆者與本書的對話或商榷。

一、承先啟後

在閱讀本書的途中，得知美國學界「中國史三傑」中存世的最後一傑：史景遷（Jonathan Dermot Spence）教授，於年末過世，雖然三傑的名著依然能夠持續啟迪後輩學人，但三傑離世本身，也宣告著西方中國史學界一個風采璀璨世代的結束，但願後起之秀能接續起新的世代。對於三傑，學界一般評價史景遷係以敘事和文筆見長，孔復禮（Philip Alden Kuhn）則視角別出心裁，而讀完本書，筆者認為魏斐德（Frederic Evans Wakeman, Jr.）的確如同譯者〈譯後記〉所推崇的那般，其著述格局恢宏、敘事流暢，具有從史料中洞見因果脈絡的史識。例如書中提綱挈領地闡述中國從太平天國到共產黨的長期社會革命脈動，認為太平天國「是一場推翻舊有制度、建立新社會的聖戰」、「是致力於摧毀儒家文化的社會革命運動」，此後歷經團練崛起到民初軍閥、土豪劣紳控制地方的變動，再到鄉村民團與農民協會的對立衝突，最後「由中國共產黨所領導，終於發起一場人類史上規模最為空前的社會革命」，揭示了其宏觀史識。

本書初版於一九七五年，雖然距今有些年頭，無法納入近幾十年來學界的一些研究共識或新看法，但筆者認為此書具有兩個承先啟後的意義，依舊值得學子參考。

首先，本書在魏斐德個人學術關懷上具有承先啟後的意義。

盤點魏斐德著作，可以得知本書是其在以博士論文改寫出版的《大門口的陌生人：一八三九—一八六一年間華南的社會動亂》處女作後，接著為了呼應現世關懷，迅速蒐集資料，完成《歷史與意志：毛澤東思想的哲學透視》一書，然後再次回歸歷史專業，所寫出的關於中國帝制晚期通史的著作。此後魏斐德陸續刊行的幾部學術著作，如《洪業：清朝開國史》、《上海警察》、《上海歹土：戰時恐怖活動與城市犯罪一九三七—一九四一》、《特工教父：戴笠和他的祕勤組織》等書的選題與視角，其實都能在本書中找到線索：本書本來就是聚焦清代的通史，在觸類旁通諸多通史領域後，抽出一個領域去詳細探究，遂有《洪業：清朝開國史》之誕生；而本書用了許多文字敘述祕密會社或鄉村、城鎮盜匪及其在中國社會中的脈絡，書中甚且用很大篇幅描述了太平天國的崛起淵源、組織架構、建國理論與衰亡過程，可見魏斐德相當關注中國基層社會的議題，於是有了其學術生涯後半期一系列圍繞祕密會社、組織的著作。從本書可以窺見魏斐德一貫的學術興趣與關懷，故本書應在其學術生涯中扮演了承先啟後的角色。

順帶一提，也許正因為魏斐德個人對於祕密會社、組織的熱切興趣，使得他特別關注一些未必屬實的「八卦」，於是本書出現了魏斐德認為有相當證據可以寫到學術書裡的內容：如雍正皇帝死於呂四娘的暗殺、慈禧與榮祿或奕訢有私情、同治皇帝係因梅毒死亡等等。這些謠言、傳聞其實都忽略了清朝的祖宗家法與宮廷制度之嚴謹，並非事實。但魏斐德關注這些內容，也說明他是一個擁有相當人情溫度的學者。

其次，初版於一九七五年的本書，在西方中國史學界視角的變遷上具有承先啟後的意義。

本書出版的一九七〇年代，是以費正清（John King Fairbank）為代表的「朝貢體系論」剛剛遭遇挑戰，但仍盛行於以美國為首的西方學界之際，魏斐德在本書中並不突出「朝貢體系論」所呈現的西方片面主動衝擊中國、中國片面被動拉扯進西方秩序的模式，而是延續他博士論文的視角，關注中國人的思考與行為模式為何迥異於西方人，魏斐德這樣的視角，和當時美國學界逐漸質疑「朝貢體系論」是否能認識真正的中國之潮流相互呼應。與魏斐德同一個世代、作為費正清弟子的柯文（Paul A. Cohen）在一九八四年出版了《在中國發現歷史》一書，高舉轉換中國史研究視角的旗幟，此後美國的中國史學界大量出現挖掘中國社會制度、經濟脈動等試圖從長期、多元層次來探究中國歷史的著作，隨後在日本等地的中國史學界，也都出現修正「朝貢體系」論的趨勢。

本書雖然不採用「朝貢體系論」視角，但引用當時既有研究來鋪陳內容時，有些地方仍不免受到「朝貢體系論」研究的影響。由於時代制約，出現這樣的論點自是無可厚非，這些論點本身就代表了一九七〇年代美國中國史學界的時代印跡。

此外，本書也受到中國大陸學者馬列主義、反帝國主義、殖民史觀的影響，強調西方的「優勢」秩序或對中國的侵逼，在書中有些地方也過於強化了制式、刻板的農民階級及其形象。這些論點同樣烙著一九七〇年代的印跡，當時中國如火如荼的文革，很容易讓西方學者立刻聯想起清末民初的中國民族主義風潮和群眾運動。魏斐德在撰寫本書之前，因著現實關懷，大量蒐集、閱讀了中國材料，寫成《歷史與意志：毛澤東思想的哲學透視》，奠下觀看明末以來以迄毛澤東時代的中國農村、農民的行為模式之視角，因而形塑了本書偏重刻畫的農村、農民樣貌。

魏斐德長期在柏克萊加州大學擔任中國史講座，作育諸多後輩學人，本書可說具有類似美國大學的中國史教科書之地位，影響了幾十年的美國乃至西方研究中國史之學人。因此本書無論從學術史視角變遷或是教育脈絡來看，都具有承先啟後的意義。

更何況，當本書的論點都烙印著上世紀七〇年代的痕跡，本書本身就已然成為「歷史」材料，足供後學探究。

二、對話商榷

由於本書的通史性質，內容涵蓋的時間和範疇既長且廣，不容易個別挑出對話、商榷的特定主題，故此部分的導讀將以各章讀書札記、心得的方式，呈現筆者與本書的對話或商榷之處，提供讀者另外的思考餘地。必須強調的是，筆者認同本書許多見解，但囿於篇幅的緣故，在此主要提示讀者閱讀時需要注意的問題點，並非刻意挑錯。

第一章　農民

本章如下描述了兩種關於農民角色：「他們不識字、面目模糊，沒有自己的聲音，只能由別人描述定義；一直到了近代，他們才從抽象成為現實，而能為自己發聲。」「馱重的沉默野獸，每隔一段時間，很容易就會變成叛匪，嘯聚起事，攻擊主人。……投身於叛亂武裝，追隨以佛教預言作號召、野心勃勃的首領人物。」

筆者以為這樣的描寫或許是受到西方過去封建社會的世業印象或馬列主義史觀的影響，而呈現制式、刻板化的農民形象。但中國社會中「士農工商」的身分其實並非固定階級、一成不變的，而是流動、甚至一人或一家同時可以兼具不同職業。例如一個家裡以務農為基礎的學子，若取得功名，可以選擇出仕，也可以選擇在鄉當鄉紳，出仕則成士大夫亦即官員統治階層，在身分和權力上迥然不同於一般庶民。在清代，官員不能從商，但其家人或家僕可以從事農商工業，如此其家其實兼具了士農工商的職業。清代，一個商工業家庭子弟同樣能取得功名，並在手工業時代跟著資本累積的主要方式去購買土地、雇用農工，成為富農地主，而兼具士農工商的職業。除非是連手工業和交易有無都不可得的極端貧農家庭，否則不會呈現上述文章中所描繪的那種農民形象。

雖然本書在他處也寫了成功的農民可以培育出仕紳子弟，認可了中國社會、職業的流動現象，但仍在許多筆者覺得應該使用庶民、一般百姓來表述的地方，使用了農民字眼，也就是本書經常帶有「將農民直接等同一般百姓」的視角，讀者閱讀時應多加思考使用農民字眼的場合是否合宜。

由於人民的職業未必固定，庶民叛亂也很難定義成「農民」叛亂。若庶民叛亂時，有著宗教因素，也不會只是「佛教」。本書第四章也在寫到「大眾叛亂」時敘述了「道教教派當中的符籙運動」、「佛教白蓮教預言彌勒佛將降世解救眾生」等歷史事件，顯見此處只寫了「佛教」應當是一時不察吧。

第二章　仕紳

本章以下諸章，要對話或商榷的地方較多，因此按照書中行文的先後次序，編排數字，羅列如下。

（一）本章認為：中文的「仕紳」是「仕」與「紳」的組合，仕紳含有官僚與貴族的雙重性質。……文官集團急於擺脫國家掌控，自樹一格，在政府機構外，他們購置莊園，發展成為有田產的鄉紳。在官僚體制內，他們則設法確保「蔭」的世襲特權，好讓高級官員的子弟能以監生（國子監的學生）資格，自動取得仕紳的身分。

筆者看到本書某些地方能區辨中國仕紳與西方貴族的不同，但或許是西方視角的根深蒂固或是英文詞彙的問題，導致文中一些敘述不夠精確。因為中國的仕紳未必是官僚，也不是世襲的貴族。即便是「蔭」，也不是能一直世襲的。

（二）本章注釋6提到新科進士當中，只有前三名能留在權力金字塔的頂峰——翰林院。

翰林院是進士前三甲的培育機構，在清代，他們一般起到言官、清流提示意見的作用，並非權力金字塔的頂峰。

（三）本章寫道：「在一八五〇年以前，只有進士才可授官任職。」清代，舉人即可任官；「蔭」可任官；旗人、包衣均有科舉以外的任官管道；捐官亦可任官等等。科舉並非任官的唯一管道。

（四）本章寫道：「上層仕紳……薪俸優厚，足以負擔宗族的眾多產業和自己擁有的私田。」清代官員幾乎薪俸都是不足的，他們要自掏腰包聘請幕僚，因此必須仰賴許多非正式管道的財源來養家。

（五）本章注釋16：「諷刺的是，能投身公職的都是些文化上的通才，而那些省試落第者，才是真正學到行政技術的人；他們為上級提供諮詢，或者是擔任縣官的非正式屬員。」此處敘述不太精準，中國科舉取士本來就是取通才型的哲學家去作高級政治判斷，其他的具體行政工作仰賴專業幕僚或胥吏；而科舉落第者與科舉成功者同樣是學習通才文化，但因為無能再考或必須餬口，才額外學了行政技術，成為官員的幕僚、師爺。

（六）本章寫道：「調解農民之間的法律糾紛。爭執的兩造會付給調停的仕紳費用以資酬謝。」此處若將農民改為人民或庶民會比較妥切。清代商工業者之間的糾紛應該很多。

（七）本章寫道：「農民起來叛亂，對於低階仕紳來說也沒有甚麼好失去的，因為他們與地方土地殊少利害關聯。那些較高階的仕紳本身也逃稅，不過對於社會動盪帶來的危險則心生警惕；因此更傾向譴責大規模的貪腐，力挺官方矯正經濟弊政的措施。所以，高層仕紳對於官方的支持是真誠的，因為他們與帝國整體的利害一致。」

此處過分單純、固化了上下層仕紳關係，他們之間也是連動的，因為下層生員本人或其家人都有可能成為或正是上層仕紳。上下層仕紳學習的經典也大致相同，理論上應該具有一樣的道德和家國關懷，如果出現差異，與其說是下層仕紳秉性卑劣，不如說是因其將視角置於地方，所導致的利益關懷不同。而下層仕紳基本在地方上生活，肯定因庶民叛亂而遭殃。

第三章　商人

（一）本章寫道：「孔子著述之際，正遭逢巨商大賈起來挑戰既有的貴族秩序，因此他對商業的鄙薄，實則意在垂範未來，而不是敘述現實。」

筆者贊同此段描述，這是漢代獨尊儒術以後，歷朝「重農輕商」觀念的緣由之一，但大多數時代商人對政治社會的實際影響力都未必低於農民。

（二）本章寫道：「朝廷維持職業團體世代承襲祖業，鼓勵他們發展技藝；這些匠人被強制貢獻出部分勞動在修築皇宮、紡織御用絲綢，以及燒製舉世聞名的陶瓷製品。晚明之際，朝廷不再能嚴格管控工匠，於是這些木匠、石匠、絲織坊工與窯匠便能擺脫世襲的官營匠業，成為私人手工業者。世襲勞役產業的鬆動和市場從屬勞動力的解放，合起來影響了賦稅由實物改以金錢償付的轉變。……一條鞭稅法改革，在十六世紀後期澆灌出了資本主義的嫩芽……賦稅改以銀兩繳納是商業化的結果，而非其原因。」

中國一直存在官方世襲工匠和民間匠人，不是明末以後才出現這種分化。

本章此處對於一條鞭法的認識頗為到位。

（三）本章寫道：「在十七世紀、明朝末葉時，與日本、菲律賓的海外貿易，將數以百萬計的銀元帶進中國。」

此現象在十六世紀中葉以後就發生了。白銀流入是明朝能實施一條鞭法的原因之一。

（四）本章寫道：「直到二十世紀初年，生意人在其經商的城市，都無法獲得任何形式的政治自治空間。商人組織自治團體也不受官方許可。『行』這種商業同業公會起源自唐代，是政府所組織的工、商協會。……行頭負責監督同業的品質、成員和價格，同時確保政府所徵的行稅能順利收取。所以簡單來說，貿易是一種必須向皇帝購買的特許權利。」

或許是受西方特許貿易以及近世西方商業自治城市視角的影響，所以本書認為中國的商人不具備西方式的自治空間，還得向皇帝購買的特許權利，但這樣的敘述不準確。除了內務府等御用官商外，清朝是最不干涉商業的中國皇朝，商人的商業同業公會、會館基本都是商人自組的，當然基於人民不能隨便結社的原則，商人組成同業團體後須向官府報備，但官員主要監督商人和商業符合朝廷秩序，確保商人交上來的稅額，此外基本不插手商人同業公會的內規，在這樣的秩序下，商人有一定的自治空間。除了少數國家專賣、內務府壟斷或專屬皇室私庫的領域外，否則商人也不用向皇帝購買特許權利。反而西方各國的東印度公司才需要跟國王買特許權利。

（五）本章寫道：「在十八、十九世紀時，全國的銀行業事實上被三個經營知名山西票號的家族所把持。」

這個敘述有問題，票號之外還有錢莊存在，而山西票號也不由三個家族把持。

（六）本章寫道：「所有文化上的抱負和企圖最終都與政治有關，都涉及社會頂峰的權力位置。就如同商人，無論其財富的多寡，都企圖能躋身仕紳之列。文人學者亦復如此，無論他是如何的離經叛道、不循常規，還是冀望有朝一日能為北京的皇帝效命。」

這樣的敘述有些極端，一般只有儒生或功利主義者才這麼泛政治化吧。老莊信徒不這樣，其他人也不見得如此，中國人其實非常多元，不能只看見儒士或功利主義者。

這裡提到袁枚渴望參與四庫全書工作是冀望有朝一日能為北京的皇帝效命，但袁枚也許只是想藉著編輯四庫全書而能讀到從舉國各地蒐羅而來的眾多書籍吧，這是很多文人的慾望。更何況編輯四庫全書時，袁枚早已因厭惡官場而引退良久，不至於懷抱「為北京的皇帝效命」的抱負吧。

第四章　朝代循環

（一）本章寫道：「由於官僚體系缺乏制度性的制衡，歷史上各個朝代無不倚靠儒家思想裡對官員行為的規範，因此端賴官員自覺和行為的自律……倘使貪污盛行、苛捐雜稅、水利工程失修潰決，那麼農民叛亂必定相尋而至，為新的朝代崛起，接收天命打下基礎。」

此處過度偏重儒家理論，但秦代以後中國歷朝一直不斷完善官僚制度，歷朝都是法、儒兼用的體系，從不缺制度、法律，只是制度在皇朝衰世往往因為人治問題或怠政而脫序或癱瘓。

（二）本章將起事的中國農民與日本農民比較如下：「如果是農民自己起事的話，他們心中所懷抱的，恐怕不是決議，而是絕望。他們並未提出可供商量的要求，只是要表達出社會上普遍的不滿與怨憤。」VS.注釋5「日本農民在德川幕府統治時期（西元一六〇〇至一八六八年）的起事，多半是基於村人認為，他們和大名（即地方諸侯）所訂立的、更清楚的契約，遭受幕府當局的破壞所致。日本農民的起事，因此通常會伴隨著請願、引用風俗慣例及特定的政治訴求。」

但這樣的論點不精準。如前所述，中國農民有能力的話是可以在社會階層中流動，並轉換職業的，或許因為農民本身就契合於中國的政治社會結構，所以真要起事時也無庸另外提出特別主張。相對於中國農民，近代化前的日本農民是封建世襲社會下世業務農的存在，基本上無法在社會階層中流動、或轉換職業，除非拋棄世業以黑戶形式存活於城鎮，否則只能永遠居住在自己的農村。德川幕府時期，日本農民的起事多半是典當了土地、欠了高利貸，很難在村中存活了，才暴動，要求領主廢棄農民跟高利貸業者之間債務或要回土地，這是為了能在村中繼續以世業務農生存下來，是封建世襲社會的一種慣性，並非有特定的政治訴求。

（三）本章寫道：「和別處社會的匪徒不同，中國的亡命之徒們深具政治自覺，……國家與社會的關係並不這麼疏遠。」

是的，中國的亡命之徒也契合於中國的政治社會結構。跟非中華世界相比，多元一體的中國，其國家與社會關係是相對密切的。

（四）本章寫道：「仕紳的地位在元朝時大幅滑落，蒙古皇帝偏愛晉用像契丹人耶律楚材，或是威尼斯人馬可波羅（Marco Polo）這樣的外族臣子，還公然鞭撻犯錯的漢人臣屬以貶低其地位。」

史學界對於馬可波羅是否真的來到中國、效力於忽必烈？仍然存在分歧。其實元代能舉例的外族官員很多，不過在此特意提及馬可波羅，也符合喜愛各式傳聞的魏斐德之風格吧。

創建元朝的成吉思黃金家族，其文化底層是草原的封建世襲社會，所以在中國的統治也帶著封建世襲特色，採用「家產官僚制」，自然重視世襲身分而非靠才能出仕的仕紳，但為了統治中國，元朝也大量使用儒吏從事行政實務。

第五章　滿族興起

（一）本章在注釋4寫道：「尼堪外蘭有可能是一個女真化的漢人。他的名字在滿文裡的意思，指的就是漢人官員。」

尼堪外蘭，為滿語「nikan wailan」之音譯。nikan為漢人或漢人的意思；wailan是漢語「外郎」的音譯，為書記、祕書的意思。兩者合起來，尼堪外蘭的本義為：漢人書記、漢文祕書，或為「掌漢語的通事」之意。根據佟佳氏家譜記載，尼堪外蘭，姓佟佳氏，本名布庫錄。並非女真化的漢人。

（二）本章寫道：「漢人王朝……長期以官僚名位來迷惑這些氏族首領：大汗和氏族長者同時兼有氏族首領和朝廷官員的身分。」

明朝的羈縻衛所，是冊封當地酋長，給予名義上的都指揮使頭銜，類似於中國朝廷對屬國國王或從屬部落酋長的冊封，羈縻衛所的首領並非朝廷官員。

本章提及皇太極、多爾袞意欲「征服中國」；又寫到多爾袞入北京後「宣告大清代明而興、承繼帝業，多爾袞立即採取各項措施，爭取民心支持。」

或許是受了幾十年前「征服王朝」史觀的影響，所以本章有兩三處提到了滿洲人意欲「征服中國」，但「征服中國」的語境、語意和「宣告大清代明而興、承繼帝業」不太契合，不知道魏斐德本人更傾向哪一種敘述？筆者同意後者的敘述，認為清朝是有意識取代明朝成為中國的。

第六章　清初與盛清之世

（一）本章寫道：「禮部：負責朝廷祭孔典禮，中亞各國的外交往來關係及舉辦科舉考試。」

若依據本書撰寫時盛行的「朝貢體系論」觀點，禮部是負責跟沿海而來的國家「外交往來」的，而跟中亞國家之間的往來則是理藩院負責的。由於缺乏出處的注釋，不知道魏斐德此處寫的負責「中亞各國的外交往來關係」的根據為何？

但筆者認為禮部是因為負責內外各式典禮，才擔任外國使節的接待、引導等事務，並非「朝貢體系論」所認為的負責了「外交」事務，包含禮部在內的六部，其實各部都因各自的職能而分擔了與外國或外國使節的往來的涉外事務；理藩院則相當於掌管游牧、漁獵民族事務的六部，因為掌握蒙語，所以負責接待、引導來自中亞、北亞等與蒙古相鄰、通過蒙古區域來到清朝的國家之涉外事務。

（二）本章寫道：「中國皇位傳承的法則，並不拘泥於長子繼承制。」

是的，事實如此。但許多書籍仍在宣揚（嫡）長子制，就如同許多書籍也往往把作為儒家理念的《周禮》視為實際實施過的制度一樣。

（三）本章寫道：「胤禛此時理應秉承父皇之命前往天壇，代行冬至祭天之禮……他卻直入暢春園，來到其父的臥榻之側。他後來聲稱，此時父皇以大位相授——然而既然康熙業已龍馭上賓（可能為胤禛所謀弒）。」

關於此章寫道「雍正殘忍無情的奪權即位」以及雍正為呂四娘所刺殺等內容，雖然注釋11的譯注已經稍作解釋了，但目前許多稗官野史、小說和戲劇仍在謠傳雍正得位不正的說法，因此筆者認為還是應該加以澄清。目前史學界尚找不到雍正繼位不合法、不正統的史料或理由，加上皇四子胤禛在康熙晚年承擔許多重要職責和各種歷練，因此胤禛繼位應該是康熙皇帝的選擇。書裡也提及胤禛秉承父皇之命前往天壇代行冬至祭天之禮之事，由此可知康熙在晚年重用胤禛、甚至讓他代替生病的自己祭天，而祭天一直是身為天子的皇帝之職責。更何況一個年老的皇帝不會將自己隨時必須繼位的繼承人派赴遙遠疆場的，所以當皇十四子被派赴疆場時，康熙應該已經做了決斷了。而胤禛能在康熙彌留之際得到消息前往暢春園，也應該是康熙最後的旨意，否則胤禛不可能在康熙眾多護衛親信環繞下，長驅直入。

胤禛遭致懷疑的背景，體現了當時皇子們拉幫結派暗鬥以爭奪皇位的激烈，導致失意者及其黨羽散播謠言，而雍正即位後斷然清除諸弟覬覦皇位的野心，以及嚴厲改革政治等手段，也使其人望不佳。

（四）本章寫道：「乾隆的個人特質，卻完全受到帝國的刻板模式……只能被看作是各種完人圖像的顯現，而真正的乾隆皇帝，則被掩蓋於這些圖像之後。」

筆者認為乾隆亦擁有強烈個人特質，這些看似「完人圖像的顯現」正是乾隆自身性格好大喜功、刻意「垂範於世，作一代聖君典範」的展現。

（五）本章寫道乾隆：「他對扮演傳統中國的聖君角色過於執著，卻忘記他的滿洲先人所面對的若干嚴苛現實。……滿人既早已不能講滿洲話了……旗人多已難當大任，使得乾隆的子孫必須仰賴漢人督撫組織團練武力。」

事實上乾隆深知滿洲人漢化問題的嚴重性，他在位期間不斷提倡國語騎射，希望滿洲人能讀說寫滿語，依舊保持旗人騎馬作戰的能力。但不用等到乾隆時代，關內八旗在康熙皇帝打準噶爾時已經失去勇猛作戰的能力，依靠的前鋒是直接從關外東北調來的旗人。

（六）本章寫道：地方團練「起源於」十九世紀初嘉慶時期對分散式的川楚白蓮教起義。但團練在康熙時代就已出現，因負責地方治安的綠營、捕快人員不足、效率太差，加上清代商業發達，至少在乾隆中期以前，各地水陸商業要衝經常組織有當地官府認可的由商紳所支持的團練，以防備盜匪。

（七）本章最後一句話寫道：「在一八三九年，接踵而來的浪潮，即將把整個中國淹沒。」這與「朝貢體系論」主張第一次鴉片戰爭是中國近代史轉捩點的觀點相似，但筆者認為第一次鴉片戰爭尚未使清朝傷筋動骨，因為五口通商制度幾乎都符合清朝的互市體制。

第七章　西方入侵

（一）本章寫道：「朝鮮國王、安南君主及日本天皇，皆享有治理其國之權，但是在儒家的階層之中，他們作為兄弟之邦，都位列於中國皇帝之下，需要中國天子的冊封……不過還是有為數眾多的國家，因為想與中國貿易往來，而願意自居藩屬，尊重這套理想秩序。」

日本天皇並不在中國的封貢秩序之下，日本曾和中國締結封貢關係的是作為「日本國王」的足利將軍而非天皇；日本天皇在歷史上實際親政的時期不長，長期治理國家的不是中央世襲豪族就是將軍幕府。

被中國天子冊封的國家都不是中國的「兄弟之邦」，而是屬國；兄弟之邦在國格上是對等的，宗主國和屬國則有上下名分的差別。

（二）本章注釋1對明朝貢船勘合貿易的描述不準確。

朱元璋在洪武中葉實施海禁之後，明朝國策僅允許明朝冊封的朝貢國以勘合進行官方貿易，作為祖制，海禁政策一直存在，只不過明朝政府一直執行不佳，沿海中國商人經常偷渡出海，明中葉以後甚至在中國沿海島嶼、日本長崎和平戶等地有了根據地；廣東地方政府因為海防的財政壓力，也時常允許西方商船交易，甚至私放中國商人出洋。由於執行海禁不力，於是明中葉後沿海地方仕紳經常通過朝中同鄉官員運作明朝開放海禁，在經歷嘉靖朝反覆放鬆海禁和嚴格實施海禁的過程後，隆慶元年（一五六七）明朝決定緩解海禁（並非撤廢海禁），此後明朝的對外貿易有如下三種型式：一、原有的「貢舶互市」（只是成祖之後，來從事勘合貢船貿易的國家和船隻都大量減少，後來主要是琉球貢船還經常前來）。二、中國商船從福建漳州海澄亦即月港口岸的出海貿易（此地是中國海商偷渡走私的小港，明朝無法杜絕偷渡走私、海盜行為，只好開放此口；但並不開放中國沿海歷史上從事外貿的大港口，而且依舊禁止中國人前往東洋日本貿易）。三、外國商船來航廣東而由廣東官方課稅的貿易。其管理方法也分成三種：第一，「貢船互市」是依據原有的貢船貿易方式進行；第二，從福建月港口岸出海的中國商船，在支付商稅之後，得以出海貿易；第三，不論貢船與否，外國船隻載運貨物到廣州或澳門時，由地方當局予以課稅之後，准許其靠岸交易。

故此章前頭提及葡萄牙人於一五一八年派遣特使皮萊資（Tomas Pires）「試圖和北京談判商業協定」，那時明朝依舊執行祖制的海禁，皮萊資事實上只能通過麻六甲（明朝冊封的朝貢國）的使節「火者亞三」引路來到明朝，然後試圖成為明朝冊封的朝貢國，才可能和明朝進行合法的勘合貿易。另外，文中寫道因葡萄牙艦船攻擊廣東，使得皮萊資的「談判」失敗，「皮萊資則囚死於北京獄中」，但實際上，皮萊資是被逐出北京，最後在廣東被捕而入獄。

文中又寫道葡萄牙人「賄賂了廣州的海關官員」，不過當時明朝不存在海關官員，被賄賂的是廣東海道副使汪柏。

又文中認為「澳門的領土狀態委實難以界定。葡萄牙人將這裡看作殖民地，但中國人可沒有讓出任何權利。」

但依據新近研究，葡萄牙人是以每年交租金的方式，租住澳門，直到清代，清朝正式派廣東香山縣令（後又加設澳門同知）管理澳門，澳門葡人享有在清朝法律下賦予的在居留地上的局部「自治權」，澳門葡人自治組織的理事官以稟呈的上行文書向香山縣令、澳門同知提交各式回覆。澳門葡人在清代開海後，不能主佔中歐貿易，但卻成為提供歐美商人在超過廣州貿易季節時間的居留地，直至今天澳門依舊以服務業作為經濟大宗。

（三）文中寫道清朝「逼迫荷蘭人對華貿易採行朝貢模式……他們終究無法像在廣州的英國人那樣，和清朝建立起持久且廣泛的貿易關係。」

事實上荷蘭東印度公司是在清朝尚未收復臺灣之前的海禁時期，自主請求清朝冊封的。因為海禁時期清朝為了杜絕臺灣的鄭氏政權獲取大陸物資，採取堅壁清野政策，只允許貢船在貢期從貢道前來，不允許其他海外貿易，荷蘭東印度公司為了在此時期仍然與中國貿易，於是選擇成為清朝的屬國。清朝收復臺灣後，解除海禁，荷蘭東印度公司可以商船（不需是貢船）到開放的四海關貿易，但他們多半選擇待在巴達維亞等待中國海商帶來他們需要的中國商品。荷蘭跟清朝的關係比英國跟清朝親近，荷蘭是清朝屬國，跟清朝有國交政治關係，英國不過是跟清朝沒有國交、只來通商的國家。

（四）本章寫道：「如東印度公司一樣，廣州的公行手握與外洋貿易的國家專營之權。」

事實上「公行」是廣州大行商的公會組織，雖然行商都必須得到官方執照，但並未壟斷廣州與外商的貿易，也不持有「國家專營之權」。正因為西方的東印度公司都由國王給予特許、壟斷貿易權，所以從西方人的視角，容易把「公行」看成跟他們一樣是有特許權的壟斷組織。

同理，文中提到由「公行」轉呈英商意見給廣東官員等等，這裡的「公行」應該也應稱為行商。

（五）文中提到英國「從一七六〇年到一八三三年間，東印度公司只能在廣州進行貿易。」

乾隆皇帝下令乾隆二十二年（一七五七）起英國只能在廣州貿易，所以洪任輝得知消息後才於一七五九年去告御狀的。到一八四二年《江寧條約》締結後，英商及其他歐美商人才能在條約規定的五口通商。

第八章　外患與內亂

（一）文中寫道第一次鴉片戰爭後，英國等國迫使中國做出重大讓步，其中第五項提及「限制內地釐金貨物稅」。

但釐金要等到太平天國的咸豐年間才出現，英國等國此時要求的是限制內地通過稅不過高。

（二）文中寫道第一次鴉片戰爭後：「七、中方承認治外法權：外國人在中國犯法，須交由該國領事審理。」

此條款原文可參照《中美望廈條約》第二十一款「嗣後中國民人與合眾國民人有爭鬥、詞訟、交涉事件、中國民人由中國地方官捉拿審訊，照中國例治罪；合眾國民人由領事等官捉拿審訊，照本國例治罪；但須兩得其平，秉公斷結，不得各存偏護，致啟爭端。」這其實體現清朝涉外法律「各國各官各管各人」的原則，只要跟清朝締結條約關係的話，對方國家在華人民是擁有這個審理權利的，從康熙二十八年（一六八九）和俄羅斯簽訂《尼布楚條約》以來就如此，所以此時給締約的英國領事裁判權並非清朝的重大讓步，毋寧是清朝認為的合理安排。

而文中的「八、給予西方各國最惠國待遇。」也符合當時清朝對各國「一視同仁」的立場，並非本文認為的是「西方對清帝國的外交安排」、「殖民中國」。因為「租界」也是基於「各國各官管各人」的原則，也承襲唐代以來的「蕃坊」、「新羅坊」等外國人居留地的作法，並非本文認為「上海公共租界，就是按照列強共同分享中國利權的原則建立的」。設置租界是隔離中外人民生活圈的作法，因此不讓英人入廣州城、只讓他們居於廣州海岸的居留地，是符合中華涉外原則的，只是英國人認為條約規定可以在「廣州」居留就等於可以入城，於是產生諸多紛爭，又成為第二次鴉片戰爭的導火索之一。

又「海關裡的洋員監督」，是清朝的客卿，一開始作為道台的幕僚，後來各地洋關的洋員受清朝督撫、布政使、稅關監督以及中央的戶部、總理衙門、稅務處等機構監管，並非本文認為的「是西方炮艦外交令人屈辱的象徵」。當然，後來洋人稅務司的聘雇成為列強爭奪在華的權益之一，並阻礙華人稅務司的大量聘用和升遷等等，的確造成國人觀感不佳。但此是後話，並非一開始就「是西方炮艦外交令人屈辱的象徵」。

（三）文中又寫道鴉片戰爭「迫使中國放棄其傳統的朝貢外交，並且按照西方各國的遊戲規則和他們來往」、「只有中國喪失權利，成了唯一的輸家」。

但筆者不認為這是對於第一次鴉片戰爭後條約關係的合宜詮釋。清朝在十七世紀就跟俄國締結了目前學界都公認的對等的《尼布楚條約》，期間又增補了《恰克圖條約》並且一直執行到第二次鴉片戰爭時期與俄國的新訂《天津條約》為止，因此清朝中國的傳統外交並非只有所謂的「朝貢外交」；而且第一次鴉片戰爭後的條約，並非過去許多學者認為的是全然的「城下之盟」、迫使清朝採用西方遊戲規則，除了筆者上段提到的條約許多規定都符合清朝的涉外秩序之外，條約中的雙方官員相見的上下官員等級禮儀、文書等級，以及以後商欠不由官償等規定，還有締約過程中清朝拒絕外國公使駐京（這是當時清朝的外政理念，不讓外國常駐使節監視）等等，也都體現了當時清朝的意志。而鴉片戰爭後，朝鮮、越南、琉球、廓爾喀等屬國俱在，屬國對清朝的朝貢依舊健在。

第九章　中興與自強的幻影

（一）本章特別提及「正式與非正式仕紳的分布」及佔比，但沒有定義何謂「正式仕紳」何謂「非正式仕紳」，不知意謂那些人群。

（二）本章寫道：「清廷與西方列強的正式外交合作，具體實現在帝國海關稅務司這個組織上；這源起於一八五三、一八五四年，外國駐滬領事的暫時協議，由他們代表中國政府管理、收取關稅。當新機構最終建立起來以後，海關稅務司成了由外國官員組成，為中國政府管理海關的專業團體。」

外國領事代收關稅，緣起於一八四三年的中英五口通商章程，由於清朝官員向來由行商代收外商關稅，英國要求廢除「公行」後，中國行商就不再替政府徵收外商關稅，但當時中國海關官員不具備直接收稅職能，就委託英國領事代向英商徵稅，但英國領事執行了兩三年就在英商抗議下，拒絕履行條約規定的代收關稅的職責，此後由中國道台等官員收稅，但收稅效率一直不佳。一八五三年小刀會攻陷上海，道台等稅務人員逃亡了之後，才又由外國駐滬領事暫時代收關稅。

洋人稅務司機構建立後，海關稅務司並非由「外國官員」組成，如前所述，他們雖是外國人，但卻是清朝的客卿。

（三）本章寫道自強運動等事，提到李鴻章「使用這些錢，所創辦的私人機器局、冶礦廠、工廠、鐵路、軍隊、招商公司」、「這些幹部由職業軍人以及技術專家所組成」、「由李鴻章率先發起的自強運動」、「地方督撫倡議興辦自強運動事業，而實際上他們壟斷了這些中央政府非常想要得到、維護的事業。」

李鴻章和地方督撫所辦的洋務都不是私人的，都是中央政府承認官督商辦或是官府的事業。洋務事業的幹部也不是「由職業軍人以及技術專家所組成」，而是督撫們的幕僚，這些幕僚無論辦團練軍務或洋務事業的，都不是職業軍人，而是尚無法任官的具有功名或是具有候補官員身分的仕紳。當時的中央政府把辦理洋務的職權下放給地方督撫，是基於清朝分權的機制，且各地督撫均具有涉外職責，自然必須辦理洋務，地方督撫也無從真正壟斷這些事業，在辛亥革命之前，這些事業基本上都能聽命於中央政府調度。

（四）本章寫道：「在中國近代外交史上，這是第一次政府為了延續一八六二年的合作精神，願意接受，接著批准條約的修訂。」

十七、十八世紀清朝與俄國的《尼布楚條約》、《恰克圖條約》都是清朝主動締結、修訂的。

（五）本章寫道：「直隸總督，統領京師內外所有駐軍。」

查清朝官制，直隸總督掌釐治軍民，綜制文武，察舉官吏，修飭封疆。乾隆十四年（一七四九），令兼河道。咸豐三年（一八五三），兼管長蘆鹽政。同治九年（一八七〇），加三口通商事務，授為北洋通商大臣。即便如此，直隸總督並不能「統領京師內外所有駐軍」，因為京師不屬於直隸總督管轄，京師防務由「提督九門步軍巡捕五營統領」負責。

（六）本章寫道李鴻章「以總理各國事務衙門大臣的身分，實際上負責所有對外交涉」。事實上李鴻章兼任總理大臣的時間非常短，只在光緒廿二年九月十八日（一八九六年十月二十四日）至光緒廿四年七月廿二日（一八九八年九月七日）擔任總理大臣。李鴻章主要是以北洋大臣或欽差大臣的身分參與對外交涉的，期間長達四分之一世紀。

（七）本章寫道甲午戰前中日「因為爭奪朝鮮而逐步交惡」。這是日本方面的敘事。事實上不是中日爭奪朝鮮，而是日本在爭奪要控制朝鮮。朝鮮原來就是清朝屬國，清朝毋庸爭奪。

（八）本章寫道：「保守派找上中國幫忙，而維新黨則有日本為之撐腰。」這依舊是日本敘事。朝鮮開國仰賴清朝幫忙，跟美國等國家締約、開設了外務部門和海關；日本也幫助朝鮮訓練新軍。這些都是開國改革，但為何朝鮮內部主張藉助中國幫忙的人就被稱為保守派？主張向日本學習的人就被稱為維新派？

（九）本章寫道：「北洋水師丁提督的麾下眾軍官來說，在黃海水戰之前，他們把大部分時間都花在熬年資退役上面，如此他們就能上岸等著受賞，穿戴上文官袍服與烏紗帽。」水師袍服冠帶與文官不同。

（十）本章寫道：「總督中堂大人李鴻章自己，在他名下已經積累了數十萬畝的田地，數不清的絲綢和遍布全國的當鋪錢莊。」清朝不許官員經商，李鴻章家族就算有這些產業，除了田地之外，應該都不在他的名下。

第十一章　天命已盡

（一）本章寫道：和「大背景脫鉤，單一的事件就會失去它終極的意義。」這是至理。同時也顯示了本書試圖呈現的宏觀視野下各種社會脈絡之掌握。

（二）本章寫道：「辛亥革命可以看成是各省紛紛脫離中央所導致的結果，這些主要省分（除了一省例外）都由新軍的軍官，或是省諮議局的仕紳所領導。所以舊秩序的傾覆，可說是由一八五〇年代，為了因應內憂外患所發展起來的過程之最後結果：地方武力的發展，農村經理階層的興起，在地方政府中仕紳政治影響力的延伸等因素。」「清廷在一九〇一年後所作的軍事、政治、經濟，以及教育改革，諷刺地加速了菁英群體政治意識的形成；如此所產生的後果，對清朝的傾覆而言，遠較孫中山等革命黨人於同時期內所從事的活動，來得更有貢獻。」這個觀點相對全面、客觀。囿於國民黨史觀，臺灣大部分讀者難得接觸到這樣的辛亥革命觀點。

（三）本章注釋7：「地方督撫早先時已經迫使朝廷廢除道台一職，如此就剝奪了戶部在地方上的財務監管人，無法上報釐金徵收的數額。」道台係督撫下屬。不管道台存在與否，必須上交中央的地方稅額，督撫都要申報，就算需要留存地方使用，也要報請中央同意。

（四）本章寫道：「一九〇二年，政府終於頒布商法，提供生意人法律上的保護。同一時間，朝廷也認可取代舊日由國家控制之商行、會館的現代商會地位。在中國歷史上，這是首次商人獲准組織公開的協會。……事實上，明、清之時的專賣資本主義組織，就是意在防止生意人和士大夫官員之間利益一致。」

西方近代式的商法未頒布之前，中國還是有關於商人的法律的。過去的商行、會館是公開的，要向官府報備，但不是國家控制的。清代除了少數專賣之外，商業活動相對自由，不能只看著鹽法就認為清代是「專賣資本主義組織」。

導讀二

漢學家魏斐德的歷史貢獻

葉文心
加州大學柏克萊分校東亞所前所長

美國著名漢學家魏斐德，曾經是加州大學柏克萊分校歷史系講座教授、東亞研究院院長，也是美國社會科學研究理事會會長，並且是領導美國社會科學研究與推動國際學術交流的決策人物。他的著述甚多，尤其對中國近代政治社會史的發展有極獨到的見解，深刻影響後代學者，遺憾的是台灣有關他的譯著較少。而這本《大清帝國的衰亡》是他的早期作品，本書以簡潔明暢的筆法敘述大清帝國如何由盛轉衰，常被用作美國大學本科中國近代史課程的教科書。

魏斐德相信在近代中國社會變遷及歷史演進的過程之中，中國內緣因素遠比西洋外來因素重要。繼他的博士論文《大門口的陌生人》（*Strangers at the Gate: Social Disorder in South China, 1839-1861*）之後，他完成了這本書，在開篇幾章，他首先解釋傳統中國作為政治、經濟、文化、社會體系是如何建構的；其次討論中西交鋒與中國的轉型。近代中國的形成雖然離不開西方因素，但是最基本的素材及動力來自中國本土。而在本書之後，他主編了一部論文集《衝突與控制》（*Conflict and Control in Late Imperial China*），進一步探索明清兩代皇權與紳權之間的相互消長，以及在權益上的折衝。

魏斐德是在一九三七年出生於堪薩斯城，父親是著名的小說家，雅好西洋古典，曾經製作過電影，母親出身堪州富家。魏斐德小時候跟隨父母足跡遍及中美洲和歐洲，能操流利純熟的西班牙語及法語。在法國唸完中學後回到美國，獲選全美傑出少年學者，並進入哈佛大學；起初專攻法文及歐洲史，後來因為鑽研一篇以法國在越南的殖民經驗為主題的論文，窮究不捨，結果跳出了十九世紀西歐殖民史的範圍，把注意力轉向東方文化及社會，跨進了中國史的園地。

魏斐德從哈佛畢業之後在巴黎大學的政治研究所研習了一年，然後選擇了柏克萊加州大學研究所，在短短的時間裡就成為列文森（Joseph R. Levenson）最得意的門生。魏斐德一向思路敏捷，文筆流暢，他在二十八歲就得到博士學位，出版了博士論文《大門口的陌生人》，一舉而成為柏克萊加大歷史系年紀最輕的助理教授。《大門口的陌生人》從西方中國學發展史的脈絡上看來，帶有好幾個突破性的意義。首先是跳出了宏觀泛論性的「衝激—反應」模式，具體地自廣東、廣西的地域經濟及社會組織入手，分析中西交通的動力及滯礙。其次是針對「朝代循環論」之中所隱含的對中國文化及歷史的偏見，強調了西力東侵以後中國的命運和世界的歷史如何緊密地糾結在一起。在取材和鋪陳方面，《大門口的陌生人》首先把分析的眼光集中在一城一鄉之中，一些粗看起來並無多大意義的小衝突上，然後從而步步追索，展現出這些具體事件如何牽動政治情勢及文化心態上的連鎖反應，而最終導成影響國家民族命運的大事件。

這本書的敘述始於虎門和議，迄於太平天國起事的前夕，換言之，在採擷上避開了爆發性歷史事件的顛峰，專注於風暴之後的餘波盪漾及風雨前夕的醞釀，從而自區域性社會變遷的角度將中西交鋒的震撼與清王朝內部的崩潰銜接在一塊兒。

六〇年代末期的美國正是知識分子受到越戰的刺激，對國家及文化問題進行徹底反思的時刻。柏克萊加州大學不但是自由主義及新左派思想的大本營，而且學生運動如火如荼，嬉皮滿街，激進社會意識高漲。在中國，文化大革命正在進行之中，批林批孔批水滸的訊息一波一波地傳到大洋彼岸。魏斐德在時潮的衝擊之下，以短短九個月的工夫，不眠不休如醉如狂地完成了對毛澤東思想的研究，寫成了《歷史與意志》（*History and Will: Philosophical Perspectives of Mao Tse-Tung's Thought*），不但交代了毛氏思想中西方哲學成分的來龍去脈，而且把其中的一些重要特質跟晚明顧炎武、黃宗羲、王夫之以來的中國政治思想傳統連貫一氣。此書後來獲提名，角逐一九七五年全美最佳哲學著作獎。《歷史與意志》在研究毛澤東思想方面固然是一部極有分量的作品，但是魏斐德的主要興趣仍然是政治社會史。

魏斐德自七〇年代起便逐漸承擔繁重的行政工作。在大陸和美國建交之前，他便擔任中美學術交流會全國學術研究計畫評審委員會的主席。之後擔任美國社會科學研究理事會總會長，更使他出入政府、學術界與基金會之間，成為領導美國社會科學研究與推動國際學術交流的決策人物。但是因為他才思敏捷，專治中國史且兼具了世界性的眼光，所以總能在百忙之中繼續學術研究，在專書之外發表了多篇精要的論文，其中以〈自主的代價〉（The Price of Autonomy: Intellectuals in Ming and Ch'ing Politics）、〈十七世紀的經濟危機〉（China and the Seventeenth-Century Crisis）、〈浪漫、沉潛與義烈〉（Romantics, Stoics and Martyrs in 17-Century China）、〈毛澤東的身後事〉（Mao's Remain）等幾篇最有價值。

魏斐德史學研究的終極關切，簡單地說來包括兩大層面。他一方面潛心究治廣義定義的中國政治制度的特質，一方面細心體會中國文化作為一個有機整體的包容性、內在分歧性與再生力。因為他尤其關切政治與文化生命之間的關聯與契合，所以在思索醞釀了將近十五年之後，終於完成了以滿清入關為題材的上下兩冊鉅著，《洪業：滿清外來政權如何君臨中國》（*The Great Enterprise: the Manchu Reconstruction of Imperial Order in Seventeenth-Century China*）。滿清是以異族入主中原的，但卻建立了一個十足中國式的政權。滿漢的種族及文化隔閡對清代儒家式的政治秩序到底引起了什麼樣的氣質變化？漢族縉紳士人向來是以氣節自命的，臣事異族的事實對他們究竟產生了什麼樣的影響？這種節操上的妥協與無可奈何，在清代的學術文化及政治生活之中如何呈現？代表了什麼樣的意義？《洪業》就明清之際江南地區經濟力量膨脹之後皇權、紳權、民情、民怨之間的錯綜入手，就明亡之後知識分子在經世與退隱之間的徬徨著墨，如同抽絲剝繭一般，一層一層地披露明代帝王專制的本質、明末政治現實與政治理想之間的張力、官與紳之間的衝突與結合、儒家士人對宗廟社稷的複雜感情、流寇與暴民席捲性的傷殘力、清人自入關以後在政治及文化上的轉型、漢族仕紳與滿清皇權之間的依附與對立、明清之際文化的傳承與斷裂，而最後以康熙之平定三藩、奠定盛清一統的局面收場。《洪業》一書中所針對的固然是明清交替的問題，實際上也反映了魏斐德對十九世紀以來中國革命史的一番思考。該書並得到美國亞洲學會頒贈一九八七年列文森最佳著作獎，及一九八八年加州大學利連索最佳出版獎。

從《大門口的陌生人》到《洪業》，魏斐德上下明清兩代，深入傳統中國的政治制度、社會結構、經濟發展及思想演進。自一九八〇年代開始，他的研究興趣轉向二十世紀，大量運用散在世界各地的民國時期檔案材料，務求為辛亥革命以來的中國政治發展寫一部社會史，為傳統與近代之間多彩多姿的人物塑造生動的形象。他完成了三本以上海為題材的專著，以及一部以戴笠為主軸的政治社會史，並且著手研究中共地下黨主要人物潘漢年。這些研究令他深入二十世紀中國革命的激情、理想、鬥爭、野心與欲望。魏斐德晚年的作品基調趨於晦暗。其中的人物往往幾經掙扎，一力求新向上，卻總逃不出歷史的層層圈套與權術運作的悲劇。他在二〇〇六年因病逝世。病中仍然不間斷地著述。（案：本文根據一九九〇年初刊稿改訂。）

緒論

研究近代中國的歷史學者，習慣拿文藝復興時代以後的劇變歐洲，和像冰河緩慢遷移般進展的儒家文明來作對比。西方的全球擴張所帶來的新視野，也因此扭曲了我們對於那些抗拒歐洲人征服的舊世界的看法。在舊世界當中，最為頑強的莫過於中華帝國——這個民族對自身文化太過自豪，以至於它的子孫沒有辦法很快適應歐洲所帶來的衝擊。按照這個熟悉的歷史觀點，那麼一個光輝燦爛又重要的文明，因為擔心文明巨廈的傾塌，而不敢輕易更動任何支撐巨廈的支柱。既然漸進的改革不可行，橫掃一切的革命也就無可避免了。賡續數千年的中國傳統文化，因此就被用來當作是它衰敗覆亡的總體解釋。

中國既然無法由內部變革，那就必須藉由外部的力量來推動革命。但是如果這樣的詮釋是準確的，那就必須認定：如果中國不受外力干擾，就會不斷地重複著以往的既有模式，死抱著傳統，而且永遠不變。十九世紀以前的中國，真的沒有內部變遷嗎？在鴉片戰爭於一八三九年爆發之前，中國真的是停滯不變的嗎？中國的馬克思主義史家對內部變化的問題特別敏感，因為他們把近代史的起點標定在鴉片戰爭：

用外國侵略中國的戰爭作為劃分歷史分期的標誌，如此我們不成了外因論者了嗎？對此，我們的答覆是否定的。……外國資本侵入中國，使得中國產生內部變化，表示中國社會內部有發生變化的條件，這一條件就是中國在長期封建社會中所達到的高度發展。1

不過，我的研究並不是要找尋近代的先決條件，而是想要找出在歐洲帝國主義到來以前，中國社會變遷的內在源頭。

近代以前的中國朝代歷史，可以概分為六個主要時期。第一個時期起迄時間是西元前十六世紀到三世紀，由銅器時代發展到進步的鑄鐵技術。在這個階段，起自黃河流域的中華文明，發展出書寫文化、繁複的官僚系統，以及儒家思想的偉大經典。第二個時期，或者又可稱為早期帝制時代，約從西元前兩百年到西元二世紀結束，也就是由秦一統天下到漢代繼起統治這段時間。在此時期內，秦漢王朝經營中亞，創制律法，設立太學，擴大並且整飭官僚系統，還獨尊儒術，定為國家教義。在第三個時期，漢朝覆亡後中央政府瓦解，於西元三世紀到六世紀內，有許多分裂王國（當中有些由異族建立）起而統治部分疆土。在這個階段，氏族武力橫行，思想棄儒學轉為道家玄學清談，佛教寺廟也遍立於境內。

在帝制中期階段，約從西元七世紀起到十二世紀，中國的政治又復歸一統。在唐宋時傳統詩、畫的發展繁盛空前，而儒家思想也重振旗鼓。武人跋扈專權受到遏止，轉而由文官體系治理這個當時世界最先進的文明。第五個階段自宋室南渡算起，直到十四世紀。此時一連數個外族建立的政權盤據華北，由其最後一個——蒙古人建立的元——南下滅宋，奄有全國。接著在十四世紀，明朝興起，驅逐蒙元，開啟了近代以前歷史的最後一個偉大階段。在這個晚期帝制時期裡，明清兩代復興儒學、蕩平中亞各國，並且成為大多數東亞國家眼中高度文化及文明的象徵。

此時的中國社會由仕紳支配——仕紳是由官僚體系裡任職的士大夫，以及地方意見領袖名流所構成的。在他們之下，則是占人口最大組成部分，以及帝國經濟基礎的農民。由於農民的勤奮耕作，更伴隨新作物的引進，增加了糧食供應，使中國人口於十五到十九世紀間增長三倍。如此劇烈的人口增長，遂引起了晚期帝制階段的其他根本上的社會變動：農民社會和經濟地位的改變、仕紳階層的繁衍擴增，以及經濟的商業化。

上述這些變動過程，共同構成了一個範圍廣泛而且具有活力的內在發展。這個內在發展，對於中國在十九世紀時與西方和日本的衝突、鬥爭所產生的結果，有著非常重要的影響。中國確實適應了來自歐洲的挑戰，但是它對於外界刺激的回應，卻劇烈地衝擊了本身所具有且正發展中的社會力量。當舊有的社會菁英被新階級所取代，而相互適應成了彼此衝突的時候，帝國政治的中心遂土崩瓦解。一九一二年，末代王朝傾覆，伴隨著君主政體的結束，以及傳統文化的崩解。這個國家雖然倖免於文化上的分崩離析，卻在政治上四分五裂了。此後，儘管中國終於能以更有活力的面貌興起，但是對於新政體的革命鬥爭卻持續進行，直至今日。

中國朝代的起迄時間

商	（約）西元前一五二三至一〇二八年

周	（約）西元前一〇二七至二二一年
秦	西元前二二一至二〇七年
漢	西元前二〇六年至西元二二〇年
三國	二二一至二六四年
晉	二六五至四一九年
南北朝	四二〇至五八八年
隋	五八九至六一七年
唐	六一八至九〇六年
五代	九〇七至九五九年
宋	九六〇至一二七九年
元	一二八〇至一三六七年
明	一三六八至一六四四年
清	一六四四至一九一二年

第一章

農民

農民的刻板印象

中國共產革命提升了人民大眾在歷史上的角色。用毛澤東的話來說，「人民，也只有人民，是創造世界歷史的力量」。[1]不過，無論歷史學家是多麼衷心想對傳統中國的農民表達敬意，想要超越「老百姓」這樣一個集體重要性的情感理解，卻極其困難。雖然他們的身影在史籍裡常常出現，可是這些實際上替帝國耕作田地、支撐帝國統治的「黎庶」，對當時人來說，也不過是抽象的刻板印象罷了。他們不識字、面目模糊，沒有自己的聲音，只能由別人描述定義；一直到了近代，他們才從抽象成為現實，而能為自己發聲。

在二十世紀的革命以前，中國廣大農民被描繪成兩種不同而又矛盾的刻板形象。第一種說法，把農民說成是勤奮的自耕農，是農業社會的支柱，這種說法向來深受儒家重農主義者的喜愛。[2]由於農夫所務者為「本業」，所以在理論上，農民在「士農工商」的社會秩序裡，要高過工匠和商人，只低於「士」這個統治階級。這樣一種理想化的農民辛勤耕作，勤勞節儉，樂於納稅，用以回報君父的拳拳摯愛關懷之意。

可是，農民同時也被視為亂黨。第二種我們同樣也很熟悉的儒家描述，是把這些黎庶看作有如馱重的沉默野獸，每隔一段時間，很容易就會變成叛匪，嘯聚起事，攻擊主人。每每在歹年冬，饑荒遍布大地的時候，農民的武裝就在失望和憤怒裡壯大起來，進而攻破城池，襲擊地方官吏。這些群眾運動被古代的政治理論家認為具有重要意義，代表的是上天對於帝王統治的不認可。這些運動常被看作是改朝換代的前兆，儘管很少有叛亂的領袖最後能夠成功奪權。

上述這兩種關於農民角色、截然不同卻同時存在的說法，其實並不矛盾，它們是一體的兩面。[3]農民是中國傳統社會的經濟基礎，一直到今日也還是如此。他們通常是終其一生根植於土地上，隨著季節交替，日復一日地辛苦勞作。然而一旦政治腐敗、民生匱乏，他們就從上面這個角色裡脫離出來，投身於叛亂武裝，追隨以佛教預言作號召、野心勃勃的首領人物。因此，不難想見戊戌變法（一八九八年）的參與者梁啟超，把有清一代的歷史看作是一頁漫長、血腥又令人驚駭的農民叛亂史。僅僅是十九世紀，中國的官方資料就記載了數以千計的起事或抗爭，留給讀者一個社會失序、根基動搖的混亂印象。然而這樣的看法頗為片面，而且還被清末特別緊張的階級關係所扭曲。其實在十九世紀之前，清帝國已經面臨了經濟困難，這些困難逐漸積聚起來，終於凌駕了早幾個世紀以來，中國農民帶來的非暴力改變。

農業與土地所有權

另一種了解上述農民這種雙重本質的方法，是考察農業制度和土地所有權。自有歷史以來，這兩者就以不同的方式在北方與南方發展。在北方，農業起源於黃河流域，定期耕作在西元前七世紀以前就已經很發達。華北平原是早期中華文明發展的核心地區，氣候比較乾燥，年平均降雨量只有二十英寸，因此作物的生長季很短（四到六個月），只適合種植小米、小麥這類耐旱的穀類作物。在今天的北京以西，那裡的土壤是黃色風積沉澱，稱作黃土。耕作所需的礦物質深埋於疏鬆、毛細管狀的土表之下，必須要澆灌以大量的水，好讓作物成長。由於雨量多寡不定，農民得倚賴黃河之水灌溉，這就必須借助公共工程計畫來引水與疏濬了。水利工程在商周兩代之時已經是國家的重大責任，而在漢代這個中國史上頭一個大帝國時期，同樣還是受到朝廷的關注。當漢朝於西元二世紀逐漸無法掌控局勢之時，頭一個遭受損害的就是水利事業：黃河一再泛濫，逼使農民離鄉背井，加入叛軍。在漢族政權更加衰微之時，中亞游牧民族便劫掠華北，迫使耕種的農民尋求地方軍事割據勢力的庇護。當西元三一一年，蠻族洗劫前朝（東漢）的首都洛陽之際，中國已經發展出一種類似歐洲封建階級的軍事豪族，他們的堡壘駐屯私人武裝，用以監視奴隸與佃農耕作他們的封地。

西元六世紀時，中央官僚體系對農民的控制又告恢復。隋、唐兩代設立府兵，以期減少中央政府對地方軍事豪族的依賴。土地經宣布收歸國有後，分成小塊，以戶為單位，發給由政府編戶的農民耕作。王公大臣則因功而獲授與封地，由佃農耕作，作為勤勞王事的獎賞，但他們受禁止進一步擴大其封邑。不過，這種「均田」土地制度難以維持管理，在西元八世紀中葉就隨著國家控制的衰弱而告傾頽。在九世紀以前，地方豪族又再次獲得大量私有土地。

這樣受到限制的封邑制，和歐洲的封建制度並不完全相同。朝廷還保留形式上的軍事指揮權，也不承認豪門大族向朝廷提供軍事服務所換來的那些封地特權。即使是在安祿山發動的天寶之亂（西元七五五到七六三年）以後，朝廷放權給各鎮節度使、允許自治，這些權勢薰灼的節度使仍舊是朝廷官吏，並沒有變成世襲貴族。在十世紀初年，中國又分裂成許多小王國，[4]之後於西元九六〇年由宋代再次將大一統帝國重建起來。在宋朝因為女真、蒙古等外族入侵而失去華北以後，帝國大一統的概念仍然存留著。從地緣政治的角度來看，中國也許早已成了好幾個國家了，每個國家裡的居民還操著不同的方言；但是官僚體系的運作與共同的文化認同，維繫住這個「天下」。在帝制晚期以前，「普天之下，莫非王土」的概念牢不可破，而王土通常就被等同於整個中國的版圖。

同樣是在理想中，封地——有明一代在華北有上萬畝的田土——或被保留作為賞賜朝廷重臣之用，或是用作皇室莊園。到了清朝封地更擴大範圍，用以供養征服中國的滿、蒙精兵。在一六四四年拿下北京之後，滿人不但盡奪前明的皇莊封地為己有，還在京師半徑一百七十五英里範圍的土地內，沒收土地達超過兩百萬英畝，用以安置總數約十六萬九千名的八旗兵（即清朝征服中國的主力）。清廷這樣做，在戰略考量上是希望將這些外來的征服精銳武力，和被征服的中國人民分開。這個期望後來落空，因為旗人很快就發現如果不對這些農奴好一點，他們就隨時都可以棄田而去，在明清鼎革之際，有太多無主荒地，這些農奴不愁覓地而耕。再者，由於旗人喜住北京的宅邸遠勝於鄉間泥屋，他們多把鄉間土地成片的租給佃農。然後，當若干旗人債台高築時，這些土地產權又被抵押給地方上的放高利貸者或地主。乾隆皇帝（一七三六至一七九五年在位）努力恢復滿人莊園，又重新將一批土地充公，但只是讓上述的過程同樣地上演。於十九世紀的頭幾年間，大部分華北的土地已經被分成小塊的家庭耕作田地；再加上傳統習俗上不允許長子繼承，而採財產均分原則之故，在整個十九世紀，個人所有的土地面積更是日漸縮小了。

華北的土地與勞動力

滿人的揮霍與諸子均分田產的習俗，都是使土地所有權日益拆分的重要原因。不過在北方，農耕技術是另一個重要因素。早先在華北平原所種植的主食和飼料，是一種稱為黍的穀類作物。大概在滿洲鐵騎馳騁在華北諸省以前，小麥與棉花已經成為主要作物了。到了清代，其他經濟作物如菸草、大豆、花生，乃至於鴉片也被栽種。這些作物，如果以現有的技術與器械，在大面積的田地上進行耕作，收穫量可以更高。但是實際上，農民並不靠改進技術或設備來提高產量，而是盡可能的將所有家庭勞動力都投入耕作當中。[5]提高農產量的動力，因此靠的是農民的體力勞動；而正因為產量取決於勞動力，以致每個家庭耕作的區塊面積都很有限：一戶五口之家，需要四畝田以維持生計。而為了過上好日子，不是僅僅餬口而已，這戶人家得想方設法盡量提高勞動力，然後，以家裡所有成員可耕作的最大限度為準，勻出利潤來獲得更多耕地（清初之時無主荒地甚多，很多家庭都這樣做）。所以，以五口之家來說，總共需要二十五英畝的田地。

當每戶人家都獲得與他們勞動力相符的土地時，總產量就會相應提高，提供更多糧食，餵養更多人口；而這些人口又回過頭來，在土地產能的最大限度內提高產量。但是人口這樣持續增長，最終還是減少了每戶人家可取得的耕地。從十八世紀後期到十九世紀，農家的耕作面積持續縮小，直到當中許多農戶難以餬口維生。

為求生存，華北農民必須得替閒置的勞力尋找新的出路。像紡棉這樣的家庭手工就可以為農戶貼補家用。而季節性的到城裡打工則是另一個出路。有些經濟史學者甚至認為這些額外的收入可以供佃農買下小塊耕地，[6]進而充作積蓄，以防荒年歉收有不時之需。照他們這種說法，農地轉手甚至緩解了澇、旱災對農村所帶來的衝擊，還讓勞動力的分配變得比較平均：

> 這些出租與租入土地的農戶，只是想要更有效利用現有土地，讓家庭收入達到最大化。土地從一方被轉移到另一方，作為信貸制度的一種副產品，並沒有給農村經濟帶來什麼負面後果，因為土地近似貨幣，在借貸從債權人向債務人的轉移過程裡面，扮演很重要的角色。[7]

按照這個看法，農民就不是飽受地主欺凌的無助佃農或臨時工，而是很明智的把他的額外收入投資在土地上，接著又用這些土地當作抵押品，向城裡的放貸者貸款。所以，當華北農村經濟在一九四〇年陷入危機時，上述的觀點就進一步申論說，危機是由於農業技術的落伍，而不是財富的分配不均。

鄉間信貸系統也許對那些找上放高利貸和當鋪的農民來說，不是那麼有利，因為他們把不會落得一身債的希望，都賭在來年的收成上。放貸的利息高得嚇人——和今日中國農民所沉痛描述解放前的遭遇一樣——讓貧農慘遭高利貸業者所擺布。當然這些高利貸業者在革命前長期被人痛恨，不過在帝制晚期，這些人在農村中的存在似乎被看作是理所當然。農民找上當鋪，是因為他們別無選擇。很多他們無法掌握的因素，影響著他們的生計。人們因而只能焚香祝禱、殺豬獻祭，祈求上蒼普降甘霖。可見在事關生計與餬口之時，大自然才是具有決定性的終極力量。

在華北最令農民擔心的，莫過於旱災。舉例來說，在一八七六到一八七九年這三年間，山西省全境毫無降雨。饑荒因此緊隨而來，災民先是吃種子，然後是野草，最後就是人吃人的悲劇。死屍在「萬人塚」裡胡亂埋了，或是扔進早已乾涸的枯井裡。當朝廷以騾馬馱運糧食前來賑濟時，餓極的農民竟宰殺背負糧食的牲口來吃，結果使後繼賑糧接運不上，無法進入災區。在旱災最嚴重的一八七七到一八七八年間，華北約有一千萬人餓死。

然而，水災也一樣致命。在已經耕作千年以上的山西省山區，森林與土地植被早已被砍伐殆盡。土壤被侵蝕，沖刷入黃河，使整條流域百分之十一的河段淤塞。淤泥又抬高河床，使得水位不斷提高。黃河通常在人造堤壩裡流經華北平原，河床高於地面三十英尺。但是維護堤壩的費用極高，而疏濬淤塞卻又極為困難。假如皇帝寧可撥款重建被焚毀的宮殿，也不願斥資治黃河，或者皇帝所派的治河官員剋扣河工、中飽私囊，那麼滾滾濁浪就只有愈漲愈高。在天降大雨時，黃河水位暴漲、潰堤而出，在平原上氾濫，最後在其他河口出海。黃河每一氾濫，就動輒淹沒數個省分、改道幾百里。8

當自然災害來襲時，華北的農民也像大自然的力量那樣，潰決而出，在遭受洪水氾濫的平原上馳騁。叛軍通常是以搶掠為生的盜匪武裝為主，然後納入那些為了躲避旱、澇災、朝廷稅吏的其他股盜匪或是大批難民。如果可以用地形來比喻社會運動，那華北的叛亂就像他們所踏足的平原和河流那樣的廣闊綿延。馬背上的叛匪行跡飄忽、橫越數省，難以圍堵追剿。最後，當洪水漸漸退去，或是新朝代建立，承諾和平，農民才又返回故里，拓墾那一度荒廢的田地。

華南的人文地理

華南的人文地理則截然不同。長江以南的自然景觀被高山和河谷分隔開來，人口不均勻地散布在各個區域裡。貿易集散中心座落在富庶的三角洲和平原地帶，農業發達；而邊境山區則人煙稀少，居民須提防盜匪與部落原住民。宗族裡的成員在地方上競逐財富和權力，族群之間的爭鬥有時則非常慘烈。

華南的農民最初是來自北方的漢人。[9] 北方週期性的天災，和長江以北地區資源枯竭之下逐漸加重的人口壓力，驅使漢民族離開黃河流域，來到南方。有時候，人口南遷會出現像南宋時期那樣大規模的浪潮，不過大多時候人口的流動是不容易察覺的。在列表整理地方志裡所提到的水利工程之後，歷史學家現在能夠說，早在西元三世紀以前，就有為數頗眾的開墾者渡過長江南下，進入華南的季風氣候與熱帶叢林。南遷的移民在唐代時急遽增加，在十三世紀末時達到頂峰，然後約於十八世紀初年緩緩下降，在當時超過一半以上的中國人口，都居住在長江以南地區。在這段漫長的時間裡，族群間的差異把人口分為兩個區塊：北方人操著腔調略異的官話，而個頭比較嬌小的南方人，則發展出客家話、廣東話、福建話，這些相互之間難以互通的方言。宗教信仰的差異也存在，而華南宗族團體的組織規模，要比任何地方都來得龐大。

來自北方的移民，在長江以南發現了這麼一個蒼翠的新環境。這裡雨水充足，年雨量達三十到六十英寸。人們開拓水田、築壩蓄水、設計腳踏幫浦，用以灌溉梯田中栽種的高營養稻種。較溫和的氣候，使作物的生長季延長三個月，新品種的早熟稻種也於十一世紀時由朝廷從東南亞引進。使用新稻種與有機肥料，使得南方的農民每年能收成兩到三次。在十四世紀之前，華南就具備當時舉世最先進的農業技術，全國人口因而激增，突破一億。

南方的水田灌溉系統比起北方的蓄水工程，在規模上要小得多，但是這些灌溉系統需要更多的勞力，以及持續的維護管理。在國家肩負起黃河治水的重任時，大部分華南的灌溉渠道與堤壩則由私人營造修繕。在十八與十九世紀，這些任務則委由地方仕紳辦理，他們當中並不全是大地主出身。不過在十八世紀之前，長江下游水利工程的開銷，多半由富有的地主支付，他們靠大片地產的地租收入來過活。10

至少在明代以前，這些地產或許曾經是整片連陌的土地，它們由地主的房舍、歸地主直接管理的勞動力，以及散布在四周的佃農耕地所組成。在華南，這種地主體系的發展，與官宦仕紳的興起密切相關，這將會在之後的章節中詳述。地方仕紳的特權之一，就是豁免繇役；再加上仕紳本身的政治影響力，通常意味著他們名下的地產可以免於土地稅的徵收。而隨著愈來愈多仕紳的地產不必徵稅，剩下那些自耕農的負擔就愈為加重了。這些自耕農難以負擔重稅，只好將他們的土地產權轉讓給更具影響力的大地主或是仕紳，然後成為他們的佃農（或農奴）。佃農和農奴之間沒有清楚的界線。農奴像奴隸一樣被買進或賣掉，終其一生從事體力勞動，其後代通常也繼承這個身分。而佃農則是和土地綁在一起，在田產交易的時候也一併被轉手。在法律上，只有官宦之家才被允許擁有農奴，不過許多未曾仕宦的地主以領養窮苦人家孩子的名義，也這麼做了。如此一來，他們就有了依附於土地的勞力來耕作田地。

十四世紀後半葉，明代開國皇帝把長江沿岸的地產悉皆充公，發還給佃農。但是明代的稅收制度仍然有太多漏洞可供南方仕紳去鑽，以至於農民到後來仍然被迫把他們的田產交到大地主之手。在十六世紀之前，儘管商業經濟已經大幅削弱讓農奴和佃農各安其位的社會制度，佃農所繳納的地租還是和從前一樣的高。而當愈來愈多的中型市鎮增加了低層農民之間彼此交流機會的時候，那種本來只是個人的卑屈怨懟，就被擴大成對長江下游大地主階級的集體敵意。西元一六四四年，當明朝於北方傾覆之際，佃農和農奴也在華南起事，要求撕毀租約，歸還土地。

繼明而興的清朝，於一七三〇年代廢除奴隸制。雖然佃農制還是被保留下來，不過大約半數的華南地產終於又歸耕農自身所有。這其實也是投資田產獲利衰退所起的結果。富人發現把資金挹注於城中房產，或轉而投入放貸業，會有更好的利潤。無論如何，地主所有制在華南比華北更為顯著（見下頁圖表）。中農與富農在長江南北岸的分布是幾乎相同的：約三成的人口持有四成的地產。但是在南方，貧富差距極為懸殊。百分之三的人口握有近半數的耕地，而在這些田地上耕作的貧農階級人數，是華北的三倍。

貧富分配不均其中的一個原因，是華南公有財產的數量龐大。富有的宗族投資大筆金錢在家族事業和公有地產上，委由族長經營管理。公產用來購置土地、開設當鋪，營利收入供作家族儀式、福利和教育等開銷。其他的組織——如仕紳開設的義莊、鄉約、水利局，甚或祕密會社等——相形之下使華南的社會比起北方農村更為複雜。南方社會的這類複雜情形，也反映出長江南北岸高度商

二十世紀華北與華南的土地所有權

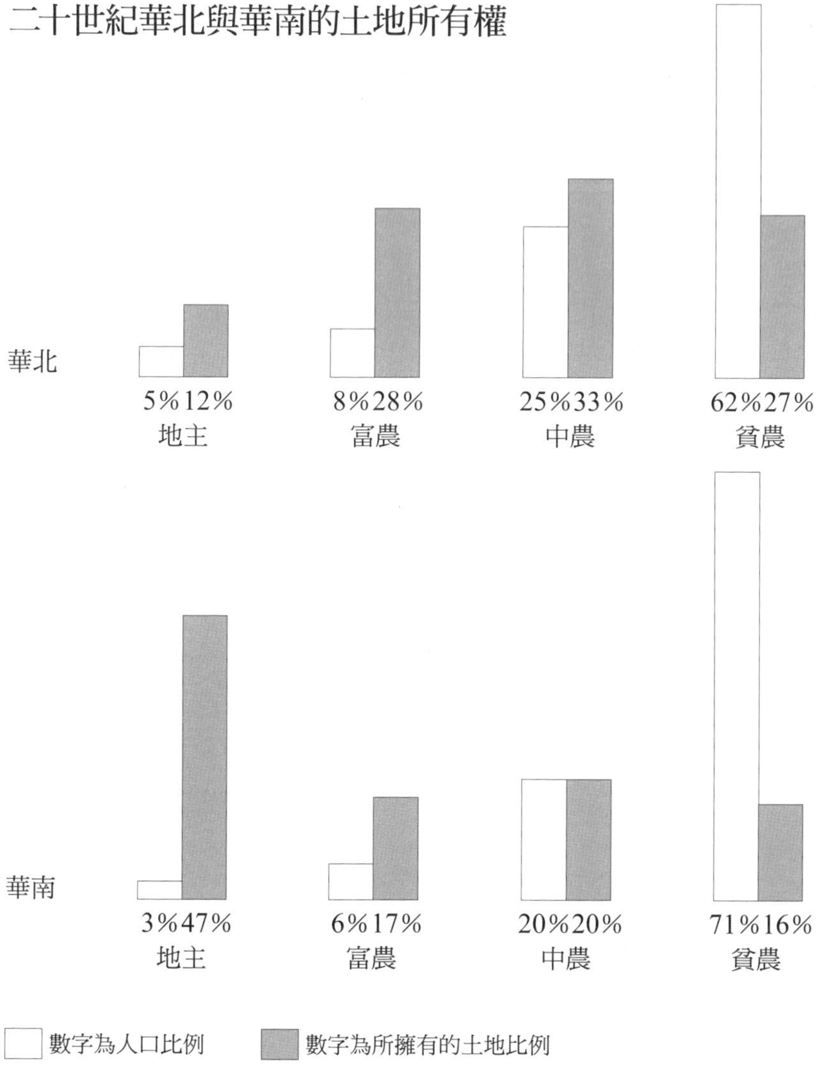

資料來源：陳翰笙（Chen Han-seng），《中國農民》（*The Chinese Peasant*）（Oxford: Oxford Pamphlets on Indian Affairs, 1945），頁二二。陳教授因為高估地主所有制而引來若干學者的批判。他的研究是得自於二十世紀的田野調查。

業化的程度。在帝制晚期，地區間與國際貿易的增加，同時造就了若干之前與市場活動無涉的獨立農民。例如在湖南與福建這種高度商業化的地區，農民們就處心積慮在高經濟價值的作物的價格上面作文章，如此才能讓他們在向城裡的地主納租時，試著獲取更多的好處。在這個層面上，這些獨立耕作的農民算是被捲入了一個與人際關係無涉的經濟力量網路裡頭去了：例如遙遠省會的米價波動、倫敦的茶葉訂單的改動，或者在大阪絲綢服飾的款式更新。

人際關係與階級衝突

這些與私人沒有牽扯的市場關係所帶來的直接衝擊，有時候能被農民平日耕種時那些上層與下層、買方與賣方之間的人際關係所緩和。在十七、十八世紀時，雖然有許多地主已不住在自己的地產上，若干鄉間菁英有意識而為之的家長作風，還是幫助緩解了農村生活的不確定性，以及可能產生的階級衝突。晚明以來的租佃契約，顯示出家庭關係也延伸到佃農與地主訂立的協議上了。佃農會在地主家婚喪喜慶之時主動前去幫忙，然後也期待地主逢年過節能宴請他們作為回報。在南方，有些佃農其實就是為自己的宗族耕田，假如族中長老重諾守約，他們就能分霑族中福利、災荒的賑濟，乃至子女的教育。而要是沒有家族關係維繫，上下層之間的人際關係還可以透過彼此的感情來加強，所以當荒年歉收或是米價暴跌時，佃農可以寄望請求地主減少地租。佃農的請求能否成功，當然是要視經濟情況而定。有時候在特定地區（例如十七世紀晚期的湖南中部），因為戰亂人口稀少之故，佃農講起話來自然就比較大聲。地主這時候就會想方設法來維繫他的佃戶的忠誠。又有的時候，當勞動力供過於求，超過可耕土地（例如一八二〇年代的江蘇），地主就顯得不怎麼照顧佃農的利益。

家族長作風難以避免彼此間的矛盾。地主、僱主對其受僱者的觀感既是愛恨夾雜，佃戶或是臨時工對其僱主也是感恩與怨憎交集。雙方所訂立的契約，固然是保障佃戶耕作的約期，但是當經濟情況有變，就顯得綁手綁腳。[11] 在勞動力供應和耕地分配相符時，雙方都能各取所需，相安無事，地主和佃農還能彼此體諒、相互配合。但是在土地再也難以負擔人口壓力之時，社會關係就會變糟。經濟上的小康與現實生活的需求其實相距不遠，可是在兩者難以兼顧、情勢對佃農不利的時候，農民就會發現：之前慣用來獲利的那些招式（和地主搏感情、向放貸者借錢周轉，或者是寄望於經濟作物的市價波動等），現在都回過頭來綁住了手腳，阻礙了生計。於是敵意訴諸行動、鋤頭成了武器，地主的豪邸便付之一炬。但是，一旦經濟情況好轉，農業增產又高過人口成長，農村生活就會恢復昔日常態，農民也回到他所熟悉的人際模式上面去。

因此在整個帝制晚期，華北和華南的農民們擺盪在穩定與失序、農耕與叛亂之間。只要資源足夠人們餬口生存，農村就能穩定，各方利益就可以取得平衡。然而人口的持續增長終究干擾了這個平衡，特別是在十六世紀以後，來自葡萄牙和西班牙的水手，把在美洲發現的新作物（玉蜀黍、甘薯、馬鈴薯與花生）引進到中國。這些新的作物可充作糧食，能種在砂礫貧瘠的土地，或是從未耕種過的坡地上。從十七世紀起到十九世紀中葉，耕作面積增加兩倍，人口同時卻幾乎增加三倍，從一億五千萬增加到四億三千萬人。連人跡罕至的長江上游地區，此時都已有人定居拓墾。數以百萬計的南方人移民海外，更多的北方人則遷居於東北。不過即便如此，人口壓力還是持續增長。到了一七七〇年代時，中國人口已經超過土地所能負荷。在一七九六年，白蓮教起事。雖然這次的變亂被鎮壓下去了，但白蓮教之亂只是日後一連串大規模民變的序曲而已，而這些民變動搖了帝國的根基，更摧毀了農民與仕紳之間古早以來彼此間的和諧相容。

第二章
仕紳

仕紳的雙重性質

中國帝制晚期的政治體系，在較高、較正式的層級中容易形式化。皇帝位於統治體系的頂端，圍繞在他身邊的是受寵信的皇親國戚或心腹大臣，他們當中有時會被皇帝賜與世襲的勛位。奉行皇帝旨意的則是官僚集團，西方人慣稱他們為「滿大人」（mandarins）。在科舉考試中獲得較高功名者，方得進入官僚體系中出任官職。官員的層級往下可延伸至縣級行政官吏，包括縣官與若干他的僚屬。不過，在縣衙官員與務農的老百姓之間，大致上還存在著一個非正式層級的政治社會團體，在英文裡通常用「紳士」（gentry）來界定它。但是這個字眼沒能妥切地翻譯出中文「紳士」一詞裡所描述的地方菁英意涵。[1]「紳士」一詞確實能傳達出「紳」的家世地位及其鄉間宅邸，但是卻沒能道盡「士」具備的官方地位及其身分。其他的用語，譬如「士子」（mandarin）或「有功名在身者」（degree-holder），則偏重對其功名位階的描述，而忽略了其功名以外，因為財富、教育，甚至僅憑家世便可獲致的地位。在本書裡，我們使用「仕紳」一詞來稱呼這個既非純粹官僚集團，也不是單純地方世襲貴族的團體。中文的「仕紳」和英文裡對應的字眼不同，是兩種意思——「仕」與「紳」——的組合。這個組合同時證明了在仕紳含義裡，官僚與貴族的雙重性質。

仕紳的官僚層面

以「紳」這個字為例，指的是仕紳賢達的特質。「紳」的原來意思，是指士大夫上朝時束腰的大帶子，用以表明其官員的身分地位。這個地位在帝制晚期，則相當於通過科舉考試所取得的功名。[2]獲取功名的人，有資格配戴金、銀頂子，穿著猞猁或貂的毛皮製成的衣裳，參與官方祭孔典禮，領取朝廷與地方津貼，免除繇役，並且免受地方官的刑罰。這種地位身分不能世襲，仕紳的後嗣必須憑自身努力來獲取功名，如此才能享有同樣的官方特權。

上述這些酬賞與合法的特權，全都是僅限於功名者本人可享有的國家授贈。因此，「紳」可說是一個由帝國朝廷所創造出來的階層。事實上，仕紳階層之所以崛起於世，乃是因為唐代皇帝需要借助官僚集團之力，用以平衡那些自東漢傾覆以來壟斷土地、擁有私人武力的世家大族。在西元三世紀到七世紀這段時間裡，君主可說是和世家大族子弟共享天下。皇帝的臣子與后妃都由世家出身，藉此世族又能夠取得幾乎和皇室並肩的社會特權。唐朝歷代君主為了想擺脫這種情況，於是設法支持一個新的官僚集團，開放有才華者入朝為官。由於這些文官的權柄全來自於君權，他們必定為皇帝所役使，而不能左右君主。的確，在科舉官僚集團建立起來後，他們就一步步的設立機構、實行措施，剷除世家大族的各項特權，使得朝廷恢復漢時威儀，在百姓、土地、軍事等層面裡都能重振權威。於是，皇帝終於靠著官僚集團打垮世家大族，贏得了這場和世家大族之間、長期勝負未分的爭鬥。但是在世家大族被打倒以後，皇帝發現：本來用以對抗世族的武器，也就是新的官僚集團，卻成為權力上的新競爭者。在十二到十三世紀間，文官集團急於擺脫國家掌控，自樹一格，在政府機構外，他們購置莊園，發展成為有田產的鄉紳。在官僚體制內，他們則設法確保「蔭」的世襲特權，好讓高級官員的子弟能以監生（國子監的學生）資格，自動取得仕紳的身分。而另一方面，皇帝試圖剷除這些看來根基穩固的新仕紳階層；首先是規定官員擁有奴僕與免稅的特權，僅限於在任之時，進而又透過廣開科舉大門，敞開躋身官僚階級或是「紳」的通道。

在這個方面，明朝初年皇帝的諸多措施尤其重要。十四世紀後期時，明太祖（一三六八至一三九八年在位）將許多江南仕紳的地產充公，並且廢除丞相，剝奪了原來朝廷中最有分量的文官發言人。接下來在十五世紀的幾位皇帝撤除了「蔭」的特權，並且降低監生的位階。[3]與此同時，皇帝藉由大幅擴大科舉考試，造成仕紳官僚階層的流動，除了賤民階級以外，任何人都可以應試。朝廷透過對科舉考試的內容、難度、舉辦次數的控制，得以按照朝廷的意圖，從中操縱意識型態、政府的規模，以及那些能力得以協助管理帝國、具有影響力的菁英之才幹。

明代的科舉在整個十六世紀時日趨複雜，清朝繼承了這一制度，並未作大幅度的修正。科舉考試基本上分為三個等級，每兩到三年舉行一次。最基礎的一級是童試，考中者為生員，[4]一般也叫做「秀才」。生員之中表現特出者，可以到省城參加進階的鄉試，競逐「舉人」的資格。[5]如果又順利通過省級鄉試、取得舉人資格，下一步就是取得在京師皇宮之中參加殿試的資格。在這國家級的考試中脫穎而出者，即被授與「進士」頭銜。所以簡單說來，可以歸納成以下三級：

進士（國家殿試）
舉人（省級鄉試）
生員（州縣童試）

十九世紀在中國的西方人，經常把生員比作是大學畢業的學士、舉人等同於研究所碩士學位，而進士就等於博士資格。這樣比附的確有助於記憶，但並不全然恰當。

起初，人們取得任何品級的功名都有資格入仕，但是在一八五〇年以前，只有進士才可授官任職。[6]獲得任何品級的功名，乃至官職，其數額都受到朝廷的嚴格管控，這個數額通常在生員這一級較多，往上則銳減。每到童試舉行之時，全國約有兩百萬名童生應試。他們當中只有三萬人能夠成為生員。在這些生員裡，只有一千五百人能通過鄉試，取得舉人資格。這批舉人裡面，又只有三百人，最後能成為最高階的進士。一個有志於在科場過關斬將的童生，能取得最低階功名的機會，只有六十分之一。而一旦成為生員，要通過鄉試、取得舉人功名的可能性，也只有令人沮喪的二十分之一；不過只要取得舉人功名，就有五分之一的機會，能成功地鯉躍龍門、成為進士。換句話來說，這兩百萬學子當中的每一個，在等著步出朝廷所設的殿試會場時都認識到：他只有六千分之一的機會，最終能夠金榜題名、任官授職。在全國之內，擁有大小各種功名者加起來共有一百四十萬人，而朝廷所能授與的職缺則只有兩萬個。

科舉的競爭非常激烈，而仕紳階級的社會流動率也很高。在任何時候，科舉出身的仕紳當中有三分之一是新血——這些新面孔的直系祖先從未取得任何功名。每十個進入仕紳階層的人裡面，只有兩人的子嗣後來也取得功名，藉以庇蔭家族。倘若功名被視為是身分地位的唯一象徵的話，那麼菁英階級的成員就一直持續變動，這使得中國仕紳和漢諾威（Hanoverian）王朝時的英格蘭鄉紳地主相比，更加不穩且多變。取得功名的仕紳在人口中的比例，也與十八世紀的法國貴族人口比例大不相同。在十九世紀前十年後半時，只有百分之一點七的中國人口來自仕紳的家庭。[7]

因為要躋身高階是如此的困難，鄉試和殿試的功名便具有極高的社會聲望。上層的仕紳（舉人、進士）和常被稱作「士民」的低階功名者就有明顯的區別。只有少數人有機會成為進士等級的仕紳（在一七二三至一七九五年間，只出了六千八百八十四位進士），而這些人的姓名將在寰宇之內國人皆知。正是因為這頭銜如此榮耀，也難怪百萬學子年復一年、皓首窮經地準備科舉考試，只為了那微乎其微的機會。有朝一日鯉躍龍門，由貧苦而致富、由挨餓的窮學子搖身一變，成了通衢大都裡受人盛宴款待的學者，這一「躍」自然非屬尋常。但是這樣成功的可能性，卻難以緩和社會中的不滿情緒，也無法給予這個文明持久堅韌的動力。

科舉制度也把上層文化普及到整個仕紳階級裡。在某些時期，例如像清代初期，試題裡曾經出現法律和行政實務這一類的科目。不過，科舉試題最為普遍的要屬文學、哲學一類科目，應試者必須以規定的公式套路（即「八股」）寫成論文來應答，而八股文是極難做得好的。試題都是出自儒家的經典，應試者必須事先將這些經典熟讀精思。因此，儘管地區與社會背景有多麼不同，士大夫卻都能以共通的文言文寫作，而且讀的是同一套儒家經典。這種高層文化將仕紳階層和無法閱讀文言、撰寫優雅書法，或者讀懂儒家經典基本內容的平民大眾區分開來。不幸的是，科舉制度也鼓勵死記硬背朝廷奉為正統的經典。批評科舉制度的人認為如此將桎梏創造性思想，並且培育出無法思考、不事生產的書蠹，而非知識分子。如此意味著一個資質秀異、有志科場的學徒，五歲就要學寫字，十一歲以前要能熟背四書五經，十二歲時會作詩，此後就開始學作八股文。如果這個學生能日夜苦讀、不絲毫怠惰，在年滿十五時他就能首度挑戰童試。初次應試幾乎都以鎩羽而歸收場，但是只要這位學子不斷捲土重來，他或許能夠在初登弱冠的二十一歲之齡就取得生員功名、榮耀鄉里。大部分的人多在二十四歲時才通過童試，而考中舉人的平均年齡是三十一歲，進士則是三十六歲。確實，看來對在科場競逐的學子而言，人生就是一場接著一場的考試。例如童試，實際上是由三場不同的考試所組成；而在學子通過童試，取得生員功名以後，為求維持仕紳的身分，也必須繼續每三年參加考試，直到年老為止。一般要到會試程度的仕紳，需要花上一百六十天的時間，在考場裡寫著八股文。

不過，對所有這些科場中人來說，卻很少有人質疑這套制度背後的精神合理與否。那些成功通過科舉試煉的人，他們為此所投入的時間和努力都獲得回報。他們也因此與後續那些走同樣艱難的道路，窮其一生鑽研經典文化的人們利害與共。但是那些科場失意的人呢？那些有志於科場，想從仕紳階級這座金字塔的底部努力往頂峰攀爬，卻總是不成功的人們，想必經歷過極大的失望、痛苦和挫折。而那些已經成為生員的，則很清楚若不力爭上游，這些年來的苦讀依舊不能為他們帶來一官半職。朝廷的確也試著緩解這種怨憤情緒，其辦法是定期授與資深的生員「貢生」的頭銜，使他們能夠靠納捐換來州縣的佐貳差使。然而科場的挫折仍然持續製造著普遍的怨憎。問題出在每個人都清楚：成功的機會微乎其微，只有六千分之一。雖然中國社會在帝制的晚期向上流動的力量，絕不比其他文明或者近代社會來得遜色，但是在菁英階層裡要想向前邁進，依然是極度受限的。這種情形下，不能出人頭地的生員們，通常在社會反抗當中尋找怨忿情緒的出口。很多叛亂，乃至於大規模的起事造反，都是由長年科場失意，以致怨憤填膺，另生企圖的生員們所領導的。但是仕紳在地方上的聲望（有別於國家的官職權威），仍然能避免這種不滿情緒完全失控。前面提及的那些仕紳才能配帶的服飾，表明社會對他們的認可能夠滿足仕紳的虛榮心，哪怕是只具有最低階的功名，也能和平民大眾有所區分。

仕紳的地方聲望

功名並不代表一切，「紳」這個象徵官員身分的束腰帶，並不是決定身分地位的唯一要件。在明清小說裡，衣衫襤褸的生員變成像英國鄉間牧師那樣陳腔濫調的喜劇人物。這些具有低階功名者，生活潦倒，收入僅能餬口，通常被描繪成機會主義者，靠著替大戶「筆耕」——教授鄉間大戶的子弟讀書來維生。因此，歷史學者在看到這種諷刺手法背後的意涵以後，旋即體認到：具有功名者的社會層級還要低於那些有「世家」或「望族」背景出身的人。這些名門大戶，即便未具功名，很明顯的還是被當時的人認為屬於鄉間仕紳之流。結果是，如果只從「紳」這邊來看仕紳——即是以朝廷所授的功名作為晉入仕紳之階與否的唯一條件，就無法窺及全貌。[8] 如果是這樣，那麼「紳士」這個詞句的第二個意思，要作何解釋呢？

在周代的經典裡，「士」這個字被描述為國王效命的貴族，廣為接受的定義是：接掌行政職位的貴族稱為士。在西元前六或七世紀，這些官員都是貴冑出身。由於孔子本人就是士，這個字眼的意義因此逐漸延伸，涵蓋了學者——即憑藉教育而不靠出身背景的新貴階層。在清代以前，「士」被寬鬆地用來敘述地方菁英的領導分子，這些人不必是具有功名的「紳」。州縣官的手冊裡說士是「四民之首」，並且點出士的職責在於「勸服百姓聽從官方教諭」。[9]作為士，仕紳就不僅只是歸屬於國家的創造；他們擁有獨立於朝廷的地位，而這個地位是根基於在地方上的財富、教育、權力，以及影響力上面的。

這樣的定義和稍前所述，即以功名作為評判仕紳身分的標準，形成一個尖銳的對比。仕紳看似是一個身分地位的社會集團，實則在這個表相底下自成一個階級：在明代時他們是擁有地產的大地主，在清代時，則與城市房產和高利放貸業牽扯甚深。有種說法是，功名畢竟還是得出自富裕之家，不然還能從哪裡來？要通過科舉考試，花費可不小（聘用塾師就很昂貴），讓一個原本能充作勞動力的家庭成員去讀書、追逐遙不可及的希望，指望著能立刻有所回報，這是一般農民家庭所根本無力負擔的。可見，財富和非正式的社會地位要先於取得功名；而獲取功名（如果還能出任官職）則更有助於建立起和官方的關係，從而發揮政治影響力，來保障家族的地位。

這樣對「士」的詮釋，因而轉換了對仕紳的定義，由有功名的個人改而為在社會上有顯著地位的世家或大族。中國仕紳在西元十一世紀後的發展，也的確符合如范仲淹（九八九至一〇五二年）這樣的士大夫所強調的，具有社會、宗族的責任。這種責任旨在灌輸族人儒家道德價值，以及照顧宗族中窮苦之人的社會福利。按理想上的規劃，宗族靠著投資共營的產業，得以補貼族中子弟準備應試科舉的開銷、扶助養育鰥寡孤獨，以及由宗族中較富裕者救濟較窮困者，藉此來緩和經濟上的不滿情緒。上面這些措施自然受到朝廷的贊成和支持，因為如此一來，宗族既不會成為少數菁英把持、用來和地方官競爭控制農民的工具，也不會和其他宗族就爭奪產業和用水權而發生衝突，然後使鄉村淪為宗族之間的戰場。

成功接連而至。宗族藉由公有產業得以成長茁壯，而能夠回過頭來提供這些財產存在的價值，甚至保障更多的產業。從其成員的角度來看，宗族靠共同分擔科場競逐過程當中的一切開銷，把獲得正式仕紳身分的可能性給最大化了。那些最成功的宗族，按照族中子弟的天賦來指派他們日後的職業。[10]若干族人繼續務農，其他人則從商，而那些喜好讀書的子弟則被鼓勵追逐功名，得以日後光耀門楣。

這種榮耀不只是社會成就所帶來的光彩，還閃耀著朝廷餉銀的光澤。儘管清代官員任期很短，官員任職期間仍然能夠為自己和他的族人帶來財富。[11]清代官員的正規俸祿很高（十八世紀時的總督年俸為一萬八千兩，相當於兩萬三千四百銀元），另外還得加上各種規費收入，例如漕規（糧稅，附於稅賦中按比例徵收）和餽贈。以一個知縣而言，這些收入每年達到三至四萬兩。他的上司正規與非正規的進帳就更為可觀了：清代的督撫一年的收入可輕易達到二十五萬銀元。這些進項當中的一部分，又會回到官員家族的財庫，因為當他寒窗苦讀時，家族曾接濟資助過他。很多宗族自動為擔任官員的子弟設立回饋家族的金額，並且還期待更多的捐獻以增益家族的產業。這些回饋通常拿來購置「義田」，田租成為家族公有基金的進項。例如在十九世紀晚期的蘇州府，地方上重要的家族就擁有將近兩百萬畝（約等於三十萬英畝）的義田。土地也不是唯一的投資途徑。十八世紀起，富有的人家開始在典當業挹注愈來愈多的資金，以致於在十九世紀前，農村的信用貸款是仕紳的主要財富來源之一。

擔任官職絕不是這些財富收入的唯一支柱，不過它對累積財富確實貢獻良多，這也說明為什麼宗族如此熱切地在子弟中栽培未來的仕宦人才。倘若在一個富裕的望族中欠缺適合科場的千里良駒，那麼他們可能會收養鄰近人家的聰明男孩來栽培，或者和其他宗族締結婚約，許配女兒給該族的優秀子弟。有一個研究顯示：[12]在帝制晚期的長江下游地區，九十一個世家望族經由這種方式，確保其家族地位於不墜長達八個世代（或超過兩個世紀）。而最為顯赫的望族，竟然能保持家族的崇隆聲望長達二十一個世代、五百五十年之久。在蘇州的范仲淹家族，就是這樣的特殊例子。他於十一世紀所建立的基業，在二十世紀的前十年依然屹立，而且在太平天國起事的變亂之後，這些產業更成為收入的主要來源。然而這並不表示在每朝每代，宗族成員都必須在朝廷中位居要津。在整個中國，只有一個望族——知名的福建莆田林家——世代都有子弟於朝中擔任要職，綿延整個明代。其他許多望族，儘管在通都大邑之中欠缺聲望，但可能仍然維持著仕途，直到幾次大的政治動盪後方告沒落，轉而由其他家族接手。

仕紳當中「紳」和「仕」的雙重性質，顯示出在晚近的幾個朝代裡，中國社會所具有的多層次複雜性。在十三世紀以前，仕紳和平民是截然兩分的，兩者之間的社會差距通常極大。不過到了明清時期，社會百態便不是單一的刻板印象所能描繪。早期的儒家思想家以「士、農、工、商」來界定社會層級並不困難。不過到了十六世紀，當觀察家注意到官僚菁英的顯著身分地位以後，發現要以上述這樣嚴格的界定來區分社會，乃是絕對不可行的。一個農村小縣，至少就包括了以下這些人物和關係：一部分在都會中任職的官僚（因此又與帝國政治的最高層級相連結）、為大戶作塾師或是在衙門裡為僚屬的士民、沒有功名卻依舊享有崇高地位的大族、放貸者和市場掮客、富農、自耕農、小康的佃農，最後還有貧困的農田勞動者。而如果這個地區周遭有一座大城市，都市的設立便會使事情更加複雜。

上述種種都使得菁英和大眾之間，難以清楚區分；再加上家族相互通婚、官員的流動、商業的成功，與社會的失序都交織在一起，讓不同的社會群組處於持續而明顯可見的融合變化之中。一個窮苦的農民要突然躍升到社會頂層，是不大可能的；不過要是一個有企圖心、有才幹的農民，從小康之家奮起不懈的努力，就能先成為地主，然後投資商業和典當業，進入到仕紳的低階，最後，在他的後代裡頭，便有可能栽培出高階仕紳，躋身管理帝國的高層。

公共事業與私人利益

歷史學者在仕紳的雙重性質上面各自有所偏重和強調，他們對於仕紳的社會道德角色的側重也是如此。在十九世紀西方觀察家的眼裡，地方仕紳是社會秩序的中流砥柱，以家長的姿態引領農民遵守更高標準的道德規範，以造福鄉梓之心興辦和管理慈善、公共事業，並且以居上位者的責任自命，保障農民在各項庶務雜役之中的安全。不過，對許多見證過中國革命的當代歷史學者來說，上述這些仕紳的姿態與責任，看來都是容易識破的偽裝，在這層偽裝之下的則是仕紳們巧取豪奪、貪婪成性的階級本質，在公共事業裡牟取一己私利。

也許就是在這方面上，儒家理想中的公共事業和仕紳本身的私人利益產生了落差。畢竟，每一個仕紳都深受儒家關於德化社會是君子職責的教誨。《論語》裡「君子之德風，小人之德草，風行草偃」的語句，想必早已熟記在仕紳的心中。在帝制晚期之前，仕紳所作的遠超過只是以身作則、道德楷模的角色。一位仕紳必須履行與他的地位相符的職責，包括調解地方上的法律糾紛、關懷貧困無助的鄉民、顯眼地行各種善舉等等；上述這些都會為他贏得好名聲，在地方志中留名，或是在族譜裡受到褒獎。

仕紳在地方政府中的角色

上述仕紳這些公益活動之所以受到褒揚，部分是因為朝廷體認到，若不靠仕紳的協助，要治理全國一千五百個縣是極為困難的。十九世紀以前，一位縣令的職責包括訴訟斷案、徵收賦稅，以及管理轄下二十萬民眾。由於清代實施本籍迴避制度，官員不得在籍貫地為官，以防其圖利親友，有時候知縣會因為不通方言，而無法與轄縣的民眾溝通。在每位知縣之下，一般設有主簿或典吏佐理各項事務，另外還僱用胥吏書辦、捕快衙役，以及徵稅的稅吏。在早期，上面這些屬員足以協助知縣治理一個中等縣分，但是明清時期的人口增長，則超過這些屬員行政能力之所及。縣衙可以聘僱更多的雜佐吏員來協助諸事纏身的知縣，而在明代初期，朝廷為了降低地方政府的開支，停止撥給這些佐員薪餉，使得知縣必須挪用繇役稅收來作為這些職位的酬勞。後來清代在大致上並沒有變更這個政策，[13]如此造成下面兩個重要的後果。首先，縣衙的屬員和胥吏必須靠非正式的規費維持生計，這導致了勒索和賄賂的陋規。其次，既然知縣主要關切的是清理訴訟積案、及時上繳賦稅這兩件事，以保持人事記錄的無瑕，那麼縣令作為百姓「父母官」的職責，便愈來愈落到仕紳的肩上。

仕紳如此「導民以德」的實踐，卻恰好符合儒家社會自律的理想，也伴隨著儒家正統思想裡對法家嚴刑峻法的厭惡。[14]至少從宋代起，抱持儒家觀點的政論作者都傾向認為政府應以放任取代管控，他們擔心對物價的調控和其他社會福利措施，會開啟通往中央集權的缺口，最終使得個人權利遭到扼殺、強化朝廷暴政、政府失卻人心。法家思想在行政實務中的確扮演重要的角色。例如「保甲」系統，意在以百戶人家編為一個單位、登記戶口，使左右鄰居相互對其行為負責。但是抱持儒家觀點的人就指出說，保甲其實成了一種鼓勵社區團結、自我監視的形式，而不是普遍施行的公共安全體系；它使人們彼此相互監視，力量要更勝過政府以祕密警察鎮壓百姓。很多地方政府的日常事務，因此脫離官員掌握，而由民間自理。早先在宋朝時，農民被遴選為官府服務，從事日常保安、徵稅，以及土地登記等工作。十四世紀時，明政府指定富人出任糧長一職，委由他們押運徵收的稅穀到首都南京。雖然這一措施的確降低了朝廷的預算，並且可以確保朝廷稅賦不致淪為「巧取豪奪」的衙門胥吏所包辦；[15]然而糧長這個位子，日後卻很快就成了那些不幸的收稅人的沉重負擔，當其他人逃避納稅時，他們無計可施。到了十七世紀以前，明代的稅收系統早已經絕望地亂成一團，而代明而起的清朝，則採取更直接的方法來徵收賦稅。不過，清廷依舊讓不具官方身分的人來擔任其他地方行政職責，這有部分是因為：在每個農村縣分，都有大量的仕紳儲備人才，足以擔當地方行政的職責。在十五世紀以後，童試擴大錄取的名額，生員的數目在三個世紀內由四十萬人膨脹至六十萬人。由於難以晉升到仕紳中較高的位階，政府官職愈往上名額愈少，這些士民便只好接掌地方行政中的非正式角色。

到十九世紀前期，地方仕紳在地方行政中扮演顯著的角色，其承擔的事務可以分為下面五個不同的種類，每一種都提供重要的收入來源：

一、調解農民之間的法律糾紛。爭執的兩造會付給調停的仕紳費用以資酬謝。

二、監督地方學堂與書院，為學堂總辦、書院山長、教師的薪餉提供擔保。

三、監督水利工程，有時這類工程會發展成鄉約組織，付給經管者優渥的酬勞。

四、徵召與訓練地方團練武力，依靠公開募捐作為基層士兵的薪餉，並且用以給付出任軍官的仕紳年俸。

五、包攬農民稅收，交付衙門屬員。仕紳包攬地方稅收，可以從中收取規費，每個縣收得的規費，可達上萬兩銀子。

在十八世紀以後，上述這些地方行政的新收入開始取代土地財富，成了仕紳地位的重要經濟組成部分。在清朝肇建之時，仕紳的階級性格主要是地主所有制。但是到了清代覆亡之際，仕紳定義的內涵已經轉換為地方行政的專門技術和經驗了。

仕紳的規費與腐敗

不過帝制晚期的中國仕紳，從來就不是一個完整的群體；上層仕紳與下層之間便有不同：上層仕紳主要靠官方正規收入，而下層士民則仰賴非正式的規費。[16] 上層官僚仕紳所獲的薪俸優厚，已經足以負擔宗族的眾多產業和自己擁有的私田。在農產上投資，比起城市房地產和典當業，較不易受到社會動盪和通貨膨脹的影響，但是獲利也較低。然而上層仕紳僅憑官方收入就已十分豐厚，因此他們情願犧牲資產的流動和利潤，以換取投資農地產帶來的穩定及安全。擁有土地也符合上層仕紳對告老還鄉時的想像：仁厚的老紳士在鄉間別墅耕讀自娛、倚窗賦詩，而他忠誠的佃農在遠處耐心地耕作。因此，官方收入能夠支持他們作為顯貴地主的身分認同，並允許他們落實地主所有制這一原本在經濟上難以辦到的理想。

下層仕紳通常無法支撐這樣的生活方式。經商顯然不符合他們的身分，[17] 而憑體力勞動耕作又有損他的尊嚴。由於任官授職的機會顯屬渺茫，這些生員們為求餬口，必須設法謀求收入，這些收入以上層仕紳的標準來說遠遠不如，而更直接的榨取自農民。一位督撫大人的財富所得當中自然也有這類非正式的規費，不過它們被包含在稅收的高額回扣傭金裡面。另一方面，生員看來似乎更加貪婪剝削，這是因為他的收入大部分來自基層百姓，更取決於他在販夫走卒間的影響，和侵吞農村膏血的能力。當低層仕紳人數增多，彼此之間的競爭愈趨劇烈的時候，他們不得不假公濟私，濫用職權以求生存。調解爭端成了包攬訴訟；教育資產、水利工程款項，以及地方團練的捐款紛紛被挪用侵吞。尤其是包攬稅收的規費日益高漲，到後來農民繳給包稅仕紳的規費，甚至高過稅款本身兩到三倍。

這些陋規後來往往演變為直接的敲詐勒索，使得許多當時的觀察家相信，生員們背離了儒家理想中，仕紳作為道德表率的準則。對此，從晚明起到清代，官方和民間評論紛紛訴諸仕紳的道德節操。這些勸誡確實有助於遏止生員的貪贓枉法，不過這個沒有正式職業的階級，仍舊在許多地方為鄉村諸禍根源。朝廷自然可以藉由嚴格限制童試錄取員額，來減少下層仕紳的數目。可是這樣做將會嚴重打擊有志科場者的期望，進而動搖國本。政治評論家或只能繼續悲嘆世風日下，呼籲有識之士重振道德；或是在上層仕紳的理想行為和貪贓枉法的生員之間，切開一條分隔線。

學問博洽的經世大儒顧炎武（一六一三至一六八二年）發展的是後面這種看法，他的思想對十九世紀的改革者有至為深遠的影響。顧氏在明亡後才開始著述，他對於地方政府上的顯著問題，卻提出互為矛盾的解決辦法。顧炎武一方面相信：朝廷若是正式將地方政府交由仕紳管理，將有助於澄清天下事務。但是另一方面他又痛斥生員包攬衙門事務、濫用職權欺壓農民，以牟中飽私囊。以顧氏之見，如果朝廷能對生員稍事約束，那麼許多地方行政的問題都能迎刃而解。

上述矛盾在顧炎武的論述中只是犖犖大者。顧氏為地方政治所開「仕紳治鄉」的藥方，意謂著將朝廷也交由上層仕紳掌理。低階的生員之所以被指責，是因為他們欠缺上層士大夫的道德自律，而士大夫更為道德，是因為他們已經通過了科舉的層層考驗。這意思是說，仕紳階層當中身分地位的等級，反映出教育程度的高低。而既然儒家教育被認為是道德上自我修養的過程，那麼功名愈高，品德也就愈高。先撇開這個有問題的假定不提，這樣的認定透露了顧炎武對仕紳階級特性改變的看法。顧氏寫作的年代，正逢土地所有權成了高官的酬賞，而房地產經營權的經濟基礎在悄然挪移的時候。顧炎武的家族在長江下游的地產，即因為奴僕的不忠而遭奪占。他因此而對消逝中的農村社會，即「有土斯有財」的地方仕紳掌管鄉里事務、以「古封建之風」影響地方政治，頗具緬懷與好感。顧氏意欲恢復這種仁政，因此持續將上層仕紳的責任與道德理想化：他們為了一己的聲名，在主持鄉里事務時，勢必會比起先人更加的公正無偏私。相反的，生員沒有土地可作依靠，因此才會「魚肉鄉民」。

清朝政府想必和顧炎武一樣，對這些生員充滿憤怒。如雍正皇帝（一七二三至一七三五年在位）這樣的強勢統治者，便限制低階仕紳呈遞訴狀的特權，並且禁止他們在地方上包攬稅收。而鄉間仕紳雖然在短時期內遭到打擊遏止，卻仍然在地方事務居於舉足輕重（但還不是最重要）的位置。或許在中央控制與鄉紳治理之間之所以能保持權力上的均勢，是由於上層仕紳不願放縱、合理化，甚或提升這些生員的利益。在政界頗具影響的上層仕紳，通常以下層劣紳的不軌行為為恥，因為這些惡行會危及他們在御前的地位。而在此同時，即使因為大戶逃稅，[18]使得自耕農的經濟負擔沉重到無法負荷，從而逼使農民起來叛亂，對於低階仕紳來說也沒有甚麼好失去的，因為他們與地方土地殊少利害關聯。那些較高階的仕紳本身也逃稅，不過對於社會動盪帶來的危險則心生警惕；因此更傾向譴責大規模的貪腐，力挺官方矯正經濟弊政的措施。所以，高層仕紳對於官方的支持是真誠的，因為他們與帝國整體的利害一致。

朝廷與地方仕紳之間的均勢變動

直到十九世紀伊始，朝廷和地方仕紳之間維持了一段長期的均勢平衡。如果仕紳這邊濫權過度，那麼他們當中的若干成員，或是朝廷本身，就會起來遏止紳士的特權。而另一方面，如果皇帝諭令知縣全然漠視仕紳的利益，那麼言官們必定會抗議朝廷的過度干預，並且敦促施行較為寬鬆的政策。在帝國的行政中心的清代皇帝，的確主張（也確實得到了）更大的專制權力。然而這也剛好與十八世紀時，鄉間仕紳逐漸侵奪地方政府職權的趨勢密切相關。中央政府這邊能夠維持均勢，原因很簡單：關鍵地位的上層仕紳從未取得財政獨立和軍事權力。仕紳的社會地位誠然興旺，這是以政治獨立作為代價所換來的。

當然也有一些時候，仕紳能夠取得獨立的軍事和經濟地位。這種時候出現在社會失序動盪之時，像是十八世紀末年的白蓮教叛亂，當時皇帝為求自保，被迫諭令動用地方仕紳組織的團練武力。不過在亂平之後，朝廷又能像從前一樣，迅速解散這些軍隊，以避免地方軍事力量的形成。在十九世紀時，朝廷失去了這種本事。一八三九年後，當皇帝遭逢內部叛亂與外力侵略，發現暫時授與仕紳的政治、軍事權力愈發難以收回。在前一個世紀，或許是由於人口增長對資源有限的官僚體系造成壓力，低階仕紳日益熟悉地方事務，儼然成了非正式的地方政府。到了十九世紀中葉，高層仕紳也發現：外來與內在的敵人是他們所不熟悉，而且成為其地位的新威脅，因此亟需組成一個全新的地方政治架構，以掌握軍事和稅收。在這樣的時刻，即使是最清高的士大夫也認為，那些貪贓至極的生員，也都是值得拉攏的盟友。

面對內亂外患的窘迫處境，清政府別無選擇，只好不情願地允許上、下層仕紳合作，組織並指揮私人軍隊。時人聯想此一類私人武力，以此與晚唐時的藩鎮私軍相提並論。但是，軍事封建並不是問題之所在。這種上、下層仕紳的新結盟所造成的後果與影響是多元的：現代形式的軍閥割據，以及西方的仕紳政治權力概念於焉形成，這些後果破壞了中央與地方舊有的均勢，並且將這個王朝摧毀殆盡方才告終。

第三章

商人

商人的社會地位

在儒家重農主義者的社會秩序規劃裡，商人的位階排名墊底。農人和工匠能生產、製造食物和手工用品，但商賈卻不事生產，專以交易他人的貨品來獲利。農民值得稱頌，是因為正是他們構成社會的經濟基礎，貢獻其勞動所得餵養人口。而商人地位低落，是因為商業活動鼓勵無意義的奢侈浪費，而且使農民心有旁騖，不能專注於本業。金錢，對於想在中國落實農業社會理想之人的眼裡，因此也被視作是對自給自足經濟的一種擾亂和妨礙。

上述這種反商情結，並不符合社會的現實。事實上，古典儒家之所以蔑視商賈之人，正是因為商業在中國歷史上占有重要地位的緣故。孔子著述之際，正遭逢巨商大賈起來挑戰既有的貴族秩序，因此他對商業的鄙薄，實則意在垂範未來，而不是敘述現實。換句話說，這樣一種商人應位列於四民之末的含義，並不表示他們在現實中真的被農民、工匠所輕視，而農、工的社會地位，也只在名義上比商人為高罷了。在帝制晚期前後，當時商人已在朝廷專賣事業當中據有重要位置，即使是一般的生意人，也都被看成是社會上的重要成員。不過，上述這種對商人抱持的世代綿延的敵意偏見，有時會影響政府的商業政策；而文士則繼續空談儒家重農主義「士、農、工、商」的社會等級。

商人的範疇非常廣泛，從街頭走販到富商巨賈都羅列其中。按中國自己的分法，商人通常被分為坐賈（一般經商者）、牙商（掮客、批發商）與客商（富裕的走動委賣貨商）三個種類。這樣功能性的區分在十世紀以後，伴隨著運河的修築促進交易的成長，造成了全國性的商業市場，對外貿易擴展，紙幣和匯票開始通用；而大城市的發展，也衝破了原來由舊行政中心城牆所設下的藩籬。

商業發展與資本主義萌芽

商業在明代繼續發展。在明代開國皇帝朱元璋於十四世紀重新一統天下後，中國再一次擁有全國性的市場。高昂的運輸成本仍然阻礙了區域之間主要產品的交換，但是與此同時，公共運輸如南北大運河流通著私人貨物和公家稅穀，私人業主也開創新的通商路線，用以運輸奢侈品。而要是有足夠的市場需求，比如長江下游的手工業需要山西的棉產，富有創新精神的業主也能找出辦法把貨運到。又由於廣東的商人想以鹽、鐵交易北邊的銀和布匹，因此沿著梅嶺商道，由挖土工人、搬運工、牲口運輸工、保護人貨的保鑣業，所組成的聚落快速興起、繁榮；在福建山區裡複雜的道路驛站系統上，貨運川流不息。[1]

明代的社會日趨商業化，上段所述的貨物運輸日益便捷，只是其中的一個因素。另外一個原因，是農民和工匠逐漸從被捆綁在土地中的桎梏裡掙脫出來。明朝皇帝在華北圈置許多皇莊，無意間促使眾多農民進入城市，成為一股勞動力量。朝廷維持職業團體世代承襲祖業，鼓勵他們發展技藝；這些匠人被強制貢獻出部分勞動在修築皇宮、紡織御用絲綢，以及燒製舉世聞名的陶瓷製品。晚明之際，朝廷不再能嚴格管控工匠，於是這些木匠、石匠、絲織坊工與窯匠便能擺脫世襲的官營匠業，成為私人手工業者。

世襲勞役產業的鬆動和市場從屬勞動力的解放，合起來影響了賦稅由實物改以金錢償付的轉變。中國的馬克思主義史學家們已經指出，這種將勞役和土地稅合併以銀兩繳納的「一條鞭」稅法改革，在十六世紀後期澆灌出了資本主義的嫩芽：賦稅改以銀兩繳納之後，農民種植更多經濟作物，地主遷居都市，手工用品的消費市場進一步擴大，商人也能積累商業資本。但是從另外一個觀點看來，賦稅改以銀兩繳納是商業化的結果，而非其原因。因此，其他幾項發生於十六到十七世紀中葉的社會、經濟變遷，就更值得進一步的強調。

舉例而言，在十六世紀末葉時，數量可觀的中等規模市場集散地興起。大城市如杭州與揚州，則自宋代時開始繁榮，當時全國約有一成的人口居住在城市。到了明朝時，中國經歷了另一波城市化浪潮。中型市鎮在主要城市和農村之間星羅棋布，迅速成長。定期交易的集「市」發展成為永久性質的城「鎮」，而農村、城市郊區，以及城市之間的交易市場網路，在長江下游、河南開封、四川等地擴張開來。這一系列市場的擴張發展造就了新的消費習慣，時尚衣飾與戲劇娛樂被介紹給數以百萬計的民眾，他們之前從未經歷過這種都市生活的高消費享受。

地主也發現，新近發展起來的中型市鎮，要比農村更適合作為居所。[2] 如果我們相信當時人的主觀印象，土地所有權在十六到十七世紀中葉時更加集中，尤其在長江下游地區，據說「一人擁百人之屋，一戶占百戶之田」。仕紳家庭利用納稅上的特權，買進散落各地的數千畝土地，靠著收取這些土地的佃租而能遷居於城市。要維持在蘇州的豪華園林，又養著戲班子花費非同小可，這促使上層仕紳更加需要將實物佃租轉為銀兩。中國本身的銀礦開採，不敷市場對銀兩的擴大需求，但是在十七世紀、明朝末葉時，與日本、菲律賓的海外貿易，將數以百萬計的銀元帶進中國。[3]這樣龐大的銀兩數額，有助於支付許多已成熟的經濟作物，以及帶動各種地方產品的銷售，像是蘇州的鐵器、精美的刺繡織品，或者是浙江的毛筆、棉織品和草帽。商人把安徽生產的金屬用具運到東南沿海販售，所得的利潤拿來買進福建的假髮，再轉賣到江南。家庭手工業的發展也相應更加細緻、複雜。比方在從前（十三世紀時），只有技術純熟的城市織匠才夠格織出細緻的錦緞。不過到了十六世紀，熟練的農村孩童就具有同樣的手藝。棉花紡織成了尋常的手工藝，明末之時，四分之三的中國縣分都生產棉衣。沒田可栽植棉花的農民，從城裡的中盤商那裡批購來原料，一家子幾乎都靠著織造棉衣的收入獲得溫飽。在一個氏族族譜的研究裡我們看到，[4]很多這樣的織棉戶後來買進了幾架織布機、僱用幫手，直到他們能夠將規模擴充成織造廠。絲織業也一樣，讓農民在幾代以後當上小紡織廠的業主，接著是商人，最後成了大經銷商，在南京這樣的大城市裡，擁有好幾家連鎖的紡織作坊。

然而這個「資本主義萌芽」卻沒能發展成工業革命。雖然棉紡織業的規模如此廣泛，但是從來沒有在技術上有過改良。中國之所以沒能發展出像薩克森（Saxony）羊毛紡織車或飛梭一類的設備，或許是因為勞動人口充足、伴隨著取得原物料有限制的緣故，而這也表示，缺乏為了節省勞動力而去開發新的織衣技術的動力。除此之外，家庭規模的紡織坊是棉紡業的普遍形式，每戶紡織坊都能製造出大部分的棉布，以滿足自身衣物所需。即使是在紡織業規模最大、最進步的長江下游地區，農民個體戶的家庭作坊還是居於主導地位。也因此，整個紡織業都建立在大量附屬於其下的勞動人力上面，這些勞動力「藉由市場機制，和那些並未參與任何生產過程本身的商人協調、合作」。[5]產製衣服的多重程序（軋、紡、染、織）不會在同一家紡織廠裡完成。相反的，這些技術落伍、位置零散的手工業作坊，在商業上是由一個複雜且巧妙的高度分工出貨機制所統合起來，產品分別交給大盤、中盤商，以及零售業者。在這情形之下，對這個市場行情的掌握，遠比改善生產技術來得重要，以致於商業手腕取代了經營效率。此外，棉衣大盤商不再參與生產製造，他們因此對棉衣製造過程所知甚少。即使是身兼紡織業主的盤商，也因為中盤商的緣故，而與實際上的棉花產銷過程分開。在十七世紀初年，蘇州約有七十多家交易商以約定價格按件論酬，付給約僱織匠，從而避免直接聘僱他們。在這種情況之下的商家，對於按照市場機制調整價格所帶來的利潤感到滿意，而很難去體認提升技術的重要。中國生意人因此可位居世界上最傑出的商人之列，但是他們很難被看作是大資本家。

商業貿易的不安全性

明清時期的商業成功，並不會為中國商人自動帶來社會安全與保障。財富確實可以買得影響力，但從來沒辦法讓官員俯首貼耳，聽命辦事。商人沒有轄區，欠缺自己的地盤，無法以地方官的名義將地方作為其託身之所。那些在十六世紀中快速茁壯的市鎮，並不全都是建制裡的自治行政單位。大部分的貨運集散中心，都被官方看作是行政中心，由督撫、州縣官員進駐。無論中文當中「城市」的意義（「城」指牆）為何，在鄉村和都市之間沒有固定的疆界，這點與其他文明大異其趣。大部分重要的城市，和周遭的農村地區並沒有清楚的分野。交易市集漸漸與城市郊區融合，然後向附近的農田爭地。政府官署如州府縣衙門，乃至巡撫駐在的省會都有城牆圍繞，但是這些早期所設立的疆界已面目全非，早就不是十七、十八世紀時所見的城市景觀了。

這些城市的中心區域，被官員視作是無產遊民的搖籃，危害社會秩序。到了清代，祕密會社的惡棍、妓院老鴇、賭徒，乃至市井無賴都在城市環境裡孳生，眾聲喧嘩，不但象徵著新的商業化過程帶來的影響，也衝擊傳統重農主義裡的經濟穩定觀點。官方因此極為重視對城市的控制，所以置城市行政於中央官僚體系之中，而從未發展出市政機關一類的機構。一直到二十世紀初年，生意人在其經商的城市，都無法獲得任何形式的政治自治空間。

商人組織自治團體也不受官方許可。「行」這種商業同業公會起源自唐代，是政府所組織的工、商協會。中文「行」原來的意思是街道或路，[6]因此用來指稱在規劃完善的唐代城市裡的單一街區，由官方指定的職業團體進駐。例如，所有的珠寶行，必須統一在「金匠街」開鋪，並且由官方任命的「行頭」（即公會領導人）來監督管理，行頭負責監督同業的品質、成員和價格，同時確保政府所徵的行稅能順利收取。所以簡單來說，貿易是一種必須向皇帝購買的特許權利。宋代的行會相對上稍能自主，然而也從未完全擺脫官方控制工匠與商人的原始設計。帝制晚期的行會仍然如此，不過在清代時也存在另外的公會組織：公所，特別盛行於華中和華南，以及下文要介紹的會館。

會館的地位在整個十八世紀顯得特別突出，這是由於跨地區的商業活動不斷成長的緣故。例如，在北京經商的安徽商人，共同於京師創立安徽會館。會館可作為同鄉旅京時下榻之處，或是俱樂部的場所；會館同時也是信用合作社，為成員提供介紹信，以及若干額度的商業貸款。好幾個省的會館原來是由商人設立，旨在招待赴京趕考的士人舉子。於是，會館提供了生意人和未來仕紳鞏固關係的機會，而這也象徵了商人終究仍須和官僚搭上線，仰賴官方的保護。生意人在商界地位愈高，與官府的關係就愈顯重要。小商賈還能夠避免與官府打照面，但是牙商和客商要是沒有官方的支持與許可，想要經商幾乎是難於登天。在管理貿易、調控價格這樣的藉口下，官員們常拿貿易專賣權的許可，來交換個別商人或行會繳納的規費。這類的安排有一個典型的例子，是糧食中盤商向知府大人（地方官）要求管制地方糧食市場上的價格。在付給知府酬金後，這個中盤商被授權掌管糧食大盤商和產地農民之間的貿易事宜。除了得以對糧價上下其手、從中牟利之外，他還能從所有的交易中收取若干比例的傭金。有時候中盤牙商的要價，高過農民所能承受；但是假使這些農民想脫離這個糧食交易機制，自行成立交易市場，那麼牙商將靠知府大人派來的差役，強制關閉農民的市場，以維護該商人的個人專營權利。

私人專營事業

上述的專營事業，在其他社會也非鮮見。事實上，它們的形式像是一種營業執照，堪與酒類販賣許可相比。但是在中國，專賣事業的特性表現在人際關係上，也就是在申請許可者與授與許可的官府之間的關係。商人所購買的許可，並不是法律所保障的正式執照；他支付一筆費用給特定官員，而當這位官員調離由他人取代時，商人與官府之間的所謂契約就要重新談訂。這樣一來，好處顯然歸於官員這一邊。既然此種許可永遠只是暫時性質，每次收回和再給予都使官員蒙利；反之，倘若官府給出的是永久性的許可，那麼這個許可會在商人之間以高價轉售，得利的是私人產業這一方。專賣的分配也極端反映了市場狀況，在理想上，這可以防止商人在這個位置上濫用權力。假如得到專賣權的商人對農民需索無度，農民的不滿會提醒對專賣商人容忍有限的地方官。由於地方官府可以隨時收回專賣許可，給予另外的商家，所以在理論上能夠遏止專賣商人過度的剝削。但是在實際上，這樣的機制很容易因為專賣商加碼給付地方官酬金而遭到破壞，結果是地方官犧牲農民的利益，和專賣商串通一氣。許可與貪腐、酬金和賄賂之間的界線永遠混淆不清，所以官商間的串連勾結也就難以避免；而在儒家政治思想的誡律裡，要避免上述這樣的官商勾結，多半依賴於士大夫本身的道德操守，較不重視制度上的制衡設計。

然而，在帝國的財經高層裡面，確實存在世襲的專營事業許可。在十八、十九世紀時，全國的銀行業事實上被三個經營知名山西票號的家族所把持。這些私人票號多半創立於十八世紀初年，以全國性的匯兌為主要業務；官員是這些票號的大宗客戶，他們選擇票號將俸祿匯寄回家鄉，以避免半道上遭劫。山西票號向客戶收取費用後，以其專屬保鑣護送銀兩。在他們信實可靠的名聲傳開以後，票號在各地開設分號，並且發行匯票，持匯票可在任何一家分號兌現銀兩。由於山西票號信譽卓著，連朝廷都在其分號當中寄存款項，換取高額利息。作為回報，三家晉省大戶則以優惠低利率資助高中科舉的士子，等日後他們出任官職，再以投資或存款的方式償還。於是逐漸地，這些晉商票號成了朝廷國庫和地方藩庫之間的半官方中轉機構，朝中支持他們的官員因此議定：沒有這三個家族的同意，任何其他票號不得染指這項重要生意。

相較於私人部門，公有部門的貿易與金融形式，由多方面的商人經營趨向於集中化。商人們涉足官僚形式的資本主義，可是他們的作用、人數不但沒有增長，反而穩定下降；與此相應的，則是每位商人的財富都有所提升。可是，即使像山西票號這樣受到官方青睞，他們也從來沒有獲得像羅斯希爾德（Rothschild）家族在歐洲的金融實力。他們無法像歐洲的銀行家那樣，從寒微發跡，一路加官晉爵、獲封公國采邑，成為政權的中流砥柱。因為對朝廷來說，票號確實十分便利，但並非不可或缺。山西票號商人的表現，最類似羅斯希爾德家族或是倫巴迪（Lombardy）財團的時候，是在十九世紀中期，當時他們金援左宗棠等地方督撫大員。然而在規模與制度上，票號終究無法與伴隨著帝國主義進入中國的西方銀行相抗衡，而在一八九〇年代時紛紛敗下陣來。

製鹽產業

官方插手高層金融事務裡的每一個層面，而痕跡最為明顯的，莫過於像鹽業這樣的國家專賣事業。從漢代開始，朝廷就一直試圖獨占製鹽這項產業。所有的人都需要吃鹽，假如對鹽課稅，進項極為可觀。可是，官僚體系不可能龐大到在每個零售點上都派人駐點徵稅。因此朝廷轉而控制了製鹽產業，到清朝時，製鹽已經成為由全國十一座大鹽場所共同組成的巨大產業。規模最大的是鄰近揚州的兩淮製鹽區，可由大運河通往長江。這個製鹽區裡有三十座鹽場，僱用六十七萬兩千名工人，每年向朝廷提供四百萬兩銀子，占國家總稅收的百分之六。

遠在一千年前，像兩淮這樣規模龐大的製鹽區已經由官方管理。唐代時，榷鹽使這個職位已是常設官職，專門職掌製鹽的生產監督、倉儲、運輸，以及產業的財政開支。從朝廷的角度看，由官方營運管理製鹽，有兩點顯屬不利。首先是在榷鹽使這個位置上培養出一批鹽務專家，有時候這些專家，加上他們的僚屬，會依恃其專業，不受中央指揮；當朝廷中都是一群只懂經典的文學通才時，情形尤其嚴重。其次，製鹽業提供地方官員機會，獲取朝廷控制之外的財源收入，這足以作為軍事割據勢力的經濟基礎。將唐帝國裂解成藩鎮割據局面的地方軍頭們，便非常仰賴地方鹽業官員的忠誠，還有他們所上繳的稅賦。

到了清朝時，製鹽產業的組織模式有所不同，由上層官員的監督結合了商人負責生產、分配所組成。鹽運使自身必須和皇帝、戶部，共同承擔決策的責任。他們通常是由皇帝最為信任的私人（即內務府的官員）中遴選出任，內務府由旗人或對皇帝忠心不二的包衣家奴組成。事實上，他們的部分職責就是將鹽稅直接運送到皇帝的大內財庫，有時甚至得上繳戶部的鹽稅不足規定的額度。

在大部分時間裡，鹽運使的角色維持不變，不過在他底下商人營運的複雜模式，在帝制晚期則起了很大的變化。曬鹽的產製由槽戶負責，他們在鹽場內將鹽轉手給鹽商（內商或場商）。鹽商奉鹽政衙門之命將鹽運到揚州，在那裡裝船、課稅後，交給負責輸運的水商，再由水商分發給零售業者。這套系統在十四世紀首度施行時，水商必須出示鹽引（特別許可證），以證明他們已經協助朝廷運糧給前線駐軍，如此才能將鹽裝船通行。這個意在使鹽商當作明政府軍事後勤的複雜安排，很快就窒礙難行。十六世紀前，來自山西和安徽的水商得以直接到鹽場，向鹽政衙門購買鹽引。

在下一個世紀裡，水商逐漸成為鹽務貿易中所不可或缺的部分，他們所購買的鹽引是朝廷最重要的收入來源之一。當滿洲人在北方邊境的侵擾日趨嚴重，致使明朝軍事支出遽增時，朝廷嘗試開徵特別捐，逼迫水商預購鹽引許可——購買二到三年以後才裝船的許可。商人們大為反彈，表示除非鹽務官員答應擴大運輸額度，並且讓他們以現有鹽引運輸，否則拒絕認購特別捐。商人當中更具投機野心的，甚至還買下同業的舊鹽引，期望能增值發財。鹽務官員當然可以宣布舊的鹽引過期失效，借此來打破鹽商的專賣局面。然而官員們體認到，鹽務貿易過於龐大，而唯一有足夠資本能預購鹽引的，就只有眼前這些商人。因此，在鹽務官員懇求下，朝廷於一六一七年做出重大讓步：無論誰買下新的鹽引，就能夠在可預見的未來，取得所有船運的永久性運輸選擇權。朝廷這次的妥協，對於負責運鹽的這二十四家水商來說，算是大獲全勝；他們很快就將選擇權轉換成家傳許可——「根窩」，這項特權為他們十八世紀的子孫積聚了偌大財富。

鹽場中的場商，人數也隨著他們個人財富的增加而相應減少。十八世紀以前，兩淮鹽戶悉數在三十家場商的掌握之下。這種集中的趨勢，背後反映出朝廷的認可：只有最具財力的商家，才能承擔因為一年倉儲導致儲鹽變質的風險。儲鹽總有損壞的可能，而鹽務官員必須確認鹽商們有足夠的備用金，能夠應付能使小商家破產的倉儲損壞。因此集中化的趨勢牽涉到經濟規模。在如此龐大的商業規模裡，與大量從事地方市場交易的商人相比，只有小部分人具有經營全國性市場的財力，也因此經營權會逐漸落入少數人之手。[7]

商業集中化同時也正是官員所需要的，他們期望能藉此更有效地規範貿易行為。朝廷甚至鼓勵少數大商人壟斷專營權，希望能夠以此遏止非法販鹽和走私。小本生意人因此必須取得資深的大商人為他作擔保，否則就無法涉足鹽業。至少在理論上，這種獨家壟斷的情形亦穩定了鹽價，因為它較少受到市場波動的影響。上述所有的因素加起來，讓商人領袖的數目逐步下降。到一七三〇年前後，所有水商和場商都置於五位「總商」的庇護管理之下，總商們同意承擔貿易風險，以換取巨大的利潤。

總商們被期待為了高獲利表達酬謝之意。總利潤中有一部分自動撥作餽贈、酬酢，及賄賂歷任監督鹽場官員之用。而每逢皇帝聖誕與各種節日，鹽場也會有例銀、賀禮直接送達御前。就某種意義來說，上述這些開支是總商們對於世襲專營許可的例行回報。但是變幻莫測的局勢，以及各種非正式的規費，給了貪官們藉口（例如走私猖獗、販售私鹽等）向鹽商和其擔保人敲詐更多的金額。所以，官僚資本主義同時帶來了高度的風險和可觀的利潤：在整個十八世紀，鹽業的利潤高達兩億五千萬兩銀子，提供鹽商八千萬兩的可用資本。

正因為有這筆資本，可以用作維持鹽產和分配的穩定，鹽商們因此要避免讓經濟局勢徹底崩盤。典型的鹽運使出身於內務府，通常花了大把銀子上下打點，才從宮中得到這個令人垂涎的任命。而皇帝也期待鹽運使知恩圖報，如果在他上任後，沒有貴重禮物立即送達御前，皇帝也可以藉由斥責鹽運使辜恩瀆職，輕易地以罰款充實他的私庫。因為這些財務上的難關，通常每任鹽運使無不利用他短暫的任期盡力搜刮。同時他也了解，假使他因為逼迫太過，致使商人破產而不得不臨時縮減交易，那麼就無法如期完成內務府的上繳鹽稅額度。對於鹽運使無法達成戶部應繳稅額這件事，清朝的皇帝一向不甚在意；但是，皇帝的私庫要是蒙受損失，那鹽運使就罪不可赦了。為了保住項上人頭，歷任鹽運使無不心存警惕，惟恐激起商人過多的怨懟。結果是，官僚資本主義的核心，成了官員和商業利益的緊密連結。因而，在外人看來這個充斥著敲詐勒索、賄賂公行，徹頭徹尾的貪腐體系，但實際上卻是運作良好、規則微妙的非正式官／商機制，受到不成文規則和經濟現實面的制約與影響。8

商人追求仕紳文化

儘管鹽商也曾動用他們可觀的經濟資源，違抗監督、管理他們的鹽務官員，這些上級的社會價值卻深深地影響了他們。商人們接受官紳的管理，其中一個理由就是如此便可以與菁英階級接近。在有機會捐得低階功名、科舉之門廣為敞開，以及「英雄不怕出身低」等種種有利因素的配合之下，總商裡的鄭家，族中半數男子都取得了官方仕紳的地位。這種富有的大戶，能夠敦請最好的塾師出任宗族學堂的教席，教導其子弟應考朝廷為這些家族特意保留名額的恩科考試。9 而既然這些個別的商人能夠輕易地躋身菁英之列，他們就無意去推翻儒家的社會等級系統了。商人並未抱著和其他所有資產階級的同業一道，提升他們「四民之末」地位這樣的雄心壯志。事實上，他們根本就沒意識到自己「資產階級」的身分。中國商人們並沒有迫切需要合理自己身分、階級的意識型態動機，他們很難被拿來當作是喀爾文（Calvinist）教派那種新教工作倫理的中國版本，因為這些商人能夠升高社會地位，成為他們夢寐以求的仕紳。

商人們也沒有自成一格的舉止禮儀，或者是生活方式。他們大肆仿效仕紳的舉止，惹人注目地一擲千金，廣泛地資助更有創造性的作品，再次確立了文人雅士高層文化的主宰地位。例如當時有這麼一個「鹽呆子」，特立獨行又出手闊綽，耗資鉅萬在設計精巧的玩具、太湖假山，以及異國寵物上面，他這樣的行徑，仍然是對仕紳風氣的一種誇大和扭曲。而所有這些豪奢的商家裡頭，鹽商出身的馬氏家族不但主持了十八世紀最聞名的文學沙龍、贊助許多當時知名的藝術家，甚至擁有收藏珍本圖書的私人藏書樓，還惹來乾隆皇帝眼紅。商人們對傳統仕紳生活方式的仿效與擴充，和日本大阪米商大異其趣；同時期的大阪米商們擁有別具一格的都市文化，並且樂在其中。歌舞伎演出、傀儡木偶戲、井原西鶴小說裡頭的「浮華世界」，還有歌川廣重的浮世繪本，樣樣都使人目眩神馳，為之心醉，並且和嚴肅又刻苦的日本武士道文化正統迥然有別。但是在十八世紀的揚州，舊有的菁英文化在形式上甚少變動。中國在這個時期誠然出現了最偉大的通俗小說，但是在《紅樓夢》裡所關注的，仍然是內務府出身的鹽運使家族，可不是表面上歸其管轄的那些商人。

若干由揚州鹽商出資贊助的古怪畫作，確實反映出新的品味，但是高其佩的指畫，或者金農的扭曲山水圖，不能代表資產階級可能已經把眼光投注到文化創新這方面上。它們所欲傳達的，是文人墨客蓄意不帶匠氣的畫風，是對舊日宮廷職業畫師那種精雕細琢風格的反抗。必須是深具書法素養，且了解宋、元、明畫風背景的人，才能明瞭文人山水畫裡，這種諧趣與不拘常格的變體。這些文人畫家對於作品中「渾然天成」、質樸無華的關注，要比討好取悅那些美學品味上的暴發戶來得多。事實上，文人們在心目中預設的畫作觀眾，似乎就是他們本身，因為也只有他們自己才有辦法賞析唐、宋畫風主題裡的多層意涵。用一位藝術史學者的話來說，這樣極端的鑒賞品味，所依靠的是：

在過去和未來之間、在個人感受力的極致，與超出他個人理解範圍的文化傳承之間所進行的精心對話。[10]

過去是現在的沉重負擔。十八世紀行徑古怪的文人們我行我素、作風狂放，但是他們表達創新的方式，卻只是對過去正統常規的顛覆罷了。換句話說，他們找不出屬於自己的獨特繪畫語言。也許他們的贊助者粗鄙愚鈍，不懂得這樣的實驗，一心只想把這些藝術家拴在高層文化的傳統主題裡面。可是，到底還是這些出身資產階級的買家讓步了，他們自我教育、適應畫家的品味。不過，這些揚州藝術家們即令在宋、元、明的主題上一再翻新，他們取得文化上優越性所付出的代價，仍舊是持續的因循重複。

相似的情形限制了詩的發展。袁枚是十八世紀的傑出詩人，也受到「鹽呆子」的贊助。和許多當時的人一樣，他感到傳統常規的沉重包袱，也抨擊那些一味模仿中古詩風的人。袁枚不拘成規的詩風能使聞者為之動容，但是他仍然無法跳脫唐、宋的詩韻格式，自創新局。不論他的詩風有多獨特、大膽，袁枚用來表達這些情思的藝術載體，依然是他的讀者所用的古典語言。

中華文明的悠久歷史，以及卷帙浩繁的文化遺產，[11]都在乾隆皇帝那部堂皇三萬六千巨冊的《四庫全書》裡，被無意間保存下來了；這部大全集意在匯集所有過去的偉大著作。為了達成這個目的，鹽商藏書樓裡的珍本圖書被徵用、送往北京；在那裡，素有名望的學者受命對這些書籍撰寫大量的總目提要、刪除有問題的文字，然後把定版抄錄副本。前面提到的袁枚——儘管他的詩風跌宕不羈、拒絕因襲成規——非常希望能夠入館協助編輯《四庫全書》，當他的一位朋友獲得這樣的任命，袁枚寫信給他說（明顯不帶諷刺意味）：

僕受忽視似不可免，僕之見聞有限，讀書不求甚解。仰首望城，廢然興嘆；倘能受命入館，忝盡一己微薄，為兄書簿之助，何其欣快之至！若然，望兄似可將《四庫》題單轉至弟處，弟當盡力為兄提供鄙見，蓋弟自信當此聖朝之治，自有略以貢獻棉薄、裨益高深者是也。12

從這個角度來說，所有文化上的抱負和企圖最終都與政治有關，都涉及社會頂峰的權力位置。就如同商人，無論其財富的多寡，都企圖能躋身仕紳之列。文人學者亦復如此，無論他是如何的離經叛道、不循常規，還是冀望有朝一日能為北京的皇帝效命。

第四章

朝代循環

朝代更替與長期變遷

在農民、仕紳、商人之間發生的長期變遷，並不在傳統中國史家所關注的範圍之內。編年史的編纂者確實對社會、經濟情形有所了解，但是這些情形只是用來襯托更富戲劇性的朝代政治史；這些朝代的更迭興替，像是季節的交替變換，似乎有其模式。而少數制度史學者，會注意社會的長期變化，像是封建體制的漸趨消滅，或者是商人經濟影響力的日益提升，不過這些變遷卻沒能用來推測不斷向前、變動的未來。在儒家的眼中，歷史不是線性發展的；它是一連串的螺旋，隨著時間不斷往上攀升，不必有終點止境。每個朝代都有興衰起落，就好像人受到統攝萬物生靈的造物主宰制，有「生、老、病、死」的循環。這種朝代循環更替的觀點，是中國的重要政治概念。在帝制晚期，這個概念包含了下面這三個彼此相關的因素：道德懲罰、宗教性的儀式，及歷史意志決定論。

道德因素

道德懲罰是朝代循環觀最早的意涵。在西元前一〇二七年，殷商王朝為周朝所滅。在此之前，商朝以上帝之名統治萬方，上帝是統轄商王室歷代祖先神靈的神祇。雖然上帝也許最初時就是祖先神靈，不過到了西元前十二世紀，這種觀念已經足夠提取出來，看作是一股完全非人格化的力量，也就是「天」。「天」既然不是商王人格化的私產，周朝就相信它能授與周取商而代之的合法性。在打敗商朝之後，周天子便宣稱，周之所以代殷商而興，是因為殷人無道，失去了「天命」。

天命理論在後來（西元前五世紀時），為孔子和他的門生徒眾熱切地接納了，並且在《尚書》和其他經典裡詳細闡述這個觀念。根據《論語》與稍後成書的《孟子》，聖王統治四方，必須修一己的道德，以完成天命。倘若君王能遵守儒家的社會規範「禮」——即事親以孝、御下以仁、養民以慈——那麼王朝必能興旺，文明亦必昌盛。在中國的國家版圖於漢代奠立之時，儒家這些說法看來是不證自明的。事實上，人君的道德修持，確實能影響政治秩序。由於官僚體系缺乏制度性的制衡，歷史上各個朝代無不倚靠儒家思想裡對官員行為的規範，因此端賴官員自覺和行為的自律。而如果人君本身是道德楷模，一定能使臣下效法。但是倘若君主失德，縱容群小索賄弄權，臣僚會失去自律，像他們的君主一樣，競逐私利，犧牲百姓福祉。倘使貪污盛行、苛捐雜稅、水利工程失修潰決，那麼農民叛亂必定相尋而至，為新的朝代崛起，接收天命打下基礎。

將朝代循環中的道德層面推演到極致，那麼一位人主放縱失德，就有可能喪失整個朝代的天命。這樣的說法也給了企圖奪權者便宜行事的藉口，讓他在民不聊生時，有起兵造反的正當理由。

儒家學者憂心如此將產生政局動盪、變亂烽起的反作用，所以為天命理論加上一些限制。在非人格的天與皇帝之間，建立起一種譬喻性質的父子關係：皇帝因此被稱為「天子」。統治權的繼承合法性被謹慎的奉行。謀弒君上的臣子被看作亂臣賊子，這用以教導人臣將皇帝當作父親一樣敬重。而在帝制晚期，臣子們被灌輸以忠君觀念，使得他們當中許多人寧肯自盡殉君，也不願意事奉篡權者。正因為上述這些合法繼承與上下位分之別至關緊要，新朝代的建立者必須在儀式上特別注意合乎禮節；在登龍之路上，他必須如履薄冰，步步小心，才能夠獲得民心，成就帝業。歷史上許多跋扈的將軍、叛軍的首領，及地方權貴都能成功踏出第一步，但是他們當中很少人最終能夠克服萬難，登基稱帝。

儀式因素

在漢代時，宗教性的儀式因素進入到朝代循環觀念裡面，同樣意在防阻篡位奪權與政局動盪。漢朝皇帝逐漸將主持朝廷典禮，視為是維繫天命的一種方式。漢儒如董仲舒（西元前一七九至一〇四年）等人受到道家命理與天象學說的影響，發展出一套繁複的朝代循環理論，將王朝的統治和特定的顏色、自然元素等連結起來。只要小心地遵循天象警示、並且按時獻祭，人主就能保證他統治的成功。漢儒又主張天子具有神性，所以致力於「天人合一」、諧和天地，也被看成是皇帝的分內職責。這樣包羅天地的角色，強調皇帝本身德行的重要，並使他透過使用儀式的宗教性力量，對於確保政權如常運作更具信心。禮儀崩壞因此被社會看作是君王失政，同時也象徵天地間的和諧平衡，因為君主在宗教和政治上的怠忽，而遭到了破壞。按照這樣的看法，農民叛亂就和地震、彗星、火山爆發等天災等量齊觀——有時候只是像雷擊這樣的徵兆，它們都代表上天的不悅與天命有歸：轉移與否不由人們決定。

意志因素

雖然皇帝是以個人的身分來維持普世長久的平衡，漢代「天人相應」的朝代循環說，卻沒有給予任何一位君主至上的特權，能夠操控朝代更替當中的機制和必須性。當天象轉移的時刻到來，表示曆數已盡，朝代的統治到了盡頭，僅憑人力無法挽回朝代的傾覆。但是在思想發展上有偉大貢獻的宋代，大儒程灝（一〇三二至一〇八五年）開始對這種意志論有所補正，主張天命賡續與否，取決於人的奮鬥。[1]史家司馬光（一〇一九至一〇八六年）則聲稱：睿智的人主及其臣僚，可從歷史的教訓之中找到可資當前借鏡之處，改革衰頹的政府以延緩其傾覆。沒有哪個朝代可以永久延續、不會衰亡，但是聖明之主可以帶領王朝度過最險惡的時期。

皇帝與朝代更迭

道德懲戒、儀式力量，以及歷史意志——這三個因素在帝制晚期結合而成一個共通的概念，這個概念恰當呈現了皇帝和他的臣屬之間應有的關係。皇帝被提升到道德上至高無上的位置，但是他既不是宗教上行禮如儀的虛位元首，也不像日本天皇那樣，是受權臣或攝政挾制的傀儡皇帝，這都要歸功於皇帝本人的道德修持，以及他對朝廷日常事務的參與。在另一方面，這個概念同樣對臣屬們的獨立和道德節操起了規範作用。臣民的福祉是天命攸歸的關鍵，皇帝必須清楚何時他的政令窒礙難行。近倖弄臣的逢迎諂媚，或許可以滿足皇帝的虛榮心，但是他也需要耿介的諍臣，在他犯錯時直言勸諫。對於高度讚揚君臣之間誠實關係的儒家士大夫而言，忠誠的最高象徵就是直言無隱，即使要冒著君前大不敬、人頭落地的危險。因為忠臣對皇帝說出實話，得以幫助君主改革弊政，以維持天命。

朝代不會永恆不朽，不過也沒有固定的生命週期。明初或清初的時候，沒有人可以預測明朝或清朝能享有多少年天下。負責的人也不敢妄下斷論，說一個新建立的政權能夠撐過一個世代。在史書中某些時期（比如在第十、十四世紀），曾出現不少自建國號的政權，有時它們存在的時間過短，以致於明顯和所僭稱的國號不搭、難以看作是朝代。這些短命政權通常都是因稱帝時機錯誤，而難以存活。根基未穩的新政權如果貿然建國稱帝，只會引來訕笑和輕蔑；而在儒家士大夫的眼中，這也是對上天的冒犯，將招致毀滅。就算是開國皇帝成功的穩住局面，新朝代也難保不會因為第二代爭奪皇位，而引來崩潰的危險。

明朝就是一個例子，在一四〇二年時，燕王起兵篡奪了他的姪子，建文皇帝（一三九九至一四〇二年在位）的皇位，王朝能存續下來實屬幸運。像明朝這樣的新朝代，一旦皇位繼承問題獲得解決，當代的人就開始認為，這個政權進入了朝代循環的通常模式裡：在帝國展現青年時期（十四世紀）的政治、軍事活力後，成熟的中期（十五世紀）帶來和平與穩定，接下來的階段（十六世紀）

就是內部虛耗，逐漸衰微、趨於滅亡。短暫的中興，如萬曆皇帝即位後前十年的改革，固然能延長帝國壽命於一時，但是朝代終將有滅亡的一日。而當明朝的子民，無論居上位者或是販夫走卒，都認為本朝的衰微勢所難免的時候，更加快了傾頹的速度。官員或者變節降於外敵，或投靠內部叛軍。預言在全國各地紛傳。江湖術士和走方僧人那些關於天命已盡的聳聽危言，現在不愁沒有聽眾。改朝換代的時刻來臨——用《易經》的話來說：飛龍在天之時，新天子就要出現。

在這樣的時刻，當天命看來要從垂危的政權手中溜走，將重新授與給有足夠勇氣和決心承擔它的人，舉國之內都有人躍躍欲試。新天命之說狂熱地激起叛亂；反過來說，也證明舊朝代的生命已經到了盡頭。

大眾叛亂

這類的叛亂來自四面八方。例如道教教派就經常揭竿而起、發動叛亂。承平時期，神祕的道教就在不少基層農民、社會邊緣人當中得到不少支持。而當帝國的行政體系嚴重紊亂、政治秩序似乎將要崩盤之際，道教教派保護和解救黎民的承諾，招徠廣大的信眾跟從。漢代末年，教派當中的符籙運動為遭受天災人禍，因而流離失所的農民，提供了棲身之所。教派的領導者糾集了數十萬信眾跟隨、提供他們溫飽，以及安全的保證，成員遍及天下各地。

唐朝以後，佛教裡千年救度的思想，為上述的宗教運動加添了永恆救贖的承諾。白蓮教預言彌勒佛將降世解救眾生，這位救世主將帶領信眾邁向人類歷史中的第三劫波（Kalpa）。當中過程殊非易易：第二劫在死亡與毀滅當中結束，屆時黑暗勢力要阻止真諦的流傳。[2]但是那些協助白蓮教戰勝惡勢力的信眾，可以平安度過劫難，在第三時期即將到來的人間淨土中享福。比起秩序穩定時，彌勒信仰在社會動盪不安時更有說服力。當饑荒與農民承受的痛苦益發嚴重，人們就愈發相信這就是預言中的末世劫難，比較容易熬過苦難，同時對第三劫波、人間淨土的嚮往，期盼也就更形強烈。

中國人如此冀望奇蹟似的救贖並不出奇，然而特殊的是農民對劫難的反應：他們將人世間的動盪不安和朝代的生命週期連結起來。因為在大眾對天命的普遍理解裡面，自然世界與政治秩序有緊密的連繫，以致於諸如朝代更替這類的變動，成為天下大亂的徵兆。相應來說，朝代穩定的統治即是天地規律運行的象徵。所以，在新朝代終於穩定秩序，讓帝國重歸一統之後，打著千年救度旗號的宗教運動就喪失了號召力。農民重回土地，而教派活動轉入地下；他們的成員又逐漸縮減到承平時的團體規模，但是對那些虔信者來說，堅信預言終究不會落空。這當中最好的例子，發生在明朝創建者朱元璋的身上。這位四處托缽行乞的僧人，加入白蓮教號召推翻蒙古人統治的義軍。[3]朱利用白蓮教，建立起一支對他個人效忠的軍隊，並且在華中鞏固其根據地。在逐一掃平他軍事上的對手，並且小心翼翼的得到了仕紳集團的支持以後，朱元璋於一三六八年在南京登基稱帝、創立明朝。一俟根基穩固，新皇帝就轉過頭來，對付那些曾經助他成就帝業的白蓮教義軍。白蓮教派受到取締，許多教眾遭到處決。但是，這種彌勒信仰從未真正根除，在政治、社會動亂之時一再反覆出現，直到二十世紀。

彌勒下凡救世運動之所以隨著朝代的循環起落，是因為儒家政治理論和民俗宗教信仰都認為，人類的活動與自然現象之間，彼此相互連結、互為因果，而儒家思想與民間信仰也都尊重階級秩序。農民們私下祭祀祖先或者佛、道神祇，而他們在公共事務上的宗教義務，主要在於祀奉守護鄉梓的土地神，以及按照行政區配置的城隍。祭祀者與城隍爺的關係，有如上衙門請願、遞狀的農民對知縣抱持的態度。事實上，原來是城牆的守護神的城隍爺，並非單一神祇，而比較像是陰間的行政官員。每座城市配屬的城隍，如同官僚體系，按照其轄區的大小，而有品級的分別。朝廷甚至會「任命」已過世的官員，出任指定城市的城隍，任期三年，並且宣稱「知縣理陽間，城隍治陰間，雙方關係密切，合作無間」。4

宗教的身後觀念也被官僚化了。農民把身後事想像成和在世時上衙門一樣恐怖，也有用刑、審問等法律程序。掌理陰間事的閻羅王，通常被描繪坐在法官席上，著儒生冠服袍帶，旁邊立有判官鬼卒。人的魂魄被帶進陰曹地府，由判官大聲宣讀今生的善惡記錄。接著，閻王立刻宣判，是賞是罰一如陽間法司。

如此陰間陽世並行的相同秩序，不能算是朝廷為了使大眾各安其位，而設計出的得意之作。中國農民在很早以前，就將世界設想成具有階層的組織，並且願意服從恪盡職責官員的管理。但是大眾百姓的順服是有條件的，前提是政府施行愛民的仁政，如果官員無法遵守這個不成文的約定，他們就該受到抨擊。每當「官逼民反」之時，起事者都是針對個別縣令，或是反對苛捐雜稅。這類的抗議請願運動通常都由具低階功名者帶領，擬具並提出特定的政治訴求。如果是農民自己起事的話，他們心中所懷抱的，恐怕不是決議，而是絕望。他們並未提出可供商量的要求，只是要表達出社會上普遍的不滿與怨憤。5 即使是這樣沒有特定針對性質的群眾運動，也是由農民對秩序的關切、要求所激發出來的。

舉例而言，許多農民起事多半都鄰近盜匪橫行，或是兵災連結的地區。當時記錄下這些起事的編年史書裡，傳達出一種無可言喻的黑暗氛圍，即將席捲大地的混亂浪潮。市集上有人說道：頭戴黑巾的盜匪在幾個莊子外的地方，把農民活活毆打致死。另外一個農人則指證歷歷，說山那頭有武裝團練民兵正在濫殺村民。這種焦慮如果一再升高，農民會自己武裝起來、變得神經兮兮，襲擊陌生人和仕紳的居宅。然而就在同時，仍然可以感覺得出：在這些難以控制的變亂當中，農民所求的不過就是回返之前日常秩序的企求。白蓮教運動之所以能號召群眾，或許就得自於他們對恢復社會生活秩序的承諾，而這個秩序在庶民社會中早已蕩然無存。

農民對於秩序瓦解帶來的威脅會如此驚駭，正是由於在帝制晚期，社會失序的亂象處處可見。盜匪橫行全國大部分地區。各種不法之徒——職業走私鹽販、海盜、攔路劫匪、綁架勒索犯、翦徑響馬、拳師武棍，乃至綠林好漢——在通俗文學和戲曲中被歌頌。英雄出少年，他們被理想化描寫成劫富濟貧，嘯聚山林以抵抗異族侵略者的好漢。這些「游俠」崇尚武德，因為快意恩仇，大膽挑戰現有權威而廣受讚美。所以簡單說來，他們其實是安分守己的農民心中另一個自我的投射，就像荒原蒼狼那樣，受人崇拜也讓人懼怕。

在帝制晚期，不管是打劫過路商隊，或是控制城市裡的非法行業，幫派首領們遊走於官府默認、容忍的邊緣。有時候，盡責的地方官會試圖在轄區內根絕匪患；不過，大部分的知縣情願對情節輕微的犯罪行為視而不見，這部分是因為，晚明與清代時的執法人員人數過少，不足以同時擔負既巡守邊區，又要維護人口稠密都會區的治安。然而，任何涉及政治的叛亂行動，絕不在官方的容忍範圍之內。假使幫派首領攻擊縣衙，或者扯旗造反，自封為叛軍領導人，那麼官府必定會動員軍隊，進行圍剿。

這些法外游俠之徒，雖然知道政治上的叛亂會危及他們的地盤，和非法收入來源，但是在朝代交替、局面動盪之際，他們卻是首先投入「大業」——即競逐天命的人。

和別處社會的匪徒不同，中國的亡命之徒們深具政治自覺，這是由於傳統觀念裡，天命將歸於勇敢而有決心之人。其他擁有悠久歷史的文明，例如英國殖民前的印度，官方政治圈和其下的社會自治團體完全是兩個世界。但是在中國，尤其是危機深重的時代裡，國家與社會的關係並不這麼疏遠。至少在十四世紀前後，許多不同的社會因素都反映出政治變動的徵兆。這些反覆起事，打著恢復前朝或自立新朝旗號的亡命之徒，只是當中最鮮明的例子。明代時，叛黨要恢復大宋，清初時則是力圖反清復明。如果從歷史的角度來看，民間社會力量不斷地對看似一再重複的朝代循環做出有節奏的政治回應。幫派首領經常利用武裝叛亂來擴張勢力。一個本來無足輕重，只有幾十個跟班的匪幫首領，只要扯旗為王、自建國號，很快就能吸引來其他人馬，聚集在他的旗號之下。這種結盟先天上就不穩定，但有時領導人可以用建立新朝代的名義分官授爵，來穩住新加入的徒眾。這類例子在中國歷史上可謂史不絕書，漢朝與明朝的先例，讓叛軍領袖相信舉事有可能成功。但是任何叛黨首領要從匪徒邁向帝王之路，少不了仕紳的支持。因此有志於皇位寶座的人，絕不可能放棄儒家的國家治理模式。在有那麼一些難得的機遇裡，叛軍即將要成功達陣了，原先高舉的平等口號就被大家拋在一旁，舊朝代的那一套又重新被採用。無論是宗教起事或是盜匪造反，農民叛亂不會在基本上威脅現存的政治秩序，或是在根本上變更政體。

仕紳與朝代更替

每逢新朝代得了天下後，文官仕紳集團的組成就會發生劇烈的改變。在由元到明，以及由明到清的朝代更迭裡，數百個新的顯貴望族因為在天下鼎革之際，站在勝利的那一方而崛起。但是這樣個別的社會流動，並沒能根本改變仕紳的社會特性，仕紳們由於自身條件的限制，以致難以利用皇帝脆弱之時來增進自己的地位。雖然地方仕紳熟稔行政事務，他們卻無法獨立面對善於用兵的農民起事或叛匪軍頭。結果是，在帝國行政架構崩壞，皇朝不再能掌握一切時，仕紳就更加了解：他們離不開中央政府在政治和軍事上的庇護。

仕紳沒有辦法僅憑藉一己之力成為地方顯貴，可是他們卻在朝代崩毀之際擁有一項重要的利器。既然他們的支持和儒家統治技術，都是新政權所不可或缺，這些文人學士便投靠逐鹿群雄當中最具實力者（比如明朝開國皇帝朱元璋），協助教導這些粗魯不文的軍頭，並以此方式來影響新建立的朝代。但是仕紳卻很少有這樣的機會，能夠支持新政權。由於儒家思想裡對政權合法性和忠誠的強調，從十四到二十世紀這段時間裡，中國只出現了三個朝代。當然在這六百年當中，統治中國的三十四位皇帝終究需要仕紳認可政權，但是臣下卻更需要得到君主的寵信。隨著君主恩寵所即刻帶來的權力平衡，帝國專制政治愈發茁壯；而仕紳的影響力則在明顯重複的朝代循環模式裡，顯得蒼白無力。

帝國專制政治的增強

十三世紀以前，文臣作為朝廷重臣或丞相，有足夠的地位來反對貴族專制政治。然而，仕紳的地位在元朝時大幅滑落，蒙古皇帝偏愛晉用像契丹人耶律楚材，或是威尼斯人馬可波羅（Marco Polo）這樣的外族臣子，還公然鞭撻犯錯的漢人臣屬以貶低其地位。雖然明初的皇帝停止晉用外族臣子，卻持續壓制文官士大夫在朝中的聲音，由此逐漸侵蝕仕紳集團的政治權力。一三八〇年，明太祖洪武皇帝廢除了丞相職位；雖然，朱元璋的繼承人們授與內閣大學士實質上等同丞相的權力，然而後者基本上仍只是廷臣。大學士一職——即使是像一五七〇年代時權勢薰天的大學士張居正——終究是由皇帝個人選擇與決定，因而無法對皇權產生有效的制衡作用。更有甚者，在十六世紀晚期以前，朝臣的結黨密謀就已經取代了官僚的政策討論。原來作為皇帝近侍的宦官違反法令，在紫禁城裡設立學堂，教習如何草擬詔書，為以身體不適為名倦勤的皇帝（如弘治與萬曆皇帝）效勞。他們還組織了一支祕密警察，即惡名昭彰的東廠，指揮錦衣衛折磨拷打政權的反對分子。宦官不像文官具有文化獨立性，因此看來比常設文官更加可靠，最終則能夠對大學士的任命起到決定性的影響。一五八二年以後，士大夫集團起來約束上述這些情形的繼續發展，要求直接票擬詔書、並且彈劾和宦官合作的內閣大學士。但是，內閣和文官體系之間的對立，現在又加上了派系間的瑣碎黨爭。明朝的末代皇帝崇禎（一六二八至一六四四年在位）對這些刺耳的爭執對立厭煩至極，下詔禁止所有爭論。這場超過半個世紀的政治辯論，其最終結果是上層仕紳在北京（一四二一年成為明朝首都）的影響力被嚴重削弱，而地方仕紳則在同時間和朝廷在經濟上劃清界線。

明朝的滅亡

幾年後，清朝已經入主中國，抱持儒家觀念的史家常將明代之亡歸咎於宦官和佞臣。但是天命之所以轉移，還有其他更重大的因素。超過三個世紀以來，官僚的濫用職權與失敗的改革，已經使得土地賦稅系統成了富人逃稅的藏身處、窮人的災難。沒有地方仕紳的協助，朝廷無法增加稅額，而為了邊境的戰事支出，只得以犧牲朝廷名望為代價，加派商業稅。公共事業也因短視的經濟措施而蒙受損失。在一六二〇年代，西北地區發生一連串的歉收和飢荒，隨即成為全國最蕭條的區域，叛亂在陝西、山西兩省爆發。軍事開銷為此一再增加，最終將朝廷財政拖垮。明軍正規部隊長期以來裝備窳劣、兵員缺乏。現在，朝廷為了面對這些叛亂，不得不允許職業軍人組織私人武力；而這些私人武力靠土地過活，事後證明比叛匪本身更加貪婪。同時間，小股匪徒、逃兵，以及農民出身的亂黨逐漸加入主要的叛軍同盟，長時間盤據華中、華北數省。

其中一個叛軍同盟，由馬伕出身的李自成統率。一六二九年，在丟了朝廷驛站的飯碗後，李投身軍旅，隔年率眾譁變，加入在貧窮的西北地區日漸茁壯的盜匪幫派。接下來的幾年間，雖然一再遭朝廷軍隊擊敗，李自成卻逐漸在叛軍之中發展勢力。到了一六四一年，李已經強大到盤據河南全省作為根據地，吸引了若干仕紳支持者，並且以減租減稅的訴求號召農民。古城開封擋住了他麾下民軍的再三圍攻，但是在一六四二年十月，李下令掘開黃河堤壩，在造成數萬人死亡之後攻陷了開封。這位民軍領導人接著從河南南下湖廣，然後將根據地轉到陝西，一六四四年的農曆正月，李自成在那裡追封他的祖先、冊封麾下諸將，建立大順王朝。

此時李自成已經做好襲取京師的準備，他將手下馬、步軍分成兩路，穿越潼關，橫掃山西全境，直逼北直隸省的平原。兩路兵馬，一路往南攻取重鎮保定，保定城不戰而降。另外一路由李親自統領，往北打下大同，由西面逼近北京。此刻，雖然已經難以指望京師守軍能將李的叛軍打退，文臣李建泰還是在匆促之間糾集了一支部隊作最後抵抗。李建泰雖然忠心，卻不懂軍事，他的部隊軍心渙散，甚至還沒開抵戰場就自行潰散了。李自成通往京師的道路上，現在毫無阻礙。一六四四年四月十八日，大順軍縱兵劫掠北京西郊的明皇室陵寢，接著一週之內，京師四郊全部陷落。崇禎皇帝望著北京內城裡建築焚燒、硝煙四起，終於明白天命已失。他飲酒強自鎮定，換上典禮時穿用的皇袍、寫下頒給群臣的遺詔。然後皇帝走往紫禁城後的煤山，在一座涼亭裡上吊殉國。他臨死前寫道：

朕自登極十七載，上干天咎，逆賊直逼京師。諸臣誤朕也。朕無顏見先皇於地下，將髮覆面，任賊分裂朕屍。可將文臣盡行殺死，勿壞陵寢，勿傷我百姓一人。6

明亡；大順萬歲。

然而天命卻還沒有真正接續下去。雖然有許多明朝官員迎降，李自成勝利進入北京，卻沒能給新的大順王朝帶來好兆頭。作者不詳的編年史書記載：當李自成座騎通過城門的時候，這位箭術好手，當即從箭袋裡抽出一支箭，瞄準門楣上的「中」字射去——如果射中了，就象徵著這泱泱華夏現在已歸他所有。但是大出意料的是，此箭未中。李見狀大笑，一旁隨從的大臣則連忙解釋這個顯屬不祥的兆頭，但是對於記下這件事的史家來說，這一箭背後的含義真是再清楚不過了。[7]

曾經有一位大臣跟漢朝開國皇帝劉邦這樣說：陛下可以在馬上得天下，但是不能在馬上治天下。[8] 雖然靠著武力拼殺可以贏來天命，但是唯有儒家體制那一套才能讓天命維持下去。李自成就沒能維持住天命。當他還在那裡對迎降群臣大發議論的時候，他手下的士兵卻在整座北京城裡姦淫擄掠。富人紛紛被拿住，如果他們不交出金銀珠寶來贖回自己的話，就得慘遭酷刑折磨。根據一位當時北京市民所記：

城上下賊兵俱滿，逆闖擁飛騎數百，直進紫禁城。百姓皆執香以迎。或寫順字，或順天王，或永昌元年，或新皇帝萬歲等語，遍黏門户。首額亦貼順民字。賊眾填塞街衢，搜索騾馬，恣行殺掠。雜沓呼號，忽聚忽散。溝渠填塹，血肉滿地。兒童婦女，哭聲如雷。一兵至，則數百人咸俯伏乞哀。見者魂奪，莫敢應也。初，但掠金銀。後至者，掠首飾。最後，及衣服矣。[9]

新成立的大順王朝在短短數週之內，盡失人心；李自成這才發現：這段可以用來休生養息，打退其他敵人以保住北京的寶貴時間，被他的士兵們白白浪費了。在東北的各股勢力此時已經集結起來，準備合力對付大順。明軍在關外寧遠城的守將，已經率兵開往京師。在這支軍隊的背後，另有一支滿洲人的大軍，已經準備好要進入中國。當這兩股勢力最後聯合起來，李自成就難逃敗亡的命運了。對於明朝臣民的心目中，李自成雖有降臣迎附、建國稱帝，還追封祖先，甚至也同為漢族，他的號召力卻比起關外的滿洲異族還更加不如。滿洲人早在李自成建立大順之前，就把目標對準了北京城。數十年以來，他們已將部族機構和儒家治理體系相融合。當他們奪取紫禁城裡皇帝寶座的時機降臨之時，沒有人會懷疑滿洲人在中國建立長治久安政府的宏圖。距李自成勝利進入京師不到兩個月，滿洲人就在北京金鑾殿裡建號登基，是為大清。這個新朝代再一次開始了帝國興衰的古老循環。

第五章
滿族興起

邊緣地帶

北京的北邊橫亙著萬里長城，由渤海之濱的山海關一路綿延，到達通往中亞門戶的甘肅走廊。長城從西元前三世紀起興建，曾經多次加以補強和延伸。出了長城往北，就是游牧民族的地界——他們經常南下席捲華北，有時甚至還征服了整個中國。但是長城所代表的意義，不單只是一條國防線而已。對漢人而言，長城是劃分文明與野蠻的分界線，在這個分界線的另一邊，是大群的游牧部落：匈奴、突厥、契丹、女真與蒙古等族，他們相繼對長城以內的漢人王朝產生威脅。對那些游牧民族來說，長城是充滿挑戰和誘惑的屏障——它是從荒涼的草原通往中華大地上富饒的城市與鄉村路上的關卡。在長城與游牧民族邊緣的大片草原中間，有一塊區域，是兩個截然不同的世界交會之地。在這個邊緣地帶，處在農業文明和游牧荒野之間，漢人和外族交易通商、互相通婚，甚至有時還開創出胡漢混合的新社會生活。在這裡，中原的統治技巧和軍事技術增強了部落的實力，而也是在這裡，誕生了日後成功征服整個帝國的外族同盟。

長城外的這個邊緣地帶又可分為兩個區域。其一位於北方與西北部，稱為熱河。在這裡的草原上，馬背上起家的契丹人崛起，在西元九〇七年建立遼代。蒙古帝國的一部也來自這裡，他們穿過陝西、橫掃中國，在忽必烈汗治下的地區建立起元朝。明朝軍隊在十四世紀時將蒙古人從中國驅逐出去，但是蒙古人從未離開熱河這一帶區域。瓦剌（蒙古人的一部）在此立定腳跟，招攬漢人鐵匠、工匠來裝備他們的騎兵，終明朝之世，持續騷擾邊境。為了抵擋這些敵人，明朝初年的皇帝們精心設計出一套邊境「衛所」防禦系統（每個衛所編有五千六百名兵員），分布於邊境險要之處，形成自給自足的軍事拓墾區。[1] 然而在十五世紀初期，基於財政困難，明朝決定放棄數個前線據點，撤回長城以內，改以長城作為主要國防線。因此在十五世紀，城牆被加固，沿線又大量設置敵樓和炮塔。但是瓦剌蒙古還是不斷突破防線，每隔一段時間便襲擾中國。一五五〇年時，瓦剌的俺答汗甚至率眾打到了北京城下，要求互市的特權作為他撤兵的交換條件。

滿洲部落

邊緣地帶的第二個區域位處今日的東北。滿洲人就是從這裡起步，[2] 開展他們征服中國的事業。這個區域以遼東半島為中心，延伸至朝鮮邊境，明朝在這裡設置了幾個駐屯衛所，並有大量的馬場為明軍供應戰馬。這塊區域有森林、沼澤作為腹地，蘊含肥沃的腐植質，但也受蚊蠅所苦。所以，世居此地的部落（即蒙古人和通古斯部落）是森林民族，而不是草原馬背上的好漢。他們並不放牧牛羊，而是靠狩獵、設陷阱捕捉野獸及打漁來生活。最有價值的產品，是貂皮和可用作中藥材的人蔘，他們拿來和漢人交換鹽、布匹和鐵器。

部落生活的經濟規模在幾個世紀裡逐步形成。分布在瑷琿河流域的滿族部落仍然靠狩獵和捕捉野獸為生，而那些鄰近朝鮮邊境和遼東漢人屯墾區的部落，則仿效他們的鄰居，開始農耕。滿族的首領（貝勒）和平民（額真）設立莊園、開墾農地，交由農奴或是戰役中獲得的俘虜耕種。在那些明朝和朝鮮的俘虜裡面，也有為滿人效勞的工匠；十五世紀末年，滿洲人從他們身上學來冶鐵術，開始自己打造器械和武器。

滿族部落組織

滿族部落具有結構和機動這兩項特質。首先，在某種程度上，滿族和在東北的蒙古部落重視家系血統，二十七個部落（哈喇）按家族、姓氏分布在各地。[3]每個滿洲人都曉得自己的家系、牢記自己部落的稱號，並且永遠認同自己所屬的哈喇。然而，滿人同時又在層級比較低的範圍裡，歸屬於一個被稱為「莫昆」的彈性單位。「莫昆」的規模大小，以及成員的向心力，得看其首領「莫昆達」（族長，名義上由族人選出）在狩獵和戰鬥時的表現。既然族長的位置通常由長子繼承，因此莫昆達實際上就等於是部落的領袖。

有時候，數個滿洲家族會聯合組成一個共同狩獵、戰鬥的團體，稱為「牛錄」（滿洲話裡是「箭」的意思）。這種規模較大的團體，成員的凝聚力也需要靠他們的首領來維繫，首領被稱為「貝勒」。由於牛錄通常是為了某場特定狩獵或戰役才組織起來，因此一待目的達成（例如狩獵結

十七世紀時的滿洲

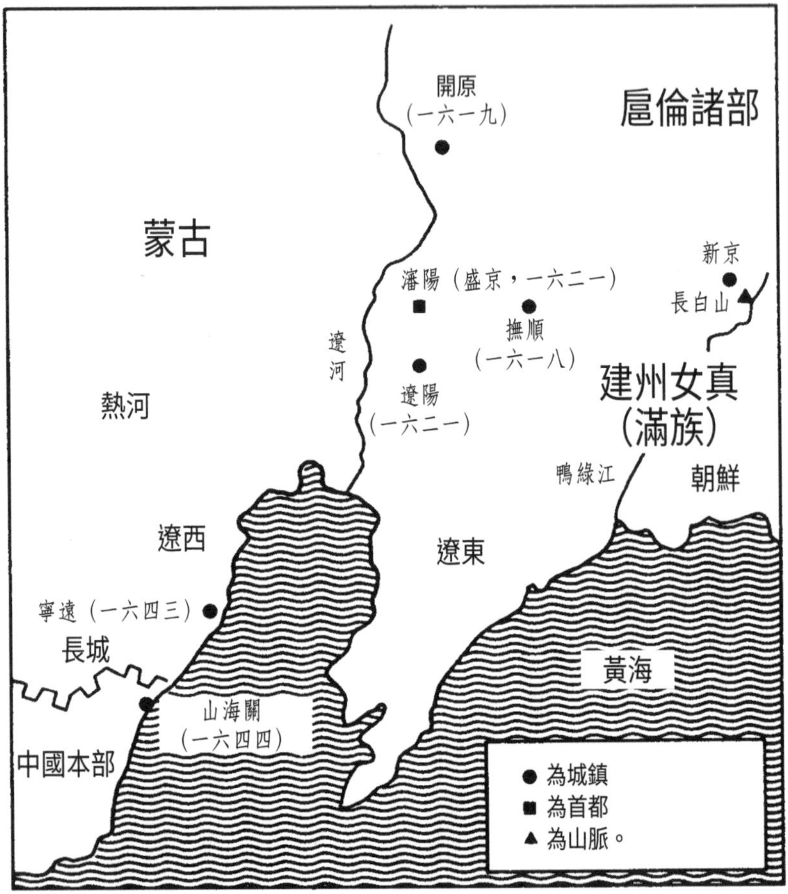

括號裡的日期標明這些原屬明朝控制的城鎮，被滿洲人攻陷的年分。

束、分配戰利品完畢）以後，便自行解散。如我們稍後將要看到的，任何貝勒如果沒能向外取經，學習蒙古或漢人的軍事組織模式，他想要長期把持這個共同聯盟會很困難。不過，在有才幹的部落領導者帶領下，這樣的滿人聯盟可以發展到可觀的規模。明朝在此時不安地了解到：這些通古斯族人就是女真人的後裔，女真人在西元一一一五年建立了金朝，並且滅亡北宋，奄有華北。

基於擔憂女真勢力再起的理由，明朝在遼東以及北海對岸的遼西地區，保持著強大的軍事力量。這股軍事力量最初由二十五個衛所駐屯區組成。然而在十五世紀過後，衛所系統衰頹，變得有名無實；到了十六世紀，許多衛所都徒具虛名，成了只在官方文書中存在的幽靈單位。在下個世紀，北京不得不更加倚靠分封邊境上的部族，為朝廷鎮守邊疆。而明朝在滿洲的軍事力量則成為其統帥半世襲的勢力，例如十六世紀的李成梁和十七世紀時的毛文龍統轄的部眾。這些節鎮的督帥都擁有人事任命權，宣誓為大明鎮守邊疆，但是他們所統領的軍隊，實際上已經成為其私人禁臠了。

歷任明朝派駐東北的官員最重要的考量，就是防止這些部族團結在單一領袖的領導下，以防有一個強大的同盟竄起，進而攻打大明。因此，他們對這些部落長期採取「分而治之」的策略，這個策略自漢代開始即確立，而且廣泛應用在中亞諸國。每位部落首領都和中國皇帝建立朝貢關係，而且被皇帝看作是他的外藩。作為承認中國宗主權的報償，明朝皇帝以朝廷官銜授與這些部族首領。倘若有特定的領袖勢力發展過快，朝廷會刻意扶植和他敵對的部落。來自朝廷的封賞隨著朝貢隊伍由北京歸來，藉著提升一個滿族部落首領的官銜，打擊另外一個。靠這種引發部落首領之間內鬥、眼紅的策略，明朝將領們因此成功地讓滿洲各部落間，維持著一盤散沙的局面。

在一五五二到一五八二年間，也就是明朝總兵官李成梁受命總理遼東事務之時，一個名為哈達的部族被朝廷授與最高的榮銜。然而在一五八二年，當哈達的原任大汗死後，扈倫諸部落（如葉赫氏和輝發氏）陷入激烈的內鬥，爭奪部族大權。在部落間爭鬥逐漸見出分曉以後，蘇克蘇護部的首領尼堪外蘭成為朝廷預備授與汗位的人選。[4]尼堪外蘭為了確保汗位不致落入他人之手，密謀殺害了他潛在的競爭對手。這些競爭對手當中有一對父子，統領著一個建州女真部落；這個部落的姓氏，叫做愛新覺羅。[5]

努爾哈赤的崛起

愛新覺羅部的首領被殺，他二十四歲的孫子努爾哈赤繼承首領位置，掌理族中事務。雖然李成梁後來曾以封賞官職作為賠償，但是這位年輕的部落首領還是發誓要報父、祖被謀害之仇。這時，因為族中最有聲望的兩人盡皆遇害，努爾哈赤的首領地位岌岌可危，族人的效忠也難以確保。藉由宣誓報仇雪恨（在幾個世紀前的蒙古部落裡，成吉思汗也上演類似的情節），努爾哈赤希望能在這場復仇聖戰裡，凝聚全族的向心力，讓愛新覺羅氏更加壯大。他向族人許諾此戰必勝，之後在一五八四年領著他們，以迅雷不及掩耳之勢攻打尼堪外蘭；兩年後，這位明朝新封的大汗被殺，努爾哈赤成功的報仇雪恨，也再一次使遼東局面陷入動盪。

努爾哈赤早先這些看似大膽魯莽之舉，現在都成了英明睿智的決定。首先，這為他招來了扈倫各部的政治聯姻。接下來，努爾哈赤不但將鴨綠江畔幾個部落都收入自己掌握之中，還使他贏得李成梁的信任，獲授明朝建州世襲都指揮使的頭銜。努爾哈赤更決定要大規模遠征北邊扈倫諸部，這一決定，有部分是要確保之前所得到的成就，也要確立他在統轄各部之間的霸權。古勒山一戰對上葉赫諸部，努爾哈赤大獲全勝，這不但增強使明朝對他格外另眼相看，也提高他在滿洲各部之間的威望。這是因為每打一場勝仗，都能為旗下的貝勒帶來更多的戰俘，可充作農奴和奴隸之用。[6]

就在努爾哈赤以一連串外交手段和武力征服來擴展勢力的同時，找尋一個新的組織模式來凝聚、鞏固原有的鬆散同盟，成為他的當務之急。在一六〇一年，努爾哈赤將麾下部隊以三百人為單位編組成一個牛錄，接著又按照四種旗幟的顏色，作為識別基準，統編為四旗。這些旗的編制是仿照蒙古的「固山」戰鬥單位。[7]之後，取材自明朝的衛所系統，這些戰鬥單位以中文的「旗」來命名。一六一五年，四個旗的建制再度析分，即是滿洲八旗，從此就成為定制。各旗中的每個牛錄都是獨立的文武合一單位，由世襲的首領統率。牛錄的成員包括士兵以及其眷屬，一起生活、戰鬥。各旗則由和碩貝勒（偉大王子之意）統率，貝勒從努爾哈赤的子侄裡遴選出任。

這種八旗建制，標誌著原來那個鬆散的，由牛錄構成的同盟架構，轉變而為一支由愛新覺羅氏統率，層級嚴明的軍隊。這種從氏族結盟轉化成軍事政體的發展，在這個邊緣地帶並非新現象，而是游牧民族的部族組織和漢人官僚體系長期交流融合之下的產物。漢人王朝「分而治之」的政策，長期以官僚名位來迷惑這些氏族首領：大汗和氏族長者同時兼有氏族首領和朝廷官員的身分，他們使用朝廷授與的軍銜，永久把持本來屬於暫時性質的氏族權力。這樣一種在邊緣地帶中形成的胡漢混血統治模式，熱切地各由兩邊汲取構成元素，[8]而帶有一個明顯的趨勢，也就是每個團體中各自世襲繼承的軍事封建性質。就和明朝邊境將領企圖組成私人軍隊一樣，這些採取官僚架構組織管理部落的首領們，同樣也成為世襲的貴族。

初期滿洲貴族封建體制的具體象徵，是努爾哈赤在一六〇五年在興京興建的城堡，這座城堡由漢人石匠砌成。[9]城堡的位置規劃，更加體現了他轉化部落暫時性的效忠，成為按軍功授賞世襲階層體制的企圖——努爾哈赤的城堡居中，旁邊圍繞著各部首領的堡壘，再向外則是旗人的莊園與田地。由於滿洲貴族將奴隸看作主要財產，而不是土地，努爾哈赤的新體制便和中古歐洲、日本不同，缺乏以普遍莊園作為經濟基礎的封建制度。不過，在滿洲體制裡，作為軍事單位的各旗像屬地采邑一樣用來封賞、授與，而統領各旗的愛新覺羅氏和碩貝勒，則構成了這個體制的世襲高層。

努爾哈赤本人的地位，絲毫不受位高權重的貝勒爺所威脅，這是因為他個人的威望足資震懾的緣故。作為大汗（於一六一六年建號稱汗），努爾哈赤已經公開表明：他的地位、權力要高過滿洲各個通古斯部落首領；這個宣告於三年後徹底實現了，當時努爾哈赤以四萬八旗兵，大破他的主要對手、葉赫部的金台吉。[10]也是在這一年，努爾哈赤用上了一個更有力的號召來增強權威：他以身為女真後裔的名義，在這年創建王朝，國號為金（一般稱為後金），年號「天命」。當然，身為中國模式的皇帝，努爾哈赤創建了大量王爵和官位，用來封賞他的追隨者。就在同時，他也把眼光投向對付明朝上面去。

早在一六〇九年，努爾哈赤就停止向北京進貢。而現在，取了「金」這樣一個曾經羞辱過宋朝的異族國號，努爾哈赤對明朝的攻擊意圖不言可喻；而這個意圖在一六一八年實現了：他拿下明朝的遼東重鎮撫順。三年後，努爾哈赤成功奪占明朝遼東巡撫的治所遼陽，並將明軍勢力完全逐出遼東半島，統治了松花江東岸的大片土地。然而，在一六二六年二月，他的部隊在寧遠城下被擊退，八個月後，努爾哈赤駕崩。

皇太極繼位與統治

努爾哈赤本來的打算，是讓他的子孫以貝勒會議的形式，集體統治後金王朝。在他生前，已經見到這一組織的成立：八旗旗主共同參與會議、四大和碩貝勒輪流掌理朝政。他們當中，必須推選出其中一位擔任大汗，而獲選為大汗者，又必須由同輩中年齡居長的出任。然而在努爾哈赤身後，獲選繼任下一任大汗者，卻打著完全不同的算盤。新的統治者皇太極（一六二六至一六四三年在位），[11]是一位外交、軍事手腕高強的謀略家，他甫即位，便決心以中原皇帝的模式，裁抑各大貝勒的權力，也就是由君主世襲制度（由皇帝一人指揮群臣），取代勛貴集體會議（由戰功彪炳者集體議決）。如果作為部族大汗，皇太極必須和他的兄弟們共享治理權力。但是若身為帝國皇帝，大權就全歸他一人所獨攬。因此在一六二九年，他便下令停止和碩貝勒輪流掌理朝政的制度，並且開始晉用漢人官員管理八旗系統的人事任命。[12]實際上，到了一六三三年，八旗中的上三旗已經被置於皇帝本人的直接統轄之下。

皇太極也懂得「以漢制漢」的重要，即任用漢人軍事專家來對付明朝軍隊。後金在一六一八到一六二一年間連戰連勝，將滿洲東部盡收入版圖。可是後金接續的擴張，到了遼西走廊和長城這一區域時，就受阻於明軍守將袁崇煥；一六二六年，袁就以葡萄牙紅夷大炮，在寧遠擊退了努爾哈赤的猛烈進攻。雖然滿洲軍隊擁有強大的騎兵和重鎧甲步兵，但是在明軍炮火猛轟之下，他們的戰線仍然不堪一擊。[13]並且，由於滿洲人對於如何使用炮兵所知有限，以至於他們時常被迫由明軍重炮防守的堅城底下撤退。皇太極因此體認到，除非他信任俘虜來的明軍士兵，為他發射火槍大炮，否則無法在和明朝軍隊交戰時占得上風，在一六二六年時遭遇到的困局也就難以打破。[14]

而早在一六一八年，當明軍游擊李永芳在撫順投降時，滿洲軍隊就開始加添了中國軍事的成分。李被任命為一個旗的副將，賞給農奴與奴隸，並且還將愛新覺羅氏的年輕女子許配給他。雖然李永芳的投降，在當時顯屬特例，但是這只是接下來許多邊境將領和他們的屬員們叛降的先例，投降者都剃去前額的頭髮，接受滿洲的風俗習慣。[15]也就是靠著這些俘虜之中的投降者，皇太極能夠組建起以降者為主的新部隊，來對抗他們的舊主子——也就是明朝皇帝。

正當皇太極著手組建這批新部隊時，他也同時和袁崇煥進行談判，這使他能夠騰出手來，將兵力轉移到征服朝鮮的戰役，以及對付蒙古的敵人上面去。一六二九年時，皇太極甚至繞開明朝對遼東的防禦正面，由西面入侵，一度威脅北京；此次入侵不但大為打擊朝廷對袁崇煥的信任，更造成了他下獄、被殺。但是，由於這次入侵只算是突襲性質，因此沒有對軍事局面產生長遠的影響。明朝與後金雙方軍事對峙的僵局，在兩年以後才算真正被打破：當時皇太極以組建完成，以漢人為主的炮兵，猛轟明軍鎮守的大凌河城牆。至此，皇太極不但贏得了這場關鍵性的戰役，也證明這支滿、漢混合編組的軍隊，已經有能力主宰圍城、攻城的戰鬥。

大凌河一役告捷，使這位滿洲皇帝對於帶領他的子民征服中國更具信心，於是在一六三一年仿照明朝政府規制，設立六部處理政務。一六三六年，皇太極再次率兵襲擊明朝國境，這一次他改換了新的國號：大清；這個新的朝代稱號，讓滿人不再和他們的後金祖先有任何關聯，可以宣稱擁有新的天命。與此同時，皇太極鞏固他在黑龍江流域的軍事統治，接著在一六三九年，派遣另一支軍隊，越過長城，突襲明朝。但是，皇太極的健康卻在一六四三年時急速轉壞，不久去世；而這一年，也正是他征服中國的宏圖偉業即將要實現的前夕。

多爾袞與攻占北京

正當各旗貝勒們聚集起來召開會議，討論皇太極的繼任人選之時，在他們當中，正好有一位可稱是足堪承擔大行皇帝擊敗明朝偉業的最佳人選。這人就是正白旗旗主，和碩貝勒多爾袞，皇太極的幼弟。他早有大志，認為滿洲人的歷史任務就是征服中國。而同時他也認識到，若要成功，必須先組織一套統治班底，吸引叛降的漢人加入這個事業。在一六三一年時，多爾袞已經出任皇太極按照明朝官制所設的吏部尚書一職，這個位置使他能夠在漢人俘虜中，挑選出受教育、有才幹者出任官職。對於漢人臣僚，則又以儒家的模式加以尊重。因此滿人官員在覲見或奏對皇帝時，必須自稱「奴才」；而漢人臣屬則被允許在面聖時，有稱「臣」的資格。這些舉措，反映出多爾袞已經了解：若想要攻占北京，在憑藉軍事力量之外，一個忠誠的文官政府體系絕不可少。

對其他各旗的貝勒來說，致力於漢化新興大清的多爾袞，似乎成了滿族文化的叛徒。這些皇親貴戚們，對於昔日部落間的世仇宿怨，位於滿洲的封地及俘虜來的漢人奴隸，全都記憶猶新；他們出於本能，希望能夠繼續越過長城堡壘、劫掠中國內地，而放任明朝自生自滅。任何對於中國內部事務的長期干涉、介入，將代表目前這一愜意的貴族生活方式的結束。然而，多爾袞確實在若干他的兄弟、子侄之間獲得支持，並且在會議時推舉他總掌朝廷事務。於是多爾袞聯合其侄濟爾哈朗，共同擔任攝政王大臣，扶立皇太極五歲的幼子登基，是為新天子順治皇帝（一六四四至一六六一年在位）。

多爾袞出任攝政王的時候，正是李自成準備攻打北京的最後階段。李自成的勝利，以及崇禎皇帝的自盡殉國，使滿洲人知道：長期等待的關鍵機會到來了。此時在北方，唯一有能力挑戰李自成的人馬，並且屏障長城入關隘口（山海關）的，是明朝在寧遠的駐軍。這支軍馬的總兵官吳三桂，是前任守邊將領之子。吳三桂奉朝廷的勤王詔令，決定放棄寧遠，率部前往京師。可是他開拔的速度過慢，無法挽救明朝的危亡。據說此時有五十萬漢人百姓，隨吳三桂部隊往山海關方向南撤，這使他們花了十六日的時間，才全部通過邊關。當然，明朝軍民的大隊人馬前腳才剛離開山海關，這個戰略重地馬上就被緊隨其後的滿洲八旗兵給占領。

吳三桂在開赴京師的途中停下腳步，因為他已經收到消息：北京業已陷落，明朝覆亡。李自成派遣來的專使，很快就找到吳三桂的部隊，承諾若吳舉全軍投降，將以四萬兩銀子作為報酬。[16]在此同時，假如吳拒絕歸順，李自成正親率六萬人馬朝山海關而來。吳三桂單憑麾下兵力，不可能擊敗如此規模的大軍。懷疑李自成可能背諾，吳三桂遂和多爾袞取得連絡；之前多爾袞就曾以封王與世襲領地為條件，來交換吳三桂和清軍聯手。這位前明將領現在猶豫於李自成和多爾袞之間：前者謀弒君上；後者身為異族，卻承諾要為大明嚴懲篡位奪權者。然後，隨著李自成的軍隊逐漸逼近，吳三桂剃掉頭髮，邀請多爾袞的軍隊入關。

一六四四年五月二十七日，正當吳三桂和李自成兩軍廝殺之際，滿洲八旗兵以沙塵暴為掩護，長驅直入山海關。清軍的介入起了決定性作用：李自成落敗，退回北京，吳三桂與多爾袞的聯軍在後緊追不捨。在清、吳聯軍由東面進入京師時，李自成的人馬和他們進城時一樣，迅速從西門退走，搶掠來的古董珍玩、金銀財寶散落滿地。[17]

多爾袞在一六四四年六月初一進入北京。他對北京臣民所頒布的第一道令旨是：

曩者我國欲與爾明和好，永享太平，屢致書不答，以致四次深入，期爾朝悔悟耳。豈意堅執不從！今被流寇所滅，事屬既往，不必論也。且天下者非一人之天下，有德者居之，軍民者非一人之軍民，有德者主之。我今居此，為爾朝雪君父之仇，破釜沉舟，一賊不滅，誓不反轍。所過州縣地方有能削髮投順，開城納款，即與爵祿，世守富貴。如有抗拒不遵，大兵一到，玉石俱焚，盡行屠戮。有志之士，正幹功名立業之秋，如有失信，將何以服天下乎？特諭。[18]

宣告大清代明而興、承繼帝業，多爾袞立即採取各項措施，爭取民心支持。明室遺臣因為多爾袞厚葬崇禎皇帝而深感欣慰。原政府官員獲得清廷以原官留用的保證，並且頒布大赦，過去罪行，既往不究。北京城百姓則看到多爾袞對八旗士兵犯搶劫姦淫者痛加懲處，因而對新朝施行仁政的承諾感到放心。這些措施拿來和李自成政權的種種作為相較，對比是非常強烈而清楚的。此時，多爾袞遣使往滿洲迎來順治皇帝，沒有人會懷疑滿洲人長駐中國的決心。然而，也很少人能夠預料得到：清朝龍廷在未來的兩百六十八年裡，都將安坐在北京城中。

第六章

清初與盛清之世

滿漢平衡

占領北京並沒能結束多爾袞和滿族親貴之間的衝突。即使在順治皇帝入主紫禁城時，就已經敲響傳統滿洲習俗的喪鐘，皇權與勛貴間的鬥爭，此後仍然持續主導著帝國政治，一直到十八世紀初期才歇止。滿人入主中國現在已經成為事實，而這個政權的日趨漢化，終究無法避免。如果要能夠有效統治漢人，那麼最終就必須要照顧漢人的利益，而這樣做不啻是侵犯滿族親貴的特權。當多爾袞對漢人著意懷柔招撫之時，也削弱滿族諸王的權力。在一六四四年，宗室領袖不再順理成章地被任命統領六部，而在一六四九年，多爾袞公開諭令漢人官員停止奉行諸王敕令。自然，多爾袞本人獲益於這些對滿人權貴的限制。一六四七年以後，當時同為攝政王的濟爾哈朗已經受到排擠而失勢，多爾袞的權位至高無上，以至於他還得提醒諸漢人臣工：他們名義上的主子是順治皇帝，不是他和碩睿親王多爾袞。

許多滿人支持這些措施，他們在多爾袞身邊形成一個團體，與漢人官員密切合作，以吸引前明官員加入新朝。在多爾袞於一六五〇年病故後，這個團體以他的名義繼續活動、運作，甚至還授與故攝政王生前推卻的皇帝稱號。但是多爾袞多年主宰朝政，早已觸怒許多滿人官員。鄭親王濟爾哈朗對於一六四七年的失勢仍然懷恨在心，因此他領導一個派系，支持年輕的順治皇帝親政，最終打敗了多爾袞的小團體。多爾袞的稱號被撤銷，他身後被清算，名聲掃地，而他的支持者也紛紛下台；凡此種種都給了皇帝親政一個更好的機會。

順治的統治

順治皇帝親政後，只統治了又一個十年。他是首位精通中文經典的滿洲統治者，比起他的先祖們更加內省、敏感。順治對宗教長期不渝的興趣，一度讓朝廷中的耶穌會教士覺得有望使皇帝皈依天主，不過他最終決定皈依佛門，而不是基督。順治在位的最後幾年裡，摯愛的妃子董鄂氏之死令他悲傷逾恆、跡近顛狂；他一再表達遵循佛教教義，退位出家為一禪宗僧侶的意願。

順治希望放棄帝位是可以理解的，因為他親政後的這些年頭並不平靜。清廷將南方收入版圖的努力，屢屢受挫於明室遺臣的抵抗。在一六五九年，國姓爺鄭成功，這位富有傳奇色彩，以福建為主要地盤的海盜，幾乎攻占了南京。江南的仕紳大戶心懷夷夏之分，對於必要的賦稅改革陽奉陰違。而在另外一邊，滿洲諸親貴感覺皇帝對傲慢的漢人菁英過於討好，因而滋生強烈的反漢情緒。權貴的反應，只有促使順治更加走向以漢人模式治國一途。他原先一直相信滿、漢官員並列的儒家模式雙頭政治，但是，現在皇帝卻一心想當個明朝模式的皇帝。在廢除皇太極設立的內三院後，順

清代統治者年表

稱號*	在位時間
順治	一六四四至一六六一年
康熙	一六六二至一七二二年
雍正	一七二三至一七三五年
乾隆	一七三六至一七九五年
嘉慶	一七九六至一八二〇年
道光	一八二一至一八五〇年
咸豐	一八五一至一八六一年
同治	一八六二至一八七四年
光緒	一八七五至一九〇八年
宣統	一九〇九至一九一二年

* 更精確來說，這些稱號是皇帝的年號，而不是皇帝的名諱。例如順治皇帝的御名為福臨；佛門法名行癡；自署號是癡道人、太和主人和體元齋主人；廟號為世祖，謚號是章皇帝。嚴格說來，他應該一直被稱作「順治皇帝」，就像「康熙皇帝」一樣。不過按照慣例，我在此仍以年號來簡稱這些皇帝，例如順治、康熙等。

治恢復設置翰林院，翰林們由科舉登科的進士出任。皇帝尚且依賴前明遺留下來、惡名昭彰的宦官，而置內務府的包衣奴才於不用。[1]各部院的大臣和諸臣工對於必須透過這些難以信任的閹人，才能知曉皇帝意旨，深感遭受冒犯；那些崇尚武威的滿洲勛貴們也感到尊嚴受辱。他們當中少數膽大的人上疏勸諫，然而大多數的臣僚們，都在等待時機。

鰲拜輔政

他們所等的時機，在一六六一年二月初二那天到來了：順治皇帝因患天花，龍馭上賓。這天之後，政治鐘擺又從明朝模式的政府體制，盪回滿洲親貴的集體統治。四位滿洲親貴——他們全部都參與過朝鮮和蒙古戰役，並曾率領勇悍的旗人在華中作戰——出任年方七歲的康熙皇帝的輔政大臣。輔政大臣們上台後，第一件事就是將前朝政策悉數廢止。首席輔政鰲拜，協助皇太后以大行皇帝之名炮製出一份遺詔。[2]這份假造的遺詔，據說寫於順治臨終之際，為了背離滿洲祖訓而向他的臣民謝罪。因為誤信奸佞的漢臣與宦官，他聽不進諸貝勒的勸諫。因此，順治的繼任者被敦促恪遵祖制，也就是滿洲權貴封建體制，將滿人勛貴擺在政府中正確的位置。

接下來的六年，鰲拜和他的輔政同僚們改弦易轍，帶來許多影響深遠的改變。他們驅逐大部分宦官，並且將宮內管理責任交回內務府官員手上；給予滿、蒙王公親貴對重大政策事務的參贊建議之權；剝奪言官批評皇帝施政之權，並且對科道、都察院彈劾參奏群臣嚴加設限；逮捕那些心懷反清情緒者，酷刑審問後殘酷處死；施行一套嚴格的官員銓敘審查制度，獎勵那些辦事積極認真、如期上繳稅額、清理司法積案的地方知縣；以及以欠稅的罪名，逮捕超過一萬三千名江南與浙江北部的仕紳大戶成員。在這些改變頒布實行之後，官員中沒有人膽敢公開議論新政策。然而私底下的議論和不滿正在滋長，甚至連滿洲大臣都開始在順治的漢化與鰲拜旗幟鮮明的滿族親貴議政之間，找尋一條中庸之道的可能性。這意謂在顧及滿人利益的同時，也不犧牲漢人仕紳的支持。如此兼顧滿漢平衡的政治設計，在人心盡喪之前，由康熙皇帝達成了，康熙因此一直受到後世的褒揚。

康熙皇帝

康熙皇帝是清代最偉大的君主，他在位期間完成了清朝統一中國版圖的大業。與他後來的光輝事功相稱，康熙誕生時的兆頭相當吉祥。為康熙撰寫本紀的史官後來寫道，他出生時有異香撲鼻、彩光滿室，凡此都被看作是這位皇子即將接掌大位的吉祥之兆。然而康熙之所以獲選繼承帝位，完全是出於意外與偶然。他是順治的第三個兒子，母親可能是遼東漢軍旗人出身，在嬰兒時期就染上天花，而幸運地存活下來。當他的皇父染上同樣的疾病、性命垂危時，皇子當中只有康熙因為已出過天花，能夠被帶到御榻之側，接受其父的祝福。當時他年僅七歲，之後數年無法親自理政。輔政大臣鰲拜雖然表面上遵循祖制，於皇帝年滿十三歲時還政於康熙，實權卻仍然不在君主之手。然而，康熙可沒有耐心久候，在他十五歲時便密籌對付鰲拜勢力，將其一舉革職拿問，鰲拜手下諸臣也一網打盡，全部遭到貶斥。到了一六六九年時，康熙即使還不能控制全國，至少也成為皇宮中名副其實的主宰。

此時的華南，在南明多年的抵抗之後，表面上已收歸清朝統治。七年之前，南明最後一位流亡皇帝永曆，已在雲南街市上被絞死。忠於大明者在他死後仍繼續奮戰，但是已經沒有正式的政府組織以資號召。然而，在北京發號施令的清廷，在中國東南沿海以及西南邊陲的勢力仍非常薄弱，這是由於當時清朝必須仰賴投誠的漢人武力，來鎮撫南方之故。吳三桂在打開山海關，引清兵入關以後，被封為平西王，持續在西南為清朝開疆拓土。另外一位前明將領尚可喜，則剷除廣東境內的南明勢力，作為清朝封他王爵的報酬。沿海的福建則由軍頭耿精忠平定，耿是前明將領之子，其父因投清已受封王爵。

清廷為了更進一步酬謝他們在南方的功勞，分封三位將領為藩王，使其各自獨霸一方。三藩掌握巨額的商業專賣收入，起造壯麗的王府，獨立於中央政令之外。他們麾下的兵馬數目加總起來，要壓過北京的清朝軍隊，象徵著邊境地帶的武人封建換了地方，到南方繼續上演。例如吳三桂的軍事力量，是以像滿洲八旗那樣的牛錄所編成。其指揮官宣誓對吳個人效忠，吳則以俸祿和爵位封賞作為回報。可是這支軍隊並不完全如封建制度下的武力，可以自給自足。剛開始時，吳三桂每年向朝廷要求九百萬兩銀子作為其軍隊開銷。到了康熙親政之時，這個數字已經往上翻了一倍，迫使北京把江南的可觀稅收撥交給吳的私人財庫。吳三桂的權力非常大。他不但可以直接任命雲南、貴州兩省的官吏，對於鄰近四省的官員人事還有同意權。

控制廣東的藩王尚可喜就比較收斂。事實上，他已經意識到：南明反抗勢力一旦被剷除殆盡，也就是三藩封建要結束的時候。於是尚可喜不顧其子建議，向康熙皇帝遞上表章，請求辭職返鄉。其他兩藩也照這麼做了，並認定康熙不敢在此時和他們翻臉、接受他們其實只是作作樣子的辭呈。

然而康熙似乎沒有完全預料到他們可能的反應，批准了三藩的辭呈。獲悉朝廷當真要他放棄封地，吳三桂立刻起兵造反。在一六七三年十二月，這位雄踞雲南的軍頭號召尚之信和耿精忠兩位藩王，[3]與他合力推翻清朝，恢復大明江山。

吳三桂曾經邀請清兵入關，表面上是為了要協助即將傾覆的明朝。他也在獲得多爾袞封授藩王爵位以後，殺害了南明的永曆皇帝向新主子表忠心。現在，吳又背叛清朝，聲稱要「恢復」他曾摧毀的王朝。儘管在此時仍有很多人仍然心懷大明，反對滿人統治，但是很少人把吳三桂這個反覆小人的話當回事，乃至於響應他的號召。

在吳三桂率軍北進，與清朝一決雌雄的同時，也將他的訴求公布周知。倘若滿洲人能自動放棄北京，回到遼東，他將保證兩國和平相處，並且把朝鮮賞給滿洲，作為藩屬。由於吳軍聲勢浩大，康熙的臣子們顯得驚惶失措。然而皇帝立場堅定，斷然拒絕吳的要求。接下來的幾個月，清朝的國運危疑未定。倘若吳三桂持續推進，王朝可能就會傾覆。但是當吳軍進入湖南境內時，吳三桂就勒馬不進，以期待仍有和朝廷談判的可能。這一遲誤給了康熙機會，在湖北聚集起一支兵力，試圖阻止敵人北進。然而他不久就發覺，此戰成功的關鍵不在於八旗軍事力量，而端賴那些仍然忠於朝廷的漢人武力。為了平定三藩作亂，康熙一開始任命宗室親王為將，「以太祖皇帝血胤掌兵」。可是，以他的話來說：

> 然年復一年，朕目睹伊等貽誤軍機、遲疑瞻顧，或率大兵閒坐帳幄，未嘗前進寸步。朕不得不起用漢人叛將扭轉頹勢，縱使令漢將凌駕滿人之上亦在所不論。[4]

三藩起兵造亂之後三年，優勢終於回到滿清這一邊。三藩叛軍被逐省逐省地驅回，到了一六八一年，清廷已控制中國全境，並且將已經亡故的吳三桂開棺戮屍，傳首四邊。

平定三藩之亂以後，康熙接著又在一六八三年征服台灣，在一六九六至一六九七年御駕親征準噶爾蒙古，以及一七二〇年勘平西藏亂事，康熙取得的輝煌勝利使得中亞各國賓服，四方絡繹前來朝貢，國勢強大可堪與盛唐和明初之時相媲美。皇帝看來是努爾哈赤尚武精神的真正傳人，而康熙也不反對繼續保持著這個形象，以爭取滿族貝勒們的支持。他在熱河與滿洲著名的圍獵，維繫了滿蒙親貴的部族文化與尊嚴，而康熙的國策也明顯地賦與滿洲菁英較有利的地位，使他們和漢人士大夫官員有高下之分。議政王大臣會議被保留下來，以滿洲話主持，進行會議；而八旗事務則謹慎地和政府其他單位區分開來處理，作為自治單位，旗人的人事由族長（即莫昆達）掌理。

康熙也在最高層文官體系裡，為滿洲官員保留位置。清朝政府的架構，自皇太極時起模仿明朝，朝廷設有六部：

吏部：掌管官吏的選任與銓敘，以及捐資授官事務。

户部：審計、稽核稅務，監管國家福利事務，管理國營專賣事業，分派各省賦稅。

禮部：負責朝廷祭孔典禮，中亞各國的外交往來關係及舉辦科舉考試。

兵部：監督管理綠營兵的日常事務。

刑部：草擬法律條文，監督各省司法事務，覆核各省送部的刑名案件。

工部：修築道路、水利工程，以及治河事務。

管理六部的正職（尚書）和副職（侍郎）的位置，各分由滿、漢大臣一員出任；在高層文官體系裡，滿、漢間的種族平衡永遠被嚴格遵守。

在各省行政體系裡，也施行類似的種族平衡。只要由漢人出任巡撫，他的總督上司，將盡可能由出身滿洲、蒙古或漢軍八旗者擔任。分別駐紮各省的八旗部隊，由其統領將軍指揮，將軍和總督的品級相等，直接對北京管理旗務的機構負責。各省巡撫則控制漢人組成的地方治安部隊，也就是「綠營」；但是若逢戰事、大規模軍事動員時，這些綠營部隊或受滿洲將軍的節制，或者歸朝廷特簡欽差大員的調遣。吳三桂的叛亂給了康熙一個慘痛的教訓，他和後世的皇帝都不會忘記。漢人督撫因此不再被允許獨立指揮武裝力量。為了防止地方割據勢力的發展，八旗軍隊分駐於全國戰略要地，只聽從北京調遣，監督、防範漢人部隊。八旗駐軍的目的像是國內殖民，旗人士兵與其眷屬和一般漢人百姓分開居住。他們和漢人之間不許通婚，朝廷經常提醒他們保衛國朝和滿族的重要性，並且要他們以此為傲。就像統治印度的蒙兀兒人，滿人靠著保持自己較高的地位來避免遭到同化，以治理被征服民族。

不過，就在康熙滿足部分滿洲人的期許時，他也著手遏制滿族親貴的權力。滿洲貴族禁止圈占漢人的土地，皇室成員也不許出任六部尚書層級的官職。這些限制滿人權力的措施顯示出，康熙皇帝有多麼急切盼望能夠贏得漢人仕紳的支持。為了拉攏那些拒絕入仕，以顯示其對明朝忠貞的文人學者們，康熙於一六七九年舉行特別科舉，即「博學鴻辭」科。那些強烈抱懷著明室遺臣信念的學者們仍然拒絕參加考試，不過他們對皇上「人各有志」的尊重表示感謝，並且鼓勵身邊的親友放開心胸，去參加考試。

博學鴻辭科或科舉錄取者將進入翰林院供職，或者是加入「南書房」——知名的御用研究院，在這裡，圍繞皇帝身邊的，是全國最知名的學者。在皇帝的支持下，像張英這樣的學者，受命重新編審正統理學，史官承擔起修撰明史的任務，古典學者蒐集大量文學典故詞條，編成類書（即《佩文韻府》），詞典修纂者編修出收羅最多中文字的字典（即《康熙字典》），持續刊行。[5]康熙也如同儒家聖王那樣，頒行《聖諭》，嚴厲要求他的臣工端正操守，以及在一七一三年宣告地租稅額凍結、永不加賦，贏得百姓的普遍感激。[6]

逐漸地，康熙對漢人歸心，效忠大清愈來愈有信心。早年他南巡時，時值三藩之亂剛剛平定之際，為了安全考量，皇帝寧可駐錫在八旗駐地。但是在一六九九年後，皇帝第四次南巡江南，他深覺萬民擁戴，其情可感，因而開始公開出席宴會，並夜宿漢人官員府邸。正當康熙致力塑造自己成為一個開明的中國君主，他也有意識地模仿明朝初年皇帝的作為，增進帝國集權專制的成長。像明初的洪武皇帝那樣，康熙讓自己置身於一切決策的中樞地位。他黎明即起，批閱由全國各地遞送進宮裡的奏章，認為皇帝應與整個官僚體系直接連繫。如此做所導致的結果，是讓六部降為替皇帝傳達聖旨的單位。在各省，巡撫的權力受到總兵、布政使、按察使等官員的牽制，這些官員也都有直接向北京報告的權力。旗營將軍、綠營提督、巡按道台、藩司衙門、監察御史，都各自與朝廷上司機構有行政統屬關係，甚至他們當中有些人還有密摺上奏皇帝之權。

另有一個不為公眾所知的祕密官僚體系，完全獨立於常規文官僚系統之外，向皇帝稟報所有官員的大小事務。這個體系就是內務府，也就是鰲拜當時用來取代順治寵幸宦官的機構。康熙巧妙地變更內務府的組織成員和功能，以旗人和包衣家奴出任內務府官員，俾便適合為他的目的服務。這些包衣都是努爾哈赤和皇太極，在遼東歷次戰役中所俘虜的漢人後代子孫。他們當中最具才幹、聰明練達者，被授以大內侍衛和內務府的差使。這批人因此成了皇帝最理想的僕從。他們的地位和宦官一樣，完全來自於皇帝的賜與，因而派出去任官的包衣對主子極為忠誠。然而，由於這些包衣並不是閹人，所以漢人敏感的尊嚴並未受損。更進一步來說，包衣家奴與滿洲八旗的關係密切，因此各旗旗主貝勒也不會感到遭受侵犯。康熙要找足堪信任的官員，自然找上這批和皇帝關係匪淺的人，他們很快就成為皇帝的心腹耳目。又因為官員所上呈的奏摺是循半公開的管道拜發，康熙於是發展出一套密摺系統。被派往各省的包衣們充作皇帝的耳目，呈上密摺，報告駐地官員是否稱職、民情反應，以及軍務等大小事務。包衣們也是主子最可靠的理財人，以致於監督專賣事業的官員，按照慣例由內務府出身者擔任。西方人常把廣州海關監督看作是戶部派出的官員，但是他實際上是內務府出身，出任監督是為了確保在關稅上繳朝廷之前，皇帝能夠拿到當中的例銀。多虧了這些皇帝的御用家奴，有時候大內皇上的私庫，要比北京朝廷的國庫還要充盈。

皇位繼承危機

康熙的諸多輝煌成就，因為在他六十年執政末年時爆發的繼承危機，使光芒略顯黯淡。中國皇位傳承的法則，並不拘泥於長子繼承制。皇帝從諸子之中挑選繼承大位者，有時候甚至只是他對某位嬪妃特別寵幸，因而立其子為嗣。部院大臣與各大小官員通常在各個可能繼位的皇子身邊拉幫結黨，支持其中一位親王，而與他黨相互攻訐。[7]為了避免官員們為了希冀擁戴之功而競相結黨互訐，君主們通常都受建議，要早立儲君。如此，皇位繼承人才能接受足夠的儒家教育，為日後承繼大位做好準備，或者要是皇帝突然駕崩，太子也能夠出面主持各項祭祖儀典。可是，早早選定的繼位人往往不是最理想的接班人選，因為「小時了了，大未必佳」：幼時資質聰穎的親王，長大後很容易變成庸懦無能的成人。

康熙的選擇就是這樣的情形：皇二子胤礽在一六七四年、以兩歲稚齡被立為太子。[8]胤礽從小由皇帝親自撫養，延請碩學大儒來為他教導學問，卻在長大後成為一個傲慢暴戾的皇子，覬覦且密謀奪取其父的權位。在秉性陽剛雄健的父親眼中，胤礽還是個惡名昭彰的斷袖癖者——他夥同東宮官屬，從蘇州的奴隸販子手上購買來孌童。一七〇八年，在獲悉胤礽鞭撻文臣以後，康熙終於廢黜他的太子之位。但是傷心透頂的皇帝卻不懂，為什麼他的愛子會這樣狂悖失節，不但辜負他的關愛之情，更大出他的意料之外。由於著實大惑不解，康熙說服自己，胤礽必是遭到邪魔厭鎮，因此在隔年，皇帝以對胤礽施咒語的罪名，處決了數名喇嘛，並且復立胤礽為皇太子。

但是事情並未就此打住。胤礽復立之後，暴戾之性絲毫未改。一七一一年，皇帝察覺數名統兵將領和胤礽正祕密籌畫陰謀，接下來的冬天，他做出結論：「伊狂疾又發，朕難以見容；胤礽不時差人伺察、毆打、唾辱妻僕，毫無憐恤之心。」[9]康熙再一次廢黜太子名號，將胤礽遷往宮中拘執看守，並且警告諸臣工，若有請求復立皇太子，以圖異日榮寵者，皇帝必不輕饒。[10]

這件不幸的事件所導致的後果，就是到了一七一三年時，正式的皇位繼承人位置懸缺。群臣反覆上書奏請皇上立新太子，但是皇上因為對於胤礽擔任太子時，傷心、失望之情，餘悸猶存，因此將這些奏摺擲還。然而，諸臣繼續在有望繼承皇位的康熙諸皇子之間結黨成派；到了一七二一年，群臣們都相信，受命統兵前往西藏平亂告捷的皇十四子胤禵將脫穎而出，受到康熙的垂青。

然而就在胤禵在軍事上贏得榮耀的同時，皇四子胤禛也設下了他的奪權計謀。胤禛是宮嬪之子，出身並不顯貴，自幼一再受兄長們的窘辱，因此他早就暗中結交握有兵權的盟友，預備好在他皇父駕崩之時聯手變天。他的兩名最重要的支持者，其一是北京步軍統領隆科多；以及漢軍旗人年羹堯，當時他表面上是胤禵遠征軍當中的主要策士。

一七二二年五月，胤禵返京述職，一切動靜自然都在年羹堯的監視之中。同年冬天，住在北京西郊暢春園的康熙突然染上重病。身為親王皇子之一，胤禛此時理應秉承父皇之命前往天壇，代行冬至祭天之禮。然而，在十二月二十日，他卻直入暢春園，來到其父的臥榻之側。他後來聲稱，此時父皇以大位相授——然而既然康熙業已龍馭上賓（可能為胤禛所謀弒），沒有人能證實此說。胤禛隨即於拂曉時分，在森嚴戒備之下，護送大行皇帝（康熙）的梓宮返回紫禁城。接著他完成奪權政變的最後一步，登基為帝，是為雍正皇帝；雍正即位後，圈禁或殺害了其他的皇子，並且貶逐朝臣當中胤禵的支持者。[11]

雍正的統治

雍正殘忍無情的奪權即位，讓他在清朝歷代皇帝中，留下最為嚴酷暴虐的惡劣名聲。他其餘的作為，使得形象更加黑暗：雍正全面刪改官方史書中關於他繼位的記載，令廷臣張廷玉刪修康熙皇帝的起居注中，關於他與諸兄弟爭奪皇位的一切記錄。他懷疑在其父贊助下刊行的一部百科全書《古今圖書集成》當中若干卷帙藏有反滿文字，於是收回所有刊本，刪除當中影射「夷狄」的文字。他尚且支持主張排外的大臣在朝廷大發議論，並且嚴格限制天主教在中國的傳教事業。而倘若佛學作品中，對佛教教旨的闡述有違皇上心目中的法門正宗，也在取締查禁之列。他御製的〈朋黨論〉是中國歷代皇帝中，對於官員結黨營私所作的最強烈抨擊。

恭讀〈朋黨論〉的儒臣們，都贊同皇上針對結黨營私的「小人」而發的長篇痛斥，可是他們內心中所企求的，可謂與雍正皇帝所想，完全背道而馳。儒臣們之所以批評官僚體系中的派系結黨，是因為如此將違背儒家思想中所設想的直臣事君之道及君臣關係。他們棄絕結黨營私，希望以此換來君主對人臣道德節操與忠誠正直的尊重。然而，這與雍正皇帝所設想，對於皇權利益無條件的忠誠，相距實在太遠。雍正所欣賞的，是對皇帝意願的效命、順從，而不是儒家思想裡君臣間那種毫無私隱，甚至暗示雙方平等的理想關係。

因此，雍正將對君主的忠誠置於一切官僚體系的考量之上，並且充分獎勵那些能夠回報他信任的臣子。雍正偏好晉用那些聰明且具事業野心的臣子，通常要求他們向皇帝秉報其他大臣的情形，以作為試煉。如果他們被證實忠誠可靠，雍正會不拘一格，快速擢升他們的官位，派往中國各省中那些特別衝要、敏感的地區任職。例如，李衛受命為浙江總督，[12]監督外洋貿易，以及遏止浙江沿海猖獗的走私交易；田文鏡在中原地區整頓吏治、打擊仕紳的投機活動；[13]鄂爾泰則在雲南鎮壓少數民族的起事。[14]在他們蒞任以後，雍正仍然保持和這些臣子的直接連繫，並且在各方對他們的指責紛至沓來的時候，力挺他們做出的所有決定。和他的父親一樣，皇帝至為勤政，將康熙親自決定全國大小事務的理政模式設為定制。在卷冊繁多的《雍正誅批諭旨》裡，可以看出他對瑣細事務的熱切關心。任何地方上的細務，都有可能引來皇上的注意：地方罪犯的審問、某縣抗稅、糧價漲跌、關於某縣佐理官員貪墨的傳言等等。這些事情一旦被雍正盯上，他就毫不放鬆。他的親筆朱批寫滿官員呈上的奏摺四邊，內容裡威逼恫嚇、嘲諷挖苦、批評與讚許俱全。

雍正所賞識、寵信的官員，都是性情嚴厲又執拗的政務能員。這些人辦起事來通常雷厲風行，極有效率，因為他們無須擔心利益受損者的批評。事實上，雍正拔擢的這些大員推行的政策，遭遇到官員們的交相攻訐，由皇上看來，更能證明他們是在對付、剷除那些盤根錯節的利益團體。大清開國迄今已逾八十年。官員們開始懈怠玩忽，胥吏在地方衙門中濫行職權。愈來愈多的下層仕紳成員靠著在地方上包稅維生。雍正相信，帝國已經到了須要大力整頓的時候，因此他提拔並任用上述那些鐵面無私，敢於嚴懲下屬、彈劾上司的官員，靠他們來嚴加整飭。如果這樣做踩著誰的痛處，觸犯誰的利益，這就表明真正的行政改革刻不容緩。雍正的決心超過任何一位滿洲皇帝，要整頓仿效自明朝晚期制度的財政政策，以及官僚機構。

他的主要整飭目標之一，是低層仕紳成員對免稅特權的濫用。既然仕紳所收取的各項規費加重了農民的負擔，雍正便命令像田文鏡這樣的官員，裁減仕紳在地方衙門遞狀請願的權利，以及具有功名者免除賦稅的額度。如此針對地方菁英特權的打擊，確實在短期內降低了仕紳政治和社會上的影響力。不過，雍正如此做，並不是反對仕紳擁有特權，或者只是針對官員的挪用公款。相反的，他主要關切的，是要將各項不成文的陋規制度化，全部搬到檯面上來——使暗中私相授受的費用強制公開。在雍正對仕紳「包攬」稅收、衙役規費，以及地方知縣種種「陋規」（各項非正式收入）的抨擊背後，他真正的目的，是要使這些私人額外規費合理化，成為制度規範下的稅收。例如，「陋規」就轉到以稅收增加部分，用來提高官員俸祿，稱為「養廉」。[15] 十八世紀晚期物價飛漲，逼使官員們不得不又收起各項規費，但是雍正推行的財政改革，至少在一時之間成效卓著。

同樣也是在雍正的改革措施之下，朝廷原來的非正式耳目體系、機關，成為政府的常設機構。雍正效法其父，極為依賴密摺系統，呈遞上來的密摺，只有皇帝一人能夠閱覽。可是，當他賞給多位大臣以密摺上奏之權後，密摺分量之多，顯非皇上眼力所能消受。因此在一七二九年，雍正下令設立「軍機處」，[16] 撰寫奏摺節略，並且具擬辦理意見。此後，常務性質的奏摺照例仍然遞進內閣，而重要軍情和大政決策則劃歸軍機處職掌。這個新機構的成立，在清律中並無法條可循，相較於員額較多的內閣（滿、漢各十六員組成），軍機處人數精簡（五位軍機大臣，通常由滿人領銜）。軍機處能祕密舉行會議，隨時可以晉見皇帝，很快就成為專司大政決策與高層官員任命的朝廷機樞之地。

軍機處的設立，象徵著舊有滿洲議政王大臣會議的消亡。這也代表一個在帝制晚期持續發展的趨勢，即君主以臨時、專門成立的祕書組織，來取代原來設立的常規文官機構。在明朝時，內閣的地位原來就等於是雍正設立的軍機處，當時內閣將六部決策之權收歸皇帝和其私人顧問（大學士）之手。但是，內閣後來逐漸也成為六部之外的另一個「部」。因為內閣能掌握奏摺的進呈御覽與發還，能夠扣下不同意見的奏摺，並且具草擬票擬，供皇帝簽署發布之權，這就侵奪了皇帝的決策權力。在內閣逐漸形成這種獨立權限之時，新的機構便應運而生。不過，軍機處後來也終於步上前面這些機構的老路，軍機大臣與各部院大臣們上下通氣，使得皇帝對這個機構益發難以駕馭。嘉慶皇帝甚至不得已於一七九九年諭令各省督撫，直接將機要奏摺進呈御覽，不必另給軍機處副本。然而軍機處還是保持其決策重要地位，一直到二十世紀的前幾年，滿族議政王會議又再次召開，討論軍國大計時為止。

雍正使用同樣專制的方法，來解決清朝的皇位繼承問題。他即位之初就考量建儲，因此在一七二三年九月十六日，召集諸皇子與心腹大臣前來議事。皇上宣布，他已經就皇儲人選做出決定，並將一頁紙片對折，在眾人面前展示。皇帝表示，在這頁紙片上他已親書繼位人的姓名。接著，雍正將寫有皇儲人選的紙片密封於小匣子裡，將其置於乾清宮御座之上，離地二十五英尺高的匾額中。匣子必須等到皇帝駕崩之日才能開啟。

這個立儲機制非常簡單，運作起來也極為良好。如果寫在小匣內，選定的繼位人選有失皇帝的厚望，雍正自然能暗中更換人選。而既然沒有人敢冒殺頭的大不諱，拆封小匣窺視繼位人選，眾人便無從知道皇儲人選，並且在他身邊拉幫結派、結成黨羽。雍正本人對各皇子的待遇則一視同仁，不分軒輊。為了避免皇子之中有人受到特別教育，從而暴露其接班身分，雍正將康熙的南書房改為皇子學堂，所有皇子都在這裡接受儒家學者的經、史，以及滿洲文字的教育。皇儲人選因此一直保持祕密，直到雍正皇帝於一七三五年駕崩時才揭開，[17] 匣中繼位人選是皇四子弘曆，他立時即位，是為乾隆皇帝。

乾隆年間的盛清之世

歸功於其父的精明，乾隆繼位為帝時，得以避免清初皇位更替時迭次迸發的陰謀詭計。乾隆即位之初有過黨爭，首領人物是先皇雍正的兩位寵臣：張廷玉與鄂爾泰，但是前者於一七四三年失寵，後者則於一七四五年逝世。而由於滿洲王公親貴多已手無實權，且新皇登基時年已二十五，乾隆很快就能全盤掌握局勢。的確，在軍務方面，皇上頗為倚重國舅、公爵傅恆的建議。但是乾隆就像法王路易十四一樣，大部分時間裡都以皇帝之尊自兼首相，成為帝國臣民心目中，強大富裕的宏偉象徵。確實，乾隆身上代表著一連串意義，甚至他自己也是這些象徵之一。多爾袞、康熙和雍正，都是那種將個人性格融入國事決策之中的領導人。然而乾隆的個人特質，卻完全受到帝國的刻板模式，以及儒家概念中聖王、孝子、仕紳、軍事天才等角色的影響，以致隱而不彰。由於刻意在歷史記載中，將自己塑造為上述的典範，乾隆的形象因此只能被看作是各種完人圖像的顯現，而真正的乾隆皇，則被掩蓋於這些圖像之後。

乾隆在位時是整個清代最為光輝燦爛的時期，可能也是中國歷史中最為奢華的階段。雍正的財政改革為國庫留下兩千四百萬兩的存銀。此時人口與土地比例均衡，農業生產達到高峰；而到了一七八六年，乾隆又為國庫增添了五千萬兩的盈餘，這筆錢拿來營造他在北京西郊圓明園（皇帝避暑行宮）裡那些雕梁畫棟、瓊樓玉宇以後，仍然綽綽有餘。一七五一年夏日，皇帝在萬壽山興建佛寺，為其母祝壽。因為這一孝行，他特別作賦，銘於碑石，賦曰：

而茲復以祇陀布金之園，為灌佛報恩之舉。金盤炫日，而光照雲表；寶鐸含風，則音出天外。法鼓洪響，偈訟清發，於以歡喜讚頌，不更有以廣益福利，綿遠增高，為聖母上無量之壽哉！自今伊始，其以茲寺為樂林，為香園，萬幾之暇，親奉大安輦隨喜於此。前臨平湖，則醍醐之海也。後倚翠屏，則阿耨之山也。招提廣開，舍利高矗，則琉璃土而玉罍台也。散華威蕤，流芬飛檝。旃檀之香，風而聞，迦陵之鳥，送音而至。我聖母仁心為質，崇信淨業，登斯寺也，必有欣然合掌，喜溢慈顏者，亦足為承歡養志之一助。18

這個時代也是中國裝飾藝術的極盛時期：紋路複雜精緻的景泰藍、多層漆器、巨座黃銅寺鐘、多色大理石、鍍金玉匾，和色彩斑斕的陶瓷。盛清之世的光輝景象，讓十八世紀造訪中國的西方人為之目眩神迷。當喬治．馬嘎爾尼爵士（Sir George Macartney）於一七九三年率領使節團抵達中國時，他向乾隆呈獻英王喬治三世所能提供的最佳獻禮：自走機械吊鐘、地球儀、太陽系儀，一座精巧的天象儀及一套精緻的偉緻活（Wedgewood）瓷器組。但是這些禮品和乾隆所累積的精品相比，頓形失色。在皇帝的熱河行宮湖泊裡，馬嘎爾尼爵士搭上蓮舟，徜徉於四十或五十座樓閣之間，每一座樓閣：

裝飾上極盡富麗堂皇之能事，配上皇帝行獵圖；體積大得驚人的碧玉瑪瑙花瓶；上乘的瓷器與漆器，還有各種歐洲玩物以及歌詠；地球儀、太陽儀，各式掛鐘與工匠製作精良的音樂盒；在這樣豐沛的物事當中，我們的獻禮顯得黯然失色，「隱匿無光」。19

乾隆皇帝的收藏品當中，有許多是來自其他國家的進貢之物，它們是中國在十八世紀持續的軍事擴張所留下的紀念。在一七五五到一七九二年間，中國陸續平定、綏撫，征服了準噶爾、新疆回部、大小金川、苗人、台灣、緬甸、安南，以及廓爾喀等地。中華帝國在之前從未囊括如此廣袤的疆土。[20]單是征服伊犁和新疆回部，就為中國增加了六百萬平方英里的國土，由於畏服中國的聲威，其他的國家紛紛加入朝貢體系。

然而，四方朝貢的禮品，無法彌補中國日漸增加的軍事開支。在一七八二年，又有六萬名壯丁被徵召入軍隊。軍需支出遽增。戰爭的支出，加上災荒賑濟的開銷，共計花費了兩億兩白銀，將原本滿溢充盈的國庫掏得河乾海落。然而，並非所有支出都是合法的，而帝國資金花費如此浩大，其中一個原因便是貪官污吏持續的吸吮、貪墨銀兩。貪墨的程度令人髮指，卻無人起而制止此等不法情事，因為朝廷中最有權勢的大臣和珅，本身就是徹頭徹尾的貪腐官員。

和珅的權勢

乾隆一朝的最後二十三年，朝政實際上由軍機大臣和珅所一手掌握。一七七五年時，乾隆皇帝此時已年登六五之齡，對於日常政務，勤軀已倦。某日，當皇上御駕行經紫禁城內的乾清門時，他的目光為一位年僅二十二歲的英俊侍衛和珅所吸引。或許因為此人的面貌，讓乾隆想起了某位他曾經深愛過的雍正嬪妃，他立刻對這位年輕的滿洲旗人感到興趣。一年之內，皇上擢升和珅為軍機大臣，並賜與他史無前例的恩賞與殊榮。和珅貪婪地收受了這些特權，並隨即將其親信安插於各個重要位置之上，遍布全國。在一七八二年，御史們彈劾若干和珅的黨羽，並暗示和珅可能牽涉在內。但是乾隆不允許他的寵臣受到批評，因為那等於是批評他本人，於是和珅穩如泰山，繼續留任。實際上，兩年之後和珅又一手獨攬了吏、戶兩部的政務，並且在一七九〇年，他還與皇帝聯姻（其子迎娶皇上的公主），象徵著他恩寵無比的地位。批評的聲浪止住，識時務的眾人紛紛自掃門前雪。貪污的程度和範圍在官僚體系中繼續擴大蔓延。

對於這些貪腐內情所知甚少，乾隆於一七九五年度過了他即位的第六十週年。皇帝有意垂範於世，作一代聖君典範，決定恪遵孝道，於在位六十年後退位，毋使超過他的皇祖父康熙的統治年數。在華麗空前的盛典過後，他的兒子嘉慶皇帝登基，[21]然而新皇帝即位，徒有虛名。大權仍在太上皇乾隆之手，而且——太上皇年老昏昧，將權柄盡皆交給和珅。這樣令人難以忍受的局面，又持續了三年。終於，在一七九九年二月初七日，太上皇帝龍歸大海。嘉慶皇帝再也不必顧慮皇父的體面，只等了五天便下詔拿問和珅。在對和珅的指責鋪天蓋地，所控訴的範圍包山包海，幾乎涉及到所有層面之際，新皇帝下令抄沒這位前任侍衛的府邸，所有財產充公。當和珅府中所有珠寶、田產被清點，當鋪被盤查出來時，財富之巨震驚朝廷。僅僅是他的動產就達八千萬兩銀子，甚至比當時的國庫存銀還多。嘉慶顯然因為得到這一大筆財產，而心情轉好，想起了昔日父皇對和珅的寵遇，因此，雖然仍舊要賜死，但是恩准和珅自盡。同時，嘉慶也選擇不要對和珅黨羽株連過廣。最後，這位前軍機大臣的手下們，乃至太上皇乾隆都沒有受到任何譴責，而由和珅全盤承擔十八世紀後期政治貪腐的所有責任。[22]

可是，當時的人仍然將和珅一案，視為晚期「乾隆盛世」光輝燦爛的表相底下，空虛底蘊的象徵。乾隆一朝後期與前期的差異，足堪使人驚異。當乾隆於一七三六年即位之時，清朝的國勢正在攀向頂峰。在這段跨越清朝前、中期的時間裡，他在位的關鍵時期（如果將乾隆「退而不休」的時間計算在內，是中國史上最長）見證了朝代循環中盛極而衰的向下弧線。數十年過後，清朝的國運就即將沉落谷底。乾隆試圖實現各種宏大的理想，他對扮演傳統中國的「聖君」角色過於執著，卻忘記他的滿洲先人所面對的若干嚴苛現實。在躬親實現儒士文人理想生活的同時，乾隆無意間成了滿族菁英們在調適滿、漢文化適應時的模範，而這些滿人既喪失他們在華北的田地，也早已不能講滿洲話了。乾隆雖然仍力圖使滿、漢之間有所分別，他本身的行為卻使得滿族被同化難以避免。到十八世紀晚期，滿人的權力平衡業已搖晃蹣跚，旗人多已難當大任，使得乾隆的子孫必須仰賴漢人督撫組織團練武力，以彌補滿人武勇之不足。

白蓮教亂

乾隆一朝也標誌著清朝首次失去對農村社會的掌控。十八世紀行將結束之時，白蓮教的祕密結社在華中地區再次興起。一七七五年時，在湖北省西北有一位名叫劉松的江湖郎中兼走方術士，公然宣揚彌勒菩薩即將降世。劉松後來被官府逮捕，但是他的繼承者劉之協，又繼續預言新劫波的降臨。官府意識到事態的嚴重性，於是逮捕劉之協，並且針對本區域內的滋事之徒，發動一次大圍捕。然後，就在民間恐慌與謠諑紛傳之際，一支開往西南，鎮壓苗族起事的朝廷軍隊行經此地。這支無紀律的部隊沿途搶掠村莊，燒殺姦淫無所不為。農民說，這就叫「官逼民反」；接著在一七九五年，白蓮教發動起事，對抗朝廷。

這個時候，朝廷事務正掌握在和珅的手裡，他把這次的亂事看作是又一次侵吞公帑的機會。派往平亂的統兵將領浮報兵員，或是以老弱殘病者充數；還諱敗為勝，凡遇敗仗都以戰勝上奏朝廷。亂事由襄陽蔓延至湖北各地。許多縣分完全為叛軍所占，而朝廷卻毫無作為。很快地，在河南與四川也有人聚眾造反。

朝廷一直要等到和珅被清算、自盡以後，才確實掌握地方造亂情事，並且動員足夠的兵力進行平亂。此時的嘉慶尚屬幸運，因為他擁有數位足堪信任的將領可以控制亂事。將領當中最傑出的，是一位只認識幾個大字的副將額勒登保，他畢生馳騁沙場，為清朝擴張版圖立下汗馬功勞。額勒登保是滿洲瓜爾佳氏，八旗行伍出身，他屢次參與戰役，立下的彪炳戰功，就是對清朝勝利的頌歌：一七六八年的緬甸戰役，一七七三至一七七六年兩度從征大小金川，一七八四年平定甘肅回民起事，三年後遠征台灣，以及一七九一和九二年兩次廓爾喀戰役。到了一七九七年，額勒登保已經平定貴州的苗變，又趕赴湖北參與對白蓮教的戰事。兩年以後，他的才幹為嘉慶所知，於是擢升他為參將，不久後又升為總兵，最後入值軍機處，參贊全國軍務。

在地方上奏朝廷、報告事務的奏摺裡，現在充滿務實的語調，辦事不力的官員紛紛去職。在清軍開始能夠遏止亂事發展之時，地方仕紳也團結在皇帝寶座之下。地方團練組訓起來，並且對叛軍採取「堅壁清野」戰術。慢慢地，朝廷的力量逐鄉逐縣地切斷叛軍核心分子與農民間的連繫，農民只要回到原先耕種的土地，一律赦免。白蓮教的死硬分子因此逐漸被官軍圍困在四川，在一八〇四年時為朝廷軍隊所弭平。

人口壓力與仕紳在保衛地方中的角色

在一七九五到一八〇四年間爆發的白蓮教亂，除了立即引發亂事的禍端之外，背後還有更多深層的因素，足以擾亂回復秩序的努力。這些因素當中最嚴重的，就是人口增長對政治、經濟資源所造成的壓力。一個世紀和平昌盛的大清盛世，使得中國人口倍增。到了十九世紀初，帝國人口已經逼近四億大關，讓中國成為當時世界上人口最多的國家。可是，無論清代政治體系如何構想行政上的平衡，僅憑人口一項因素，就幾乎使讓政府維持效率難如登天。一位知縣現在需要為其轄縣治下約二十萬居民的福祉負責。災荒賑濟、地方水利灌溉的維護，及維持公眾秩序等事務，全都超出目前政府規模與能力所能承擔的範圍。因此，為了弭平白蓮教亂，朝廷必須仰賴仕紳的協助。額勒登保的軍隊對於大規模的戰事確實舉足輕重，但是要綏靖地方、安輯人口，靠的則是仕紳編組的團練民兵和賑濟組織。由於此時中央政府力量尚強，仕紳影響力的增強還不足以讓他們成為地方政治霸權。在叛軍被逐出某縣後，該縣仕紳便解散團練、將武器歸還縣衙。不過，在這段時間裡，地方顯貴所獲得的軍事技術與知識，不但有助於他們稍後對抗太平天國起事；同時，仕紳得到的軍事經驗，也使得他們在十九世紀，朝廷力所不逮時，準備好承擔保衛地方的新角色。

仕紳起而主導農村政權的態勢，是帝制晚期中國社會內部影響最深遠，也是必然的政治發展。然而在當時人的眼中，最為顯著的是本朝依據朝代循環觀點下的進展。雖然大清業已蕩平白蓮教起事，但是很難就此相信本朝從此就能振衰起敝，永遠擺脫崩潰瓦解的命運。有太多徵象都在指明：清朝正在日益衰頹。為了鎮壓反叛，朝廷在一七九六至一八〇一年間耗費了一億兩白銀。和珅貪腐的幽魂還沒有自朝廷裡驅散。官員們屢次力主提振道德操守，但是終嘉慶一朝，黃河便氾濫了十七次——這是河道治水官員們貪墨修堤款項，中飽私囊的確證。嘉慶以他個人極度的節省，作為其無力制止官員公然貪腐的補償。宮中開支毫不講情面地驟然刪減，波及許多賴薪俸維生之人。落魄的旗人子弟鎮日遊蕩，幹些偷雞摸狗之事，成了北京的遊民。一八一三年，天理教徒勾結宦官起事，攻打皇宮大內，試圖殺害皇上。嘉慶獲救，樂觀者據此率爾表示，這正是我朝中興之象。[23]但是其他官員則憂心忡忡，他們看見新的難關已經迫在眉睫。清朝在過往已經累積了夠多的榮耀，而未來的好日子則看來屈指可數。

然而，原來為中國人熟悉的朝代循環，即將要受到充滿陌生外來事件的決定性干預。外面的世界，以及其歷史觀，很快地將和中國產生撞擊與衝突。到目前為止，中國歷史發展的主流是閉鎖在內陸的，這股歷史浪潮有時雖然泛濫於農村內地，卻從來沒有排流出海。即使是外來的入侵者，如滿洲人，也多起自亞洲內陸，意在征服這個中國人認為在「四海之內」的帝國。但是，這個寰宇海內的帝國現在卻破天荒地遭人闖入。馬嘎爾尼率領的使節團是到達中國的第一波。隨之而來的是一八一六年的阿美士德勳爵（Lord Amherst），然後在一八三九年，接踵而來的浪潮，即將把整個中國淹沒。

第七章
西方入侵

中國的世界秩序

中國人並未將所有的「夷狄」都看作是單一、毫無區別的刻板印象。實際上，他們對蒙古大汗和俄羅斯沙皇，或是爪哇酋長與荷蘭商人之間的分別，頗有所知。不過，所有的夷狄在中國的世界秩序理想中，都被置於泱泱中華之下。唯有中國，才夠格被稱作是文明國度；也唯有中國的統治者天子，方能位居萬國君王之首。朝鮮國王、安南君主及日本天皇，皆享有治理其國之權，但是在儒家的階層之中，他們作為兄弟之邦，都位列於中國皇帝之下，需要中國天子的冊封。那些不順服儒家階層的民族，將被置於這個秩序的更底層；以致於整個世界體系看來有如一座高聳的階梯，高低順序依次由文明之邦降至蠻夷國度。

上述是中國世界秩序的理想設計，但在現實上，有許多國際間的關係，並不將中國看作是秩序的中心。日本天皇就不願臣屬中國之下，而如帖木兒汗一類的蒙古大汗，更是動輒對中國派來的使者肆加譏蔑、大發雷霆。不過還是有為數眾多的國家，因為想與中國貿易往來，而願意自居藩屬，尊重這套理想秩序。中國人認知到，在他們與其他民族的關係上，有若干不符理想之處。偶爾，他們採取雙重標準：對好戰的強鄰，採取平等的姿態；但是在官方文書、公報上，則仍以上對下的語氣和形式，向朝廷回報。他們也學會使用文化上的懷柔及許諾特殊的利益，來建構對不同外族的關係。例如，滿洲人就對蒙古諸部特別優待，並且以王公之間的聯姻來攏絡他們。而朝廷對待來自暹羅或交趾的使者，便沒有如此熱絡，儘管他們熟悉朝儀，表現甚為恭順。在另一方面，由東南亞海上而來的那些「蠻夷」，被認為最不順服，有時候，因為他們行事時無法遵守文明交往的禮節，還被拿來與牲畜相提並論。

從過往交手經驗的歷史來看，中國對於西方人的反感是可以理解的。雖然羅馬帝國的臣民穿著漢朝所織產的絲綢，中國人卻鮮少直接與歐洲接觸。中西貿易往往是透過中介：中亞商人穿越大草原，一站又一站地在中國和波斯之間互通有無；或者阿拉伯的水手從設拉子（Shiraz）穿越麻六甲海峽，直抵廣州。當蒙古人的鐵騎於元代時踏遍歐亞、一統大陸之時，有了大汗的贊助支持，像馬可波羅之輩的商旅，由地中海東部到大都（北京）之間通行無阻，一時之間成為可能。但是跨陸地的通商在明代又復中斷，明朝同時也禁止海上貿易，除非攜有外邦貢物，方能獲准靠泊。中國在明朝時期日趨鎖國，對歐洲人來說，即使想要透過中介與中國貿易，也愈發困難。土耳其人在十五世紀時征服中亞，使得上述情形更為惡化。在鄂圖曼土耳其帝國的海軍艦隊對敘利亞海岸實行封鎖以後，為了繞開阻礙，歐洲商人必須另覓出路。

土耳其人是最後一波崛起自歐亞內陸的征服者。在他們於一四五三年攻陷君士坦丁堡後，一種不同類型的軍事擴展就此主導世界的歷史。在歐亞大陸沿海較溫暖的地帶，有新的海上強權興起。

在東方，中國私貨商人違背明朝的禁海令，航海到日本和東南亞貿易。而遠在一萬六千英里之外，同一塊大陸的西方邊陲，由於士麥納（Smyrna）的香料市場不再開放，歐洲商人開始尋求到達東方的新路線。從對非洲海岸線的無畏探索、發現美洲新大陸、繞過好望角，到最終環球的大航海，都對世界歷史的各個層面，產生了深遠的影響。

葡萄牙海上強權

葡萄牙人是航海探險活動的先驅。他們強悍的武裝商船智取土耳其人的戰艦，清除了阿拉伯海上的對手，很快就抵達印度——用達伽馬（Vasco da Gama）的話來說——為了要找尋香料和皈依者。接著，阿芳索・德・阿爾布克爾克公爵（Duke Alfonso de Albuquerque）靠著他在果阿邦（Goa）的強大艦隊，於十六世紀時沿著亞洲海濱建立起多個堅固的根據地，從這些據點，葡萄牙商人得以主宰亞洲洋面，並且保持海上商路的暢通。

這些葡萄牙商人很快就發現：他們沒有必要繼續朝蘇門答臘以東，麻六甲島鏈的香料群島推進。遠在他們抵達印度之前，在亞洲各重要貿易口岸之間，就已有規模龐大的海上運輸行業存在。葡萄牙人現在所要作的，就是插手分霑這個海運商業的利潤，然後用來購買香料。例如，在他們抵達麻六甲時，發現停泊在港口的，都是滿載著中國絲綢與瓷器的帆船，等待著交易廣州所需要的檀香、蘆薈、燕窩、芫荽，和其他麻六甲的土產。葡萄牙人看到了這批貨物的商機，他們一路跟著這些返回中國的帆船，在季風吹拂下，於一五一五年到達了中國的東南沿海。

明朝官府起先並不給予這些葡萄牙商人優惠待遇。朝廷官員稱這些初來乍到者為「佛朗機」，覺得司空見慣，打算將他們看作是又一批竄擾北到山東、南迄廣東海岸的海盜。十六世紀是亞洲海盜活動的高峰期。中國水手、日本倭寇、安南傭兵，還有福建海盜船都在海路上往來劫掠，他們會占島建寨、發行自己的過路憑證，並且襲擊沿海各省分。當葡萄牙水手猛然進犯未設防的中國小漁村，他們燒殺搶掠的行徑，簡直和侵擾長江沿岸的日本倭寇一般無二。葡萄牙人確實於一五一八年派遣一個使節團來到中國，但是當特使皮萊資（Tomas Pires）正試圖和北京談判商業協定的同時，他留在廣東的艦隊司令官竟持續封鎖港口、炮轟明朝戰船。對於憤怒的明朝官員來說，這些蠻夷之人的行徑再明白不過，他們立即將葡萄牙人的暴行奏報朝廷。這些「佛朗機人」實乃不負責任的罪犯，一面惺惺作態佯裝談判，卻同時在搜刮戰利品。

面對葡萄牙人此等踰越之舉，明朝的反擊既嚴厲且堅定。葡萄牙艦隊指揮官被打得逃命而去，皮萊資則囚死於北京獄中，而葡萄牙的貿易請求也不獲朝廷允許，連帶拒絕讓他們進港補給、修理船隻。[1] 葡萄牙人從廣州口岸被驅逐出去，只能藉由非法占據若干沿海的小島嶼，以繼續維持和中國方面的貿易。在那些小島上，他們定期舉辦市集，航行到沿海荒地，在中國人搭起來的臨時棚架下，展示麻六甲的土產，以交換中國商人的絲綢。當未來的四十年中，當葡萄牙人於中國沿海徘徊尋求機會時，他們和明朝官府的關係也逐漸改善。在一五五七年，葡萄牙人終於獲得允許，在廣州南邊的香山縣境，一塊直伸出海，如手指形狀的突出地上，建立永久的貿易據點。這個小據點後來逐漸發展，成為今天的澳門。

葡萄牙取得澳門

中國方面為何同意讓葡萄牙人在澳門定居下來，原因仍不清楚。有些資料指出，這是葡萄牙人幫助中國對抗海盜，所得到的報酬。另外又有一種說法，負責軍務的高層認為，將這群葡萄牙海盜侷限在單一口岸裡，好過放任他們在沿海隨其所欲的四處流竄。或許葡萄牙人也賄賂了廣州的海關官員。無論如何，澳門的領土狀態委實難以界定。葡萄牙人將這裡看作殖民地，但中國人可沒有讓出任何權利，在他們看來，葡萄牙人之所以聚居於澳門，實出自於中國的寬容大度。[2]

取得澳門，使得葡萄牙人得以更頻繁的參與廣州的貿易市集。葡萄牙人在向明朝監督海防的道員購買到貿易執照以後，獲准得以每年航行入珠江或廣東內陸水域一到兩次，在廣州購買出口貨品。澳門因為貿易商業而日趨繁榮，成為冒險者與投機客的天堂。[3]它與位在印度果阿邦的總督府之間，並沒有太多連繫。澳門實際上是向葡萄牙王室買來市政自治地位以及貿易權，並且從果阿邦的鑄造廠那裡，取得火炮，而果阿邦的火炮在當時的亞洲，是首屈一指的。

日本海運貿易

即使麻六甲土產的貿易有利可圖，所獲利潤卻不足夠建立澳門後來的堂皇市容。葡萄牙人要等到他們後來從事另一種海運貿易，方才積攢下足夠財富。數百年來，日本的銀和銅被進口到中國，作為通貨之用。中方以日本人大量購買的生絲，來支付這些貴重金屬。但是在十六世紀時，兩國間的正式貿易關係，因為日本諸侯豐臣秀吉入侵朝鮮、威脅中國，而變得險峻起來。中國的舢舨帆船依舊航行於寧波和長崎之間，進行非法貿易；而日本商人也持續來華，直到一六三六年為止，但是中日之間通商的禁令，卻給了葡萄牙人絕佳的機會。一艘商船靠著載運廣東的生絲到長崎，回程時帶回貴重金屬，能夠帶給船主們高於其成本兩倍半的利潤。澳門立時就繁榮起來。天主教修會贊助資產再到日本傳教的冒險事業上，船主們在皇冠拍賣會上熱烈競爭，以求能得到這趟冒險航程的指揮權。日本商人甚至給葡萄牙人資金，委由他們去購入廣東的生絲，接下來的幾十年裡，澳門錢流滾滾。然後，在一六三九年，上述貿易卻突然陷入危機。

在日本方面，德川幕府收到報告，指稱西班牙人正計畫由馬尼拉出發、攻擊日本。幕府的荷蘭新教顧問說服日本人，西班牙的帝國主義，是受到天主教使不信上帝者改宗皈依的狂熱所驅使。此時的德川幕府，早已對境內改宗信仰天主教者警惕萬分。一六三七年，在幕府下令禁止一切基督宗教之後，日本天主教徒在島原起事。島原之亂歷經血腥鎮壓，才艱苦地平定下來，使得日本當局決心要驅逐國內所有外籍天主教徒出境。結果，葡萄牙人在一六三九年獲告知：他們的貿易特許權遭到撤銷，並且日方斷然下令，要他們立刻離開長崎。

澳門經濟的式微

澳門的葡萄牙商人決心讓日本人知道，他們和西班牙人完全不同，毫無在東亞建立帝國的野心。因此他們派出一個龐大的使節團，試圖說服日本政府，葡萄牙人只對和平貿易感興趣。但是，此時德川幕府已經發布外人驅逐令。一六四〇年，這六十一名葡萄牙使節甫於長崎下船，就被當成違反法律的罪犯，整團使節立刻遭到處決。從此以後，在歐洲人當中，只有荷蘭商人被允許在日本貿易，而澳門的葡萄牙人則被迫放棄海運生意。當龐大的利潤來源漸趨乾涸，澳門這顆商業明珠，就失去了光彩。雖然這裡的商人又回到麻六甲商貨貿易的老買賣，而澳門日後也成為鴉片的集散口岸，這些生意仍然無法彌補失去「廣州—長崎」這條貿易線所帶來的虧損。

不過，澳門對西方人來說，特別是那些想到中土之邦宣教的傳教士，仍舊是進入中國一個重要的入口、起點站。例如，耶穌會修士利瑪竇（Matteo Ricci）就是在澳門學習文言文和中國經典，後來才能以算數、星象家的身分，進入明清的宮廷。大部分的天主教來華傳教士，都對中國真心傾慕，他們宣稱儒家倫理思想實與基督精神若合符節，藉此讓他們的宗教能在中國落地生根。這些耶穌會修士在朝廷中被看作是泰西學者、文人，讓他們能處在北京這樣一個優越的位置來觀察中國，因此他們也將許多對中國文明的描述傳回到歐洲。他們筆下的中國形象，影響歐洲的啟蒙運動甚深，啟蒙思想哲學家如魁奈（Quesnay）、伏爾泰（Voltaire）強調著，中國這種自然神論的菁英管理社會，正足以作為西方的模範。在傳遞中國文化訊息到歐洲這方面，澳門扮演著重要的角色，可是這座城市的文化功能，卻無法彌補葡萄牙人遭到日本人驅逐之後帶來的物質損失。逐漸的，澳門的繁榮興盛，就只能在過去的記憶裡緬懷追憶了。

荷蘭人的挑戰

當葡萄牙人於亞洲的地位日趨衰弱，正好是荷蘭人走運之時。荷蘭商人在亞洲從事貿易，起自十六世紀末期，他們的尼德蘭王國與西班牙交戰之時。一五八〇年後，西班牙兼併葡萄牙，荷蘭人就對於葡萄牙壟斷香料進口日益不耐，在一五九四年，他們便從在里斯本的香料市場被排除出去。荷蘭人此時已經以航海技術聞名，在一六〇〇年組織荷蘭聯合東印度公司（United Netherlands East India Company），挑戰葡萄牙人在亞洲海域的主導局面。荷蘭東印度公司作為合股營業的企業，比葡萄牙人更傾向於追求長期利潤，也更支持冒險遠航。至於亞洲的海運貿易，荷蘭人也同樣不願意與他人分享。他們決心抵達，並且主宰香料群島，一旦這個目標達成，荷蘭人就要在該地殖民，從葡萄牙商船造訪的沿岸起步，深入到群島內陸。到了一六一九年，荷蘭人已在爪哇島建立殖民地，於巴達維亞（Batavia）設立東印度公司總部。就像一個世紀以前，阿爾布克爾克公爵建立起他的海上堡壘，詹·科恩（Jan Coen）一手創建了荷蘭的東南亞霸業。他和後繼者設下計謀，讓土著部落的王子們自相內鬥，直到荷蘭完全殖民印度尼西亞群島，持續管轄這塊自治領，一直到第二次世界大戰結束為止。

在德川幕府於一六三三至三九年頒布外人驅逐令以後，荷蘭人也是唯一能與日本合法進行貿易的歐洲商人。由日本起步，他們希望和中國建立關係。福爾摩沙（即台灣）很快就吸引他們的目光，荷蘭人隨即於一六三四年、於台灣南部建起一座堡壘和港口，名為熱蘭遮城（Zeelandia）。這個在福爾摩沙島上的貿易轉運站，後來招徠不少漢人住民，試圖和福建的廈門建立長期、有規劃的貿易關係，不過滿洲人征服中國，擾亂了這一常態的商業貿易。滿洲人向南方用兵，迫使忠於明朝的海盜首領、國姓爺鄭成功，撤出他原先位在大陸沿海港口的根據地，轉而向福爾摩沙另覓避難所。鄭成功將荷蘭人從熱蘭遮城驅逐出去，在台灣建立基業。荷蘭人很快就找上了新建立的清朝，一起來對付他們共同的敵人，他們提供海軍艦隊作為協助，希望能摧毀鄭成功的台灣政權。清朝與荷蘭人達成了一個臨時性的協議：荷蘭人向清朝提供軍事援助，以換取他們在廈門進行貿易的特權。但是，雙方間一連串的誤會和不佳的運氣，最終使得清、荷聯盟沒有付諸實現。清朝後來於一六八三年，打敗了鄭氏海軍、占領台灣，但是他們可沒有任何讓荷蘭人擴大貿易的打算。相反的，他們逼迫荷蘭人對華貿易採行朝貢模式，也就是如同朝鮮、南洋諸國那樣，遣使到北京稱臣納貢。儘管荷蘭人在這種外交關係上極為成功，他們終究無法像在廣州的英國人那樣，和清朝建立起持久且廣泛的貿易關係。

英國東印度公司

英國的海上霸權在最剛開始時，起自法蘭西斯・德雷克爵士（Sir Francis Drake）和約翰・霍金斯爵士（Sir John Hawkins）這類的武裝海盜。不過，將這股勢力推向亞洲的主要力量，來自於各商團競相爭奪伊莉莎白女王授與的貿易專賣權。在強有力的倫敦商業探險公司（London Company of Merchant Adventurers）於迭次低地國戰事中失去對安特衛普（Antwerp）的掌控，且於一五九七年被逐出日耳曼帝國以後，英國人對荷蘭在商業上的成就日益眼紅。在一五九九年十二月三十一日這天，倫敦商人們收到女皇敕令，給予他們在東印度一切貿易的專賣權。這兩百一十八位商人合夥投資了七萬兩千英鎊在接下來的冒險航程當中，他們此時一定沒有料到，英國東印度公司即將成為國中之國，以單一公司統治整個印度殖民地。在這個時候，這些商人只是想和荷蘭人競爭，打破葡萄牙人的香料壟斷而已。

剛開始時，信奉新教的荷蘭人和英國人一道合作，對付信仰天主教的葡萄牙人，但是英、荷雙方各自的商業利益，終於把他們的結盟拆散。一六二三年，英國在亞洲的榮耀和利益，遭受到關鍵性的一擊。那年，荷蘭軍隊屠殺英國東印度公司在靠近蘇門答臘的安波那（Amboyna）島上的代理商人，並阻絕了英國通往香料群島之路。東印度公司群情激憤，要求英國政府出兵報復，但是請求被英王詹姆士一世（James I）回絕了，因為此時英王正希望與荷蘭結成軍事同盟。

東印度公司仰賴英王的專賣特許權，致使它屢屢受到來自國內外競爭對手的攻擊。在英國內戰期間，東印度公司在克倫威爾（Cromwell）的羽翼下暫時獲得保護，但是其他的公司，嫉妒這些倫敦的冒險商人，一直想在亞洲貿易上頭分一杯羹。有時甚至出現兩家東印度公司，各自聲稱手上握有獨家專賣權。不過在一六六〇年以後，多虧英王查理二世（Charles II）之助，老字號的那家東印度公司終於穩住陣腳。事實上，當一六六一年時，斯圖亞特王朝的這位英國國王迎娶葡萄牙博拉岡薩皇室的凱瑟琳公主（Catherine of Braganza），葡萄牙公主的嫁妝裡就包括孟買，東印度公司因此獲得印度最優良的港口。

現在，在荷蘭人將英國勢力逐出印度尼西亞以後，印度便成了東印度公司主要的貨物來源地。在孟買以北的蘇拉特（Surat），非常適合裝卸貨物，東印度公司的代理商在那裡給商船上貨，到中國去從事投機買賣。但是直到一六八五年，英國與中國之間的貿易關係相當不穩定。廣州在一開始時不對英國人開放，因為澳門對海關的官員施賄，把可能的競爭者全部擋於門外。[4] 東印度公司是否能在其他口岸（例如寧波和廈門）受到接納，則要看當地官員貪污的程度而定。滿洲人決定師明朝故智，也以封鎖沿海、禁止海外貿易來根絕海盜。每次只要有英國船艦出現在中國港口，地方知縣或知州可以合法將之視為走私船隻，而官員們則必須加以賄賂，才會對貿易交易放行。

由於貿易商機是如此的捉摸不定，讓東印度公司決定在亞洲的其他集散口岸尋求交易中國絲綢與瓷器的機會。這些物品的價格在東京（Tonkin，今日的河內）貴得離譜，於是英國人找上台灣，藉由軍援國姓爺的後繼子孫，期待將來若其部隊光復福建沿海，英國商人就可取得貿易特權。但是英國人卻選錯邊了：當清朝於一六八三年收回台灣時，他們覺得中國這次將完全地關上大門。然而，當他們於兩年後獲告知：康熙皇帝已批准外洋貿易，且東印度公司可在中國東南沿海的各個口岸靠泊時，商人們為之驚喜不已。[5]

多口岸貿易

由一六八五年到一七六〇年，在這個多口岸貿易的年代裡，英國人主要購買的都是些高價貨物，如絲綢、瓷器及草藥，這些都是英國市場中的奢侈品。他們試圖以英國羊毛來交易上述貨品，但是中國人對羊毛織品的市場需求不大，在北京的隆冬，用絲棉來保暖還比較靠得住。因此，英方交易的貨品，以印度進口的貨物、麻六甲海峽的土產和銀幣為大宗。

在理論上，多口岸貿易給了英國商人一把殺價的利器。假如某港口的中國賣方哄抬價格，東印度公司的商船只需轉到別的口岸購買就行。可是，這把利器因為英國人受限於特定集散口岸而變得遲鈍，在這些口岸裡，中國盤商有足夠資本，可以事前囤積大量貨品。而且，幾個主要中國港口，都由單一擁有專賣特許權的商人所主導，這些商人將價格盡量抬高。英國人稱這些交易商為「國王的商人」，因為他們通常是向康熙眾多皇子之一買來專賣憑證的投機商人。這些「皇商」回到寧波或廈門，利用他們的憑證威脅地方官員，認可他們壟斷買賣。但是，由於在取得皇家專利時耗費大部分財產，皇商要不是已經沒有資本可以購貨，就是設下極不合理的高價，希望能夠盡快讓投資回本。

在十八世紀初年，皇商們的身影已經在各個口岸出現；這時，唯一能夠抗拒這些獨占市場商人的城市是廣州，該地的海關監督（Hoppo）有直奏皇帝之權，足以忽視皇子的授權；並且在廣州設有完善的公行，有足夠的資本可以與外人進行貿易。是以，儘管英國商人可以在多個口岸進行貿易，他們卻愈來愈少造訪福建、浙江的港埠，而逐漸偏重在廣州一地。在中國這方面，一個後來稱之為「廣州貿易體系」的特別關係、規定層面，與此同時也緩慢地成形。

廣州貿易體系

貿易的載重與貨物稅額（釐金）是固定的，由公行商人負責徵收。如東印度公司一樣，廣州的公行手握與外洋貿易的國家專營之權。但是，公行卻缺乏倫敦遠洋冒險商人們所擁有的凝聚力以及法律保障，公行的設置，則意在確保關稅收入，並且為公行商人的經濟利益服務。在一七三六年後，每個公行成員都強制成為政府的擔保商，這表示他們必須為外國人的行為承擔責任。[6]倘若在東印度公司的水手與廣州居民間爆發騷亂，而犯事外人趁下次潮汐時溜之大吉，為該船作擔保的商人必須到官府回話。這個集體擔保的設計，很快就演變成粵省海關向公行商人榨取錢財的方法。每回有外人觸法，倒楣的擔保商就須到海關監督跟前，接受訊問和罰款，罰額或許高達二十萬兩銀子。因此而宣告破產的中國商人，可以向英國人求援。但是，如果東印度公司也愛莫能助，這時商人就只能指望高利貸業者——通常是印度祆教徒，或是蘇格蘭放貸業者，他們對借款者收取極高的利息。公行的成員資格，因此伴隨著風險，若干商人試圖退出。但是公行拒絕讓他們撤手不玩，商人們破產的情形也就愈來愈普遍。

洪任輝事件

英國人見到這種情況發展下去，愈來愈擔心。他們唯一能抗衡海關監督的舉措，是請求廣東巡撫，或兩廣總督來干預或說項。然而到了一七四〇年代，皇帝禁止地方督撫干預海關監督處理涉外事務，因此若是某個特別貪婪的內務府官員獲得任命、主掌海關事務，東印度公司就無計可施了。[7]絕望之餘，英國商人試圖重回多口岸貿易模式，但是各港埠商人皆匱乏資金，而且寧波和廈門的官員，比起廣州海關監督，其貪婪程度甚至有過之而無不及。東印度公司的代理商人現在看來只剩一條路可走。英國商人決心不理會廣州海關監督，直接找上乾隆皇帝本人。受到中國朝貢傳統措辭中，一貫承諾「懷柔遠人」的影響，東印度公司一位名叫洪任輝（James Flint）的翻譯在一七五九年浮海北上，向天津官員遞交了他以中文吃力地撰寫的陳情摺子，轉呈北京。

洪任輝的摺子上呈御覽，乾隆皇帝為「夷狄」如此膽大妄為而感到驚駭。外國人向來被禁止學習中文，因為文言書寫本身就是一種權力形式——滿人對此的領會，較任何人都來得深刻。此外，直奏皇帝乃是一種受到妒羨的特權，專屬於高級官員。未經許可就對皇上擅自奏陳，這顯示了夷人對於維持上、下間適當關係的必要性，所知有多麼淺陋。乾隆因而下詔：將洪任輝流放，向他教習中文的塾師處死，負責擔保的廣州公行商人鎖拿訊問，以及所有與英國間的貿易，將來都只限於廣州一埠。

廣州的限制

從一七六〇年到一八三三年間，東印度公司只能在廣州進行貿易；在該地，商業活動和外人居住遵循著更為固定的規則。東印度公司商人待在澳門過冬，於商船從英格蘭或印度到達時回到廣州。在停留廣州裝、卸載貨物的時間裡，公司商人和其他西方貿易商都住在「十三行」，這是沿著廣州港岸圈劃出來的一塊區域，裡面建有一列倉庫、辦公處所及西方人的居所，以圍牆和中國住宅區分隔。每逢禮拜日或其他假日，歐洲人獲准外出，在某些固定地點遊覽，但在其他時間裡，他們都必須待在這塊廣州城南，被看守起來的區域。

這種對人身的全然限制，說明了某些英國人對廣州貿易體系反感之處。但是在此之外，廣州體系還有讓歐洲人更感不滿的地方。耶穌會士所描繪的燦爛華夏圖像，渲染出北京輝煌的宮殿與朝堂。可是另一方面，這些代理商們眼中所見到的中土之國，是廣東沿海一帶的嘈雜與骯髒；與他們打交道的，是貪贓枉法的官員，以及口蜜腹劍的商人。圍繞十三行的高牆，使居住其內的洋人所見到的中國，不外乎是賣唱歌女和佛道寺觀。而官府對他們的設限，則同樣令人氣悶。在洪任輝事件以後，歐洲人無權向較海關更高階的官府申訴；他們甚至不能直接和海關監督交涉。凡有請求，必須以恭敬的措辭表達，轉請公行呈交海關監督。之後，中方的轉介人則會交還官方以輕蔑口吻的英文寫就的答覆。對這些代理商而言，冒著罹患熱病與痛風的風險來到廣州，就已經夠糟了，但是卻還有更令人難受的事情：每回他們要求降低關稅稅額時，就會動輒被指斥為「夷酋」。除此以外，這種與中國官方的間接交涉，通常意味嚴肅的請求得不到切實的回覆。上述種種，就是馬嘎爾尼率領使節團於一七九三年前往北京的原因。東印度公司盼望，從聖詹姆士宮（Court of Saint James）派來的特使，[8]能使北京正視他們的訴請，並且協助中英之間立足於更平等的關係之上。

馬嘎爾尼使節團訪華之行，令英方大失所望。馬嘎爾尼與他的中方接待者之間，幾乎大部分時間都花在折衝禮儀問題上。清朝官員堅持，這位英格蘭特使必須遵從朝貢禮儀，於覲見乾隆皇帝時行三叩首之禮。馬嘎爾尼則認為，如此做只會落實中方視「英吉利」有如下等蠻夷的偏見，並且貶低喬治三世（George III）國王特使的地位。之後，雙方終於達成妥協：馬嘎爾尼在面聖時單膝下跪為禮，但是雙方光是為了禮節的折衝樽俎就筋疲力盡，從而使其他的議題絲毫沒有獲得解決。英國人試圖再次與北京磋商，於一八一六年派出阿美士德勛爵與清廷談判。但是與前次相比，阿美士德的使節團此行也沒有太大進展。這一次，雙方就叩首問題發生尖銳爭執，致使阿美士德甚至未朝見嘉慶皇帝便離開北京。結果，英國人在廣州的不滿與怨懟，完全沒有獲得緩解。但是，東印度公司卻不能負擔撤點、打包走人的損失。到了十九世紀初年，他們與中國之間的實質經濟關係業已發生相當的變化，導致任何將東印度公司由廣州全盤撤出的想法，都不切實際。

茶葉

英方之所以和廣州貿易體系產生如此千絲萬縷的羈絆，其原因可以歸結為一個簡單的字眼——茶。早先英國與中國的貿易，主要在買進奢侈貨品以及草藥材。茶葉即是後者，並且頗合英國人的口味。十八世紀時，茶已經成了全民飲品，平均每個倫敦勞工要花上百分之五的家用額度來購買茶葉。東印度公司發現，與其從中國進口只有富人才買得起的昂貴奢侈品，不如引進這種大眾皆可消費，可堪與菸草相比的產品。

正當英國對茶的需求不斷提升之際，東印度公司從中國回航裝載的貨運量也成長了七倍。到了十九世紀，東印度公司已經對茶葉貿易投注了四百萬英鎊，而對華貿易也成了英國政府主要的稅收來源：東印度公司進口的茶葉，被課以百分之百的貨物稅。國王陛下對這項財源非常在意，以致於他要求東印度公司必須保持一年的供應量存貨，以防與中國的貿易受到妨礙而暫告中斷。東印度公司本身則和走私者，以及試圖分潤國內市場者競爭，他們嘗試盡可能地壟斷廣州的茶葉買盤，以求讓競爭者們全部退出這項生意。因此在每年廣州的交易季開始之前，東印度公司的委託商都預付訂金給公行華商，向福建、江西，以及安徽的大盤茶商預購茶葉訂單。這些預購訂單，唯一可讓東印度公司作為擔保的，是那些負責擔保外人的行商的償還能力。既然已經付給這些公行經紀商上萬盎司的銀子，東印度公司承擔不起讓那些行商因海關監督的敲詐需索而破產的風險。所以從這點來說，中國的交易商成了英國專賣商的轉手人，因為每一筆他付給海關監督的款項，都是直接（或間接）從東印度公司的金庫裡掏出來的。

然而比起從前，東印度公司現在更不能承擔放棄茶葉生意的損失。為了征服印度，東印度公司在一七五七年發起普拉西戰役（the battle of Plassey），[9]這是一場由英國王室貸與鉅款方能進行的昂貴冒險。到了十九世紀初，東印度公司負債已達兩千八百萬英鎊，唯一能償還這筆鉅額債務的途徑，就是進行印度、中國和英國之間的三邊貿易。一年內有兩千七百萬磅的印度生棉，由加爾各答裝船運往廣州，供作當地棉紡工業的原料。東印度公司接著拿販售印度生棉所獲的利潤，購買中國的茶葉，並銷往英國。在廣州的貿易活動，因此能夠提供載具的作用，將東印度公司獲取的利潤轉運回倫敦，並且用以償還債務。

在這個三邊貿易關係中，東印度公司不是唯一的代理商。稱作「代理行」（agent houses）的印度私人事務所實際上也出口生棉到中國。這些代理行由蘇格蘭人和印度祆教徒控制並挹注資金，他們由馬來西亞領地的「港腳貿易」（country trade）起步，[10]逐步擴展其貿易版圖到廣州。他們將麻六甲海峽的土產，歐洲的自鳴音樂鐘和印度生棉銷往中國，賺的銀子頗為可觀，但是東印度公司拒絕讓他們涉足茶葉買賣。作為替代，他們在廣州以現金換取東印度公司的有價債券，在倫敦兌換。而東印度公司則拿銀幣購買要銷回英國的茶葉。因此，這些代理行讓東印度公司能夠償還積欠英國王室的債務。

單靠以印度生棉進行的港腳貿易，無法賺得足夠的現金，讓東印度公司購買所需的茶葉。代理行的款項，還必須加上從祕魯和墨西哥的銀礦進口銀元到中國來。在十八世紀時，數以千萬計的銀元，由新西班牙的各個自治領流向中國沿海的口岸。但是很諷刺的，也正是茶葉貿易擾亂，並終結了銀元的匯流。在一七七三年，東印度公司的茶葉囤貨過多，遠超過英國國內市場之所需，該公司隨即說服皮特（Pitt）內閣，[11] 讓其茶葉專賣權延伸到北美殖民地。隨之而起的波士頓茶黨，就幫助引發了美國獨立革命，使英格蘭的墨西哥銀元供給線被切斷。缺乏銀元來購買茶葉，東印度公司就只能全部依靠代理行提供中國所需的貨源，來換取銀幣。可是就在同時，印度生棉進口量開始下跌，因為中國華北的商人已經開始海運北方出產的棉花南下，價格遠比印度貨低廉，這迫使各代理行尋求在中國可能有市場需求的貨物。其結果是，只有一種貨品，中國人所買進的數量足夠使茶葉貿易繼續進行，這種貨物就是具有成癮性的藥物：鴉片。

鴉片

在中國，鴉片作為藥物來使用，已經有超過千年以上的歷史。當荷蘭人引進菸草到福建來的時候，當地人就懂得將菸草包裹鴉片，點燃並吸食其粗糙的蒸餾煙霧。十八世紀時，儘管官方查禁，一種更加純粹的鴉片提煉、吸食法，慢慢在整個帝國散播開來。然後，在十八世紀末葉，對鴉片的需求驟然增加。吸食鴉片者逃避現實，躲入鴉片帶來的恍惚幻夢裡，這也許是對乾隆在位後期社會壓力的一種逃遁。但是無疑具有決定性質的是，由於東印度公司對鴉片的專賣壟斷，貨源提供的成長會緊跟著需求增加而來。

印度總督華倫・海斯廷司（Warren Hastings）在了解鴉片在馬來西亞和中國暢銷情形以後，於一七七三年決定在孟加拉設立東印度公司的鴉片專賣部門。巴特那（Patna）出產的鴉片，品質居世界之冠。東印度公司鼓勵印度佃農們改種罌粟，然後將其果實原漿賣給該公司設於加爾各答郊外的提煉廠。鴉片的產量隨著廣州市場需求的擴張而增加，但是由於中國政府於一七九六年，對吸食鴉片重申禁令，東印度公司因此不敢直接傾銷鴉片到中國。於是，提煉過的鴉片被賣給代理行，由它們在廣州販售，然後使用其收益來挹注東印度公司的茶葉生意。

在十九世紀早期，廣州的鴉片銷售額，有三次跳躍性的成長。第一次發生在一八一五年，當時東印度公司調降巴特那出產鴉片的價格。第二次是一八三〇年，起因於東印度公司決定，開放讓印度西部私自種植的馬爾瓦（Malwa）鴉片，經由孟買收取轉運費後銷入中國。最後一次，也是成長最高的一次：在一八三四年，東印度公司失去中國的貿易專賣權，致使私人投資遽增。在廣州下船卸貨的鴉片，銷售額從該年的一萬六千箱，[12]躍增為隔年的兩萬七千箱，其價值約有一千七百萬兩的白銀，流入販售鴉片的英國人、土耳其教徒以及美國人之手。[13]本來是作為補充生意的鴉片買賣，現在搖身一變，成了港腳貿易的主力產品。確實，鴉片成了世界上最有價值的經濟作物，也幾乎是一切對華貿易的基礎；由於對鴉片的需求量實在太大，使得白銀開始大量從中國外流。舉例而言，在十九世紀的第一個十年，中國的貿易平衡為順差，此時約有兩千六百萬銀元被進口、流入這個帝國。在鴉片消費額於一八三〇年代巨幅增長時，有三千四百萬銀元因為購買鴉片之故，被運離這個國家。

無論上面這些統計數字有多麼重要，如果不和每天鴉片販售的詳情細節合在一起看，就會顯得蒼白無色：特別為這宗買賣所組建的重武裝代理行商船，每日從加爾各答的鴉片集市將貨源快速運來；在珠江口，轉由改裝的貨艇運送給多槳的「快蟹」或「扒龍」小船，這些快船之上，由強悍的蜑戶海盜充任船員；沿河上溯的各倉儲地，早已用賄賂或威逼手段，打通河防巡守的關節，讓一箱箱鴉片上岸卸貨、批發給鴉片煙館老闆。到一八三五年時，一個龐大而非法的銷售網路，正源源不斷地將加爾各答進口的鴉片，經由分汊的運河與水路，分別輸送、深入到內陸的北方平原。

就在利潤激增之際，西方商人確實對鴉片買賣抱持著若干疑慮。他們也遭受來自國內輿論的批判。在廣東的西洋傳教士筆下，這些癮君子形容枯槁、家庭破碎，更有不少重度吸食鴉片者死亡的案例。不過在英格蘭，要合理化他們的鴉片生意，找得到一籮筐理由和藉口。替他們辯護的人說，西方的鴉片販子並不比酒商來得敗德，當受譴責。是因為中國人需要鴉片，他們才提供貨源的。但是鴉片販子隱瞞了一個重要的事實：他們分送免費的試用品，鼓勵人們吸食，並且上癮；他們並且還堅持說：如果中國人當真不要讓鴉片在沿海各省販售，他們大可採取有效措施，阻止鴉片的輸入。可是，正是同一批鴉片販商，他們先是賄賂中國的海防官員，縱容其卸貨分送，然後再用官員貪污作為藉口，繼續使印度鴉片在中國泛濫。而且這些人背後，還有其政府的支持。因為鴉片讓東印度公司能夠償還債務，繳清積欠王室的貨物稅，提供占英國歲入六分之一的稅收。在大筆的金錢進帳面前，良心上的不安，很快就被掩蓋了。

鴉片的大量傾銷，坐實了中國人對「夷狄之人」的偏見。鴉片氾濫的程度使人震驚。雖然沒有人曉得，在中國到底有多少人抽鴉片煙，不過根據一項中方於一八二〇年所作的估計：僅蘇州一地，就有十萬名鴉片成癮者。[14]而無論實際的數字為何，吸食鴉片煙此時已經成為隨處可見的惡行——抽鴉片煙的，都是在城市裡，那些有錢、有時間來負擔這項嗜好的人，例如下層仕紳、衙役，甚至還有公門捕快和兵勇。抱持傳統儒家觀點的中國政論家，警惕於中國日益與西方發生商業上的接觸，早已經將基督教看作是蠻夷的有毒之物，從精神上毒害這個國家。現在，鴉片的出現證實了這項威脅，它甚至還被看作是要讓國力衰弱的工具，好讓西方洋人征服中國。

鴉片也使得中國的經濟危機日益深重。十九世紀以前，仕紳的逃稅已經造成農民沉重的財政負擔。鴉片傾銷更使得經濟困難更形惡化，因為銀元的流失明顯地增加農民必須繳納的賦稅額度。中國貨幣採取銀、銅雙本位制：銅錢支付小筆款項，而銀兩則用在大宗交易上面。農民們用銅錢來繳納賦稅，但是政府的稅額是以銀兩計算。儘管稅額一直維持合理的額度，銀、銅之間的兌換比例卻不斷波動，對納稅人造成傷害；也就是說，一千文銅錢應該能兌換到一兩銀子，但是政府對銀價並未控制，反而隨需要調升或調降。從當代中國經濟學者的觀點看來，貿易逆差使得中國境內銀元匱乏，從而讓銀價攀升。隨著銀價的變動，一盎司（兩）的銀子，需要一千五百，甚至一千六百文銅錢才能兌換。[15]這代表農民以銅錢納稅，要多繳高過之前銀兩稅額的百分之五十，甚至六十的款項。因此，中國在鴉片上所付出的代價，要遠超過那些癮君子所失去的健康，它侵害、破壞了整個社會的農業基礎。

合法化與取締

清朝負責監督廣州外國貿易的官員，試圖藉由把鴉片販售收歸朝廷專賣事業，來挽回日益嚴重的局勢。他們認為採取強制措施來撲滅鴉片的非法氾濫，畢竟已經被證明是行不通的。克盡職責的地方大員，如兩廣總督阮元，在一八二一年時設法使鴉片販子從澳門街頭絕跡，將他們全部驅趕至珠江三角洲的鴉片貨船上。但是，即使中國籍的鴉片販被逮捕，吸食鴉片煙成癮者也被威脅處以嚴刑，鴉片的進口仍舊持續上升。由於這當中涉及的金錢利益太過龐大，因此要讓整個執法體系的官員都保持廉潔，在事實上看來是不可能的。既然如此，那為什麼不將鴉片合法化，置於政府的管理之下，並且防止在以印度鴉片貿易中國貨產的過程中，所產生的白銀外流呢？這樣做將可以彌補貿易逆差，同時還能提供政府一個主要稅收財源。

然而，如此做法無助於解決吸食鴉片成癮的問題。道光皇帝深知吸食鴉片煙對他的臣民所造成的危害，因此對於由政府來經營煙館，販賣「洋煙土」，期期以為不可。此路既然不通，就必須找出其他可行的替代方案。很明顯的，截至目前官府的做法，只是以逮捕中國籍的鴉片販，來打擊那些距離最近的洋人貿易分枝。斬草就要除根，要根絕鴉片，必須切斷來自國外的供源，即使這樣將會逮捕西方商人，激起武裝反抗也在所不惜。道光皇帝心中懷抱著這樣的謀劃，在一八三八年十二月，決定派遣欽差大臣到廣州查禁鴉片。林則徐，這位當朝最有才幹的官員之一，被任命為欽差全權大臣，得以便宜行事，下達任何必須的命令來根絕鴉片貿易，不需事前請旨。當林則徐向皇上陛辭後離京，踏上往南方的漫長旅程時，沒有人能料想得到，有一場戰爭即將到來。

第八章

外患與內亂

林則徐的禁煙努力

林則徐，道光皇帝於一八三八年派往廣州查禁鴉片的欽差大臣，他不但道德高尚，過往的宦途也平坦順暢。林在三十五歲之齡就出任總督，在江南改革財政，以及在江西撫平亂事，使他官聲鵲起。林則徐被公認有佐國之才，他與京師中最才華璀璨的文化圈交遊，吸引了一批志同道合的年輕京官，同時也是主張改革者。[1]當朝廷中就鴉片合法化問題辯論時，林很快就抓住爭議的核心要旨，並且頗為不尋常的數度受召入宮，與皇上私下奏對；他的言談中，流露出了十足把握，能夠將此一戕害身心的惡習從中國根除。他的直率建議，促使皇上同時在三個戰線上對鴉片開戰。對於吸食鴉片成癮者，必須以嚴厲的刑罰加以恫嚇，直到他們切實戒除此項惡習為止；之後則對他們提供醫療協助，以緩解戒斷過程中身心所產生的不適。對於本國籍的鴉片販子，必須加以掃蕩與懲戒，直到國內的鴉片供貨輸送網路被徹底瓦解，粉碎為止。最後，對於外國貨源提供者，必須勸阻他們繼續走私鴉片進入中國，辦法是沒收他們的囤貨，以及迫令其簽署具結，保證爾後的行為良好。

前面兩個目標，在林則徐於一八三九年三月抵達廣州以後，非常快速且有效率的達成了。廣東的癮君子們，被移送往特別成立的鴉片勒戒所；而如果林的繼任者繼續執行這個政策，鴉片的消費量無疑將會大幅減少。而在同時，一千六百名觸犯禁煙法令者被逮捕，大部分的中國籍鴉片販子被迫轉入地下。事實上，欽差大臣林則徐是如此雷厲風行，致使連外籍鴉片商也發現：即使以極低廉的價格，也無法銷出任何存貨。然而林很了解，假使不令走私鴉片的西洋人全部退出這項生意，那他目前獲致的成功，只能是曇花一現。而基於以下的三個理由，林則徐對於他能夠完成這項任務，深具信心。

首先，畢生致力於實踐儒家教誨的林則徐，認為在禁絕鴉片一事上，中國已經占據了道德上的制高點，即使是西方人也不能否認。他在致維多利亞女王的照會函件裡，[2]就展現了這種觀點，認為英國人一定在私下為他們涉入非法鴉片貿易而羞愧不已。其次，林則徐知道歐洲距離中國路程遙遠，因此推斷只要中國能控制海岸，就能迫使西方洋人為了水、糧補給而就範合作，或甚至讓他們知難而退，撤回其偏遠之邦。[3]最後，他明白所有西方洋人都居住在廣州海岸的狹長區域裡，不易防守。林則徐對律勞卑事件仍記憶猶新，[4]相信只要阻斷洋人的海路援軍，實際上就能讓這批英、美商人成為中方的人質。

上述三個推斷中，前面兩個都是錯的。英國方面對於涉入鴉片買賣的羞赧，老早就被他們自大的民族主義，還有經濟獲利的信念，遮掩得無影無蹤。西方人輕易地嘲弄中國那以天子為中心，有階層的天下秩序，認為不過是膚淺的遁詞，不適合民族國家興起後的強權時代。而中國那無可協商的關稅，以及對進口貨物設下的保護壁壘，對於自由貿易的時代而言，也顯得過時落後。東印度公司從前甘願受制於廣州貿易體系的種種規定，這是因為中國能提供像茶葉這樣高價值的貨物。但是現在公司的專賣權既然已經被廢止，中國被貪得無饜的港腳貿易商、曼徹斯特的工業家們，看作是一個潛在的龐大市場。對這些和德國對手競爭歐洲市場的英格蘭中部的企業主來說，中國提供了無盡的商機。英國自由貿易商熱烈地計算，假如有四億消費者，他們能銷出多少紡織品——答案是，銷售的數量，能夠讓曼徹斯特的紡織機轟隆隆地持續運轉幾十年（他們作這樣想像的時候，沒有考慮到中國經濟一向是自給自足的）。這種對消費市場的想像，促使他們一再敦促英國政府，打破廣州的關稅壁壘，並且為他們廣開通往這個龐大商機市場的通路。這種經濟自由主義，其程度就和林則徐由道德角度出發，對於鴉片貿易的罪惡所抱持的厭憎，一樣的強烈。

林則徐這位欽差大臣，認定洋人由海上來，因此必須仰賴中方提供補給，這也同樣不對。英國人與十六世紀的葡萄牙人不同，他們能夠在距離中國航程不遠的印度次大陸獲得補給。一旦遇上和中國開戰，當地的駐軍、[5]戰艦，以及糧餉供給都能馬上就聚集起來。而且，英國的海上武力無疑的最為強大，其士兵多半都是歷次拿破崙戰爭裡有經驗的老兵，嫻熟戰陣，所配備的武器，也明顯的較中國方面占有優勢。

扣除英國所具有的戰略優勢，林則徐的確在一項事情上，暫時處在上風，那就是攻取廣州的外國「夷館」（十三行），對他而言有如探囊取物。英方的駐華商務總監查理・義律（Charles Elliot）在一八三九年三月二十四日，明白了這個殘酷的現實，當時林則徐派兵勇封鎖廣州十三行，要求洋商依照他的要求交出鴉片。義律此時手上能動用的兵力不多，又擔心中國軍隊可能會攻進十三行，殺害裡面三百五十名英美商人，於是同意讓幾家主要商人將鴉片存貨交給中方，承諾女王陛下會賠償他們的損失。代理商們已經有五個月無法銷出任何一箱存貨，因此對這一協議感到高興。有的甚至還趕忙從印度運來更多鴉片，以便盡可能取得更多英方的賠償金。義律的這個投降協定代價高昂，讓維多利亞女王為之震怒，但是也為他贏得了英國鴉片貿易商的感激，[6]以及欽差大臣林則徐短暫的敬重。

林則徐為他一時之間所取得的成功感到欣慰。他繼續派兵封鎖十三行，直到所有鴉片囤貨都已經交出，令他滿意時為止；欽差大臣隨即命手下隨員在廣州內港的虎門外灘，於引入鹽鹵和石灰的水池中，將鴉片悉數銷毀。到六月二十五日為止，已經有超過兩萬一千箱（兩百六十萬磅）的鴉片遭到銷毀，沖入大海。林則徐履行諾言，將他的軍隊撤回，被困的西方人則離開廣州，轉往澳門。

限令洋商交出存貨，只是林則徐根除鴉片的國外貨源計畫當中一個部分。為了確保代理商們知所節制，未來不再引進新貨源，林則徐提議讓洋商們簽署具結，承諾將來不再銷售「洋煙土」。這個具結會讓西方人在違反協議被查獲時，受到中國法律的監督管轄。

義律在受困於廣州時，別無選擇，只好交出手上所有的鴉片囤貨。但是，回到澳門後行動恢復自由，他可不打算對中國法律低頭。歐洲人在和廣東官府交涉時，屢屢遭逢司法上的困難，因此認為中國的司法概念，不外乎是根基於對某些固定罪名的懲罰原則罷了。例如，在一七八四年，一名英國海軍「赫符斯號」（Lady Hughes）的炮手在施放禮炮時，意外炸死一名中國人。雖然公行的擔保商向英方承諾，中方的縣令將以過失致死立案，這位英國水手還是在被遣送還押的途中遭到處決。對於駐在廣州的西方商務圈來說，這不啻是一種「以牙還牙」的報復手段。這些外國人士如果簽署了不再販賣鴉片的具結，等於是自願將自己交到一個他們毫無信心的司法系統之手，就在這種時刻，他們當中許多人盼望能夠實施治外法權，以保障其利益。[7]義律認同他們這種憂慮，因此對於林則徐限令外人簽署具結的要求，予以拒絕。當中國欽差大臣以暫時禁止一切外國貿易作為報復時，英方的反應是也對廣州港埠進行封鎖，以作為杯葛，並期待林則徐遲早有一日被撤換，而改由對洋人商業利益抱持更同情立場的官員出任禁煙欽差。這段時間裡，他們停留在澳門，並且盡量以愉快的態度，試圖熬過這場風暴。

此時林則徐不得不板起臉來，不讓英國人在澳門好過。他親自率領軍隊赴澳門，說服葡萄牙的澳門總督邊度（Adriao Acácio da Silveira Pinto），將英國人盡行驅逐，英方於是上船，在香港外海下錨。接著，林則徐實施他謀略的下一個階段：下令中國水師封鎖洋面，不許英人登岸以取得糧食、飲水補給。事實上，這已經是還未正式宣戰的鴉片戰爭的先聲。英艦的糧、水儲存於一八三九年九月四日耗盡，於是義律下令補給船在海軍炮艦「窩拉疑號」（Volage）掩護下登岸，並炮轟清軍在九龍的營寨。不到兩個月後，在一八三九年十一月三日，中、英雙方於虎門要塞附近再次爆發衝突。這次交鋒，戰況更為激烈，造成中方水師四艘戰船沉沒。隔天在倫敦，英國外務大臣巴麥尊子爵（Lord Palmerston）無視於最新事件發展，下令海軍部派遣遠征艦隊到中國去。

巴麥尊的派兵決定，在國內並未得到一致的讚揚。英國的公眾輿論對於鴉片議題的意見分歧，有許多人對於輝格黨（Whig）政府侵略中國的政策難以苟同。但是在此時的倫敦，存在著一個強有力的中國政策遊說團體，他們由廣州港腳商人以及英格蘭中部的企業主資助，不斷大聲疾呼，說中國傲慢自大、狂悖已極，必須給予嚴懲。對他們來說，林則徐封鎖夷館，正好給了英國人開戰的理由，使他們有機會贏得長期以來不斷對中國要求的權利：包括適當額度的關稅、平等地位的外交、在中國沿海取得一塊地盤、開新的通商港埠，甚至是治外法權等。所有這些目標，都符合巴麥尊觀點中大英帝國的世界地位，特別是他將賠償的強硬要求加入上述條件裡，用來補償義律交出鴉片所造成的損失。不過，保守黨（Tory）持續反對支持一場保衛走私鴉片買賣的戰爭，給內閣不少壓力，巴麥尊和他的支持者，僅以些微差距在國會裡表決通過。

鴉片戰爭

鴉片戰爭（一八三九至一八四二年）的全部過程，可分為兩個不同的階段。第一階段在義律的指揮下，持續到一八四一年的夏季，最後以和平協議流產而告終。第二階段起自一八四二年春季，由新任駐華商務總監亨利．璞鼎查（Henry Pottinger）上任開始，到中方戰敗為止。在第一階段，義律由海路北上，拿下鄰近寧波的舟山島，接著又逼近距離天津、北京不遠的大沽炮台。敵軍艦隊在渤海現蹤，震撼了朝廷，而在此之前，朝廷由廣州收到的，一直是軍事告捷的戰報。道光皇帝對林則徐的「誤導」大表憤怒，以琦善為新任欽差，進行交涉。琦善在大沽口與義律會面，當即勸說：如果英國人願意撤回廣州，並在該地談判，則各項要求無不應允。義律對琦善態度之友善印象深刻，於是回到南方，雙方在一八四一年元月簽訂了《穿鼻草約》。但是，兩邊各自的上司、主子——在倫敦的巴麥尊和在北京的道光，拒絕接受草約中所擬各項條件。巴麥尊認為，義律的草約有違他對於此次戰爭的指導精神，因為中方的賠償數額遠不如他所期望，況且義律以所占得的舟山，竟只換得一座貧瘠不毛的崎嶇小島（香港）。而在另一方面，道光認為琦善擅自割讓中國領土，罪在不赦；皇上很快便相信紛傳的謠諑：這位他所派往廣州的欽差大臣，必是受了英方的賄賂。雙方的談判官員都受到懲處——義律被剝除指揮權，而琦善則被鎖拿進京，並且查抄家產充公。

戰爭的第二階段，在璞鼎查指揮之下，可說是一場事前經過計畫的軍事冒險。璞鼎查的戰略，是根據倫敦中國遊說團所做的建議而制定，在長江將帝國切分為兩個部分，封鎖江北，斷絕華中、華南對北方的糧食供應。一八四一年後半，英軍的海、陸部隊在廣州集結，然後逐步往北開拔。在英軍一陣血腥的炮轟猛攻之後，舟山再度陷落，英軍又從舟山發兵，奪占了寧波。璞鼎查在溯長江而上之前，暫時先按兵不動，等待增援到來。

英國人占領寧波，給了中國人一個他們等待已久的機會：中方向來認為，一旦洋夷登岸，英軍步兵的戰鬥力將遠遜於清軍的兵勇。皇上的表親怡良，是一位優雅、博學的紳士，受命於一八四二年春天組織對英軍的反攻。[8]徵召參戰的兵勇，有遠自四川西部調遣而來者；水師則受登岸訓練，準備收復舟山。但是對中方而言，這場戰役卻成了一場難以挽回的災難。怡良求神問卜，占卦發起進攻的時機，但出兵的吉時卻選定在雨季的高峰。他的主力部隊因此深陷在泥濘的道路中，為補給的馬車所阻，無法順利集結。而素來標榜善戰的水師竟然暈船，以致其統帶將領不敢在舟山登陸，而只於海岸梭巡徘徊，還向朝廷謊報戰勝。精銳的少數民族川勇錯解指令，只攜短刀便踏入英軍的炮火陣中。而最諷刺的是，原本用以支撐戰局的預備隊竟從未被投入戰場，因為他們嚇破膽的統兵官臥於轎中，吸食鴉片讓自己昏沉不醒。當英軍的炮火將進攻的清軍掃滅殆盡時，他們的軍官們見到血流成河的慘景，直欲作嘔，因為這令他們回想起最近西班牙的戰爭中，那場巴達霍斯

（Badajoz）大屠殺。9

並不是所有的中國人都不願奮勇作戰。一年前的夏天，在廣州附近一個名叫三元里的村莊，由農民組成的團勇大膽進攻英軍。稍後在一八四二年，整營滿洲八旗駐軍奮戰到底，全部戰死，他們的眷屬寧肯自殺也不願意投降。雖然英國人並不是沿途未經阻攔就長驅直入，但是清朝的戰爭機器卻已經鏽蝕了，其士兵和裝備，根本無法和英軍雷管擊發的毛瑟槍、密集隊形、重型火炮，還有蒸氣輪炮艇相抗衡。到了一八四二年夏季，長江上通往南京的門戶已經對英軍洞開，八月時，英國的兵艦業已抵達這個明朝故都的近郊，並且準備炮擊這座城市。

倘若這座具象徵意義的城市落入敵手，道光明白他的天命將陷入危險之中。皇上此刻覺得，他別無選擇，只得接受英人所請，並且與之簽署議和協定。中方議和使節由大臣耆英領銜，他向英國人表示，願意在璞鼎查進攻這座故都前投降。最後，《中英南京條約》的簽訂，結束了這場戰爭。這個條約在後來被看作是第一個「不平等條約」，為西方打開了進入中國的大門，標誌著長達一個世紀帝國主義剝削的開始。

不平等條約

《中英南京條約》和其再補充續約《虎門條約》，還有隨後的《中法黃埔條約》與《中美望厦條約》，迫使戰敗的中國做出重大讓步：

一、割讓香港給英國。
二、開放廣州、廈門、福州、寧波、上海五個口岸通商，供外國領事、商人及傳教士進駐。
三、向英國王室賠償兩千一百萬銀元。
四、廢除公行壟斷制度。
五、建立協定關稅，以及限制內地釐金貨物稅。
六、外國官員與中國官員享有同等地位，並且可面見中國官員。
七、中方承認治外法權：外國人在中國犯法，須交由該國領事審理。
八、給予西方各國最惠國待遇。

這場戰爭起自鴉片非法貿易，可是英國戰勝卻並未使鴉片合法化。[10] 鴉片戰爭實際上提供了機會，迫使中國放棄其傳統的朝貢外交，並且按照西方各國的遊戲規則和他們來往。在上述這些條款當中，最後一項最能顯現中國和西方的新關係。根據這項最惠國待遇條款的規定，如果某國從中國那裡取得一項特權，其他國家便自動取得這項惠權。如果英國獲得在上海設置領事館的權利，那麼法國、俄國，以及美國也能比照辦理。原則上，這項西方對清帝國的外交安排，讓各國都能分霑在華利益。不平等條約將五個口岸對所有西方國家開放，因此使它們能平均分享商業權益，而不是讓單一國家殖民中國的某一部分，壟斷該地的全部權利。

很快便發展起來的上海公共租界，就是按照列強共同分享中國利權的原則建立的。上海的基督教傳教事業、治外法庭、工部局董事會、外人居住區、印度錫克族（Sikh）巡捕以及海關裡的洋員監督，對中國人來說，無一不是西方炮艦外交令人屈辱的象徵；同時，它們也是條約中通商港埠對西方各國開放的真實證明；在這當中，只有中國喪失權利，成了唯一的輸家。當然，列強間所獲取的利益，在事實上並未一直保持均衡。例如俄國即於一八六〇年，藉由簽訂《中俄璦琿條約》，從中國攫取了大片領土，而法國也在上海獲得專屬租界地，與公共租界分開。不過一般而言，所有的列強諸國聯合起來，力圖保持中國完整，從而使中國免於淪為像鄂圖曼土耳其帝國受到裂解時那樣，成為競逐利權的歐洲列強兵戎相見的戰場。一直到十九世紀末為止，中國都沒有受到瓜分，崩解成為各國的專屬勢力範圍，而那之後，一種新崛起、模式迥異的帝國主義熱潮，才結束這個利權平均分霑的條約口岸通商時期。

在炮艦外交的現實底下所蘊含的精神，根本上大為悖反中國傳統的外交政策，即使是最敏銳細心的中國政治家，在起初也沒能察覺：不平等條約徹底否定了他們對外交的設想。即使在鴉片戰爭之後，他們仍然以過去千年來處理華夏與蠻夷之間事務的那一套做法，來從事外交。而就像漢代的官員辯論如何對付匈奴的辦法一樣，清朝的大臣們也就兩種立場相反的，與歐洲人交手的對外政策，進行爭論。

清朝的對外政策

第一種立場堅持說，中國絕不能讓步妥協，必須堅決抵抗洋人。一味姑息將吸乾中國的膏血，而常規的外交關係則會給敵人以機會，讓他們掌握征服帝國所需的文明精粹。因此，對付夷人，必須用拳頭來講道理、拒於國門之外，只要中國的軍事力量獲得重建，便能將全數洋夷驅逐出去。這種強硬路線在一八四一到四二年的冬季，英國人入侵長江流域以前，是朝廷中的意見主流。不幸的，這種政策在隨後的悲劇性對立當中遭受重創。西方的船堅炮利難以抵擋，除非中國能掌握西洋文明中的科技與技術，而這卻是抱持強硬態度的官員們所欲排斥的。可是，像大學士倭仁這樣的保守派，卻體認到一旦認真仿效西方，會使中國固有文化價值遭受威脅。假如讓科學家和士兵來保衛國朝，那麼將置儒家禮儀、經典和士大夫於何地？當中國被迫要在傳統之學與西方知識之間擇一而從時，像倭仁這樣的人士便支持相對不變的防禦態度，而不採強大的軍事打擊力量。而這樣的主張，其影響力十分強大，足以讓中國推遲獲得西方軍事科技的決心，直到為時已晚，難以抵禦帝國主義的侵略。

反對這樣保守立場的人，對於儒家學說抱持的忠誠和前者並無二致，然而他們卻傾向採取更加務實、彈性的洋務政策。抱持第二種立場者，呼籲與洋人進行外交往來，他們的主張是基於下列的信念，即相信中國人能以高尚文明來馴化夷人，使他們能一心嚮慕文化先進的華夏之國。中國人也可藉此獲得更多機會，能夠「師夷長技」，進而「以夷制夷」。贊成這種「夷務」看法的人士，認為要控制敵人，必須先了解他們，方能分而治之。雖然「分而治之」這項從漢代開始的政策，清朝用以在中亞對各藩屬施惠，著有成效，但是對巴黎的奧賽碼頭（Quai d'Orsay）、倫敦的懷特霍爾宮（Whitehall），[11] 卻都沒有達成顯著效果。在最惠國待遇條款之下，給予一國利權就等於讓各國均霑。利權不斷被出讓，逐步削弱中國的國力，從而難以扶植歐洲某強來牽制其鄰國。然而，當強硬派路線在一八四二年春、隨著軍事反擊失敗而垮台時，「師夷長技以制夷」是當時唯一可以採取的選擇。

當璞鼎查兵抵南京外廓之時，在清朝這邊由滿族親貴、欽差耆英代表，與英方談判。因此，《南京條約》有一部分算是耆英之作，他在接下來六年間仍然主持夷務。在璞鼎查的眼中，耆英教養良好又思緒敏捷，看來是政府官員當中的菁英，他客套地向英方承諾，中國後續將繼續合作。當然璞鼎查不會知道，朝中很多耆英的滿洲同僚，都認為他對夷人太過友善，以致成了英吉利人謀取利益的工具而不自知。為保護自己，免受守舊派的怒火灼身，耆英甚至必須上奏道光皇帝，解釋他雖然同樣對夷人的舉止與態度反感，但是仍會義無反顧地與之交涉。多虧其他朝中高官（如大學士穆彰阿）的支持，耆英才能在英國人和朝中的保守派之間小心前行；當時英方要求中國嚴格履行和約的文字與精神，而朝廷裡的守舊分子，則覺得耆英簽署《南京條約》時，出讓太多利權。

隨後兩年間，耆英靈活地在兩邊維持平衡。接著雙方的立場都逐漸強硬起來。璞鼎查離職，由更主張對華侵略的德庇時爵士（Sir John Francis Davis）接任，德庇時相信，西方人須步步進逼，堅持新獲得的各項條約權利，否則中國人會故態復萌，又回到朝貢外交的老路上去。同時，愈來愈多的中國人，對於外國人出現在各個條約口岸，感到恐懼和怨憎。這種情況在廣州特別明顯，農民在鴉片戰爭期間組成的鄉勇武裝就從未解散。這些團練的仕紳領導人一直相信，如果不是朝廷太快在南京放棄抵抗，他們老早就已經把英夷趕下海去了。道光皇帝對這種指責清廷「賣國」的抱怨特別敏感，要求耆英不得同意英人居住於廣州城內之請。一八四八年，就在大眾對外國人的敵意攀升之際，一群英國人在廣州郊外的鄉村郊遊，遭到鄉民設伏謀害。耆英為了安撫德庇時，將凶嫌倉促處決。耆英這個決定傳到北京，道光認為負責交涉夷務者讓步太多，若長此以往，恐怕使民怨沸騰。耆英立刻就被撤職，並且由立場強硬的徐廣縉接替出任兩廣總督。徐對英國人的威脅恫嚇反應冷淡，依舊不許洋人入廣州城。實際上，新任總督大人的高傲態度，使人回想起鴉片戰前的海關監督。在外國人和北京之間，現在再一次產生了具有敵意的隔膜，讓英國人開始評估發動另一場短期戰爭所能得到的外交收穫，以及用中方的金錢賠償，來彌補這段時間的財物損失。對英國駐華商務監督諸如文翰（George Bonham）、包令爵士（Sir John Bowring）等輩而言，第一次鴉片戰爭看來沒有對中國官員們的行為，造成什麼長遠的影響。

鴉片戰爭的社會效應

然而，這場戰爭的確產生了巨大的社會效應，在中國東南引發了一波社會失序的浪潮，在條約簽定以後還繼續擴大。祕密結社之一的三合會，於一八四〇年代廣為招兵買馬；在當時，英國海軍把海盜從中國沿海驅逐出去，海盜們溯珠江而上，來到廣東、廣西之間的內陸，從那時起，他們時常襲擊珠江三角洲一帶的富裕農村。之前的團勇還保留著他們的兵器，現在變成了職業匪徒。宗族間的械鬥爆發，操不同方言的族群團體，彼此大規模互相殘殺。在廣州城裡，城市犯罪和失業人口一齊攀升。這是因為在《南京條約》開放上海為洋人通商口岸後，廣州原有的貿易紛紛改往北方。這一改變也影響了內陸地區，因為成千上萬的船夫、苦力，之前忙著載送茶葉和絲綢由江西水路南下，或者是搬運貨物穿過福建山路，現在發現他們全都失去了工作。

在南方，這些社會病理的症狀，都伴隨著鴉片戰爭戰敗所產生的深刻的心理震撼而來。廣東人民目睹英國海軍炮艦「復仇神號」（HMS Nemesis）肆無忌憚地進入中國水域，沿途撞沉中國水師船艦。他們也曉得英國人的武器在與朝廷兵勇作戰時，展現的威力有多麼強大。大部分人對西方深惡痛絕，可是也有些人感受到它難以抗拒的影響力，對外來的新學說、教義另眼相看。

客家族群就在這些受到西方影響的團體裡面，他們是遷移到南方的北方族裔，被廣東的本地人看成是少數民族。客家人是自負而具有野心的族群，識字人口和科舉中式的比例都很高，他們說自己的方言，保有特殊的風俗習慣。客家婦女比起本地人來更為獨立，從不纏足，並且反對做人小妾。她們和丈夫一起下田耕作，讓客家人在農田經濟上具備強大的競爭力。本地人對客家人的猜忌與不滿，在他們搬進村裡來的時候滋長，所以每當有客家人遷入，本地人往往放棄田地，並且遷往他處。這樣的結果使得客家人又對本地人還以輕蔑和敵意，械鬥就在這兩個族群間爆發。在一八五〇年代，這類族群間的大規模械鬥，奪走雙方成千上萬條的性命。

這樣一個歷盡磨難、壓迫的少數族群，如果不是在太平天國之亂（一八五〇到一八六四年）當中扮演了重要角色，恐怕仍舊難以在橫亙綿延的中國歷史當中受到注目。這不僅因為客家人是太平天國運動的核心分子，同時也正是客家人當中，出了一位先知洪秀全，他以神祕的天啟異象引發了一場叛亂，成為十九世紀中國歷史最重大的轉捩點。在太平天國變亂以後，中國內部深邃神祕的發展，再也無法和外來的影響有清楚的區分。就像這場變亂，本身正是社會內部壓力與外界影響的結合效應；而洪秀全揭櫫的革命性教義，也將中國傳統思想與西方宗教題材緊密糾結，難以分開。

洪秀全與太平天國變亂的意識型態根源

洪秀全，這位未來的太平天國天王陛下，是廣州北邊花縣一戶殷實農家的聰穎孩子。家人期待他能通過科舉考試、獲取功名。一八二八年，時年十六的洪秀全在刻苦自習後，順利取得童生資格，但是接下來一連好幾年，他反覆在取得最低階功名（生員）的童試中名落孫山。這是帝制晚期中國的熟悉併發症，不少科場蹉跎失意的人，有時會將滿腔怨憤投向朝廷。這些人飽受經史學問的訓練，他們使地方官員感到驚駭，因為只要有這些人的加入，可以將一夥地方劫匪轉變成有組織的政治叛亂分子。當然，大多數科場失意的士子們，會選擇較不戲劇化的出路（比如佛家哲學或是道家的修身之道），來排解不滿與怨憤。而洪秀全如果沒有和基督教有所牽扯，很可能也會選擇這樣的方向。

他與基督教的接觸，純粹出於偶然。一八三六年，洪秀全又到廣州應試，但是再次落榜。正當洪失意踟躕於街頭，遇上一位黑袍長鬚的外國傳教士，身旁跟著中國籍中年信徒，充當翻譯，向他傳教、闡釋基督的福音。洪秀全佇足聽了一陣，信徒兼翻譯梁阿發勸他收下一套名為《勸世良言》的傳教小冊。洪回到花縣老家，把小冊子擱在書櫥，很少取下閱覽。接下來的那年他又赴省城趕考。落第的噩耗把他脆弱的神經徹底擊垮，躺在租來的轎子裡被送回家。洪秀全臥床一個多月，夢囈幻覺、與魔鬼爭鬥，接著又陷入昏睡。後來他終於醒來，記起夢中的陌生異象。例如在其中一個夢裡，他受引領，來到一座光輝燦爛的聖殿，神祕的醫者將他身上所有器官取下，換上新的。接著他又被帶到大殿寶座之旁。一位黑袍金鬚的老者授與他一把寶劍，讓他斬妖除魔。在另一個幻夢裡，黑袍老者憤怒地鞭笞孔子，要他承認所犯下無以名狀的罪惡。

雖然洪秀全還是不清楚黑袍老者的身分，可是痛責孔子這一幕，放在他科舉受挫的背景下來看，頗能使我們看出一些端倪。對聖人的挫辱，反映出洪在心理上厭棄這個看輕他秉賦才能的科舉。但是這畢竟是絕聖棄智之舉；洪秀全此時還沒有構想出一套新秩序，好來替代他長期想要摧毀的舊體制。四十餘天的顛倒幻夢，讓洪秀全完全變了個人：他從一個順從而欠缺安全感的童生，蛻變成強硬、有自信的領導者，身形頓時顯得偉岸，在鄉里間傳揚新的權威。可是，他妄自尊大的新權威，目前還找不到積極的方向。

在一八四三年，距離首次幻覺已有六年，洪秀全找著了這個方向：他的族弟在書櫥上偶然看見了外國傳教士贈給的小冊。洪這時認真閱讀這些基督教福音小冊，對於從前夢中的啟示愈發有了心得。接著，夢裡一切的元素全都明白了。黑袍老者就是天父上帝，他的父親。他——洪秀全本人——是耶穌基督的弟弟，帶著斬妖尚方寶劍降臨世間，要在中國「恢復」基督寶座。

根據洪秀全的天啟，這個征服西方的宗教源起於中國思想，遠在孔子之前，就已經揭示於中土：

> 爺排天國在中華，中國原來天國家，故此中華名爺諱，爺未降前既屬爺。胡妖入竊爺天國，爺故命朕來誅他。12

洪秀全相信，他受命降世要摧毀的「胡妖」是滿人，而非歐洲人；他視前者為最後一波入侵中國的蠻夷，刻意隱瞞，讓中國人與基督教真理隔絕。一旦「清妖」被剷滅，中國人便能夠恢復原來的宗教信仰，一個太平盛世即將來到，並且進入大同世界。

西方傳教士很快就了解，洪秀全不單只是區區一介信徒，他自創的基督教義裡面表明了對於西方的敬慕或者恐懼。他並不採取外國的教義，而堅持中國有自創真理的權利。身為耶穌之弟，他宣稱自己是基督宗教在世上的唯一代言人。只有他（而不是教宗或《聖經》）能制定教義，而他所許諾的大同世界，中國的成分和來自西方的元素不相上下。《禮記》當中敘述過去有一段時期，當人們尚未因財產而產生分化、區別之時，謂之「大同」。[13]今文經《公羊傳》則將歷史分為三個時期：衰亂世、昇平世、太平世。[14]洪秀全也許並未引用這一典籍來為他的運動命名，但是中國詩、文當中，遍布對「太平」、「大同」的指涉，足以佐證「天國」起源於中國。[15]

單憑這些中國元素，還不足以激發這樣一場革命性的社會運動。「大同」和「太平」的動機或主旨，在稍早的千年救度運動裡便頻繁的出現過，但是它們通常包含在彌勒菩薩千年降世的許諾裡，而實際上引發叛亂的，是彌勒救世的許諾。基督教在洪秀全的意識型態裡，扮演了相同的功能。當敘述「太平天國」很快即將降臨、統治世界的同時，洪也把南方人的反滿情緒加入其中。而「清妖」，想當然耳，是通往天國道路上的障礙，洪秀全對未來他的追隨者宣揚的救贖，必須透過戰鬥來達成。在這場善與惡的最後決戰裡，他們必須奮力爭先；徹底消滅敵人以後，就能在世間創造天國。

如果沒有既存的社會力量來響應洪秀全的預言，那麼他充其量也不過會是個能夠蠱惑人心的神祕空想家罷了。這些社會力量來自於之前各章所分析的、內部與外在歷史潮流的匯合：一方面是人口增長、官僚的腐化以及逃避稅賦;另一方面則是社會秩序在鴉片戰爭之後的分崩離析。鄰省廣西就特別受到這些社會失序因素的衝擊。失業的銀礦和煤礦工人,紛紛加入來自廣東的盜匪洪流當中;農民因為乾旱而離開土地,本地和客家人之間的械鬥正方興未艾。由於廣西的局勢如此動盪不安,仕紳們組建的團練,成了保衛地主收租的武裝力量。團練的領導者通常都是本地人,族群衝突便愈趨極端,地方官員傾向站在本地人這邊,認為客家人是破壞社會安定秩序的罪魁禍首。而客家人自然就更加團結一致,並且在他們居住的村莊編組自衛武力。

由於廣東對西方宗教的取締,洪秀全捲入了這個騷動的局勢裡面。在獲得異象天啟後,洪和他的族弟互相為對方施洗,並開始在家鄉向其他的客家人傳道。但是,在搗毀孔子聖像,被花縣知縣所察覺以後,洪的地方學堂教席職務被免除,於是他決定遷往別處。一八四四年,他說服信徒馮雲山陪伴,一同前往廣西依親。可是洪的到來使東道主很是難堪,他不得不於同年秋天又回到廣東。馮雲山留在廣西,而且在洪缺席的這段時間裡,取得驚人的進展:他讓居住在紫荊山區的農民,全數皈依在洪的教義之下。此地既有崇山險關隱蔽,又以羊腸小徑相通,馮雲山將這些信徒組織起來,成立「拜上帝會」,使得原先各自孤立的農村,成為自成一體的宗教社群。

此時的拜上帝會,還不是一個好戰的反叛運動。這些受洗加入教會的弟兄姐妹們,缺乏發起叛亂的政治藉口,只形成一個躲避周遭鄉村本地人的社區。改換信仰是社區的事務。信徒在加入自衛民兵的同時,還是保持著原來家族或村里的成員認同。此時這些教友們只是個人身分,他們還沒有被重組在一種新的社會整體之下。這個整體就是太平天國軍事社會(團營),其組織的成立,則還要等到一八五一年。

拜上帝會的成長

拜上帝會的成長並不快速。當洪秀全於一八四七年八月，與馮雲山在紫荊山會合之時，門下只有兩千信徒。可是，洪的到來，立刻為原來的宗教生活注入了政治論調，他強調太平盛世即將來臨，並自稱「全王」。他在廣西時，也正好遭逢本地客家與本地人械鬥益發劇烈，促使愈來愈多的客家自衛團體投入拜上帝會的保護羽翼中。[16]不是所有成員都是客家人。此時在帝國的南方一帶，政治上的緊張與失序正與日俱增，而拜上帝會逐漸茁長的好戰性格，吸引了許多社會異議分子加入。這群異議分子當中，有一個難以駕馭的團體，是由兩名鬧事暴徒（楊秀清與蕭朝貴）率領，[17]於一八四八年初來到紫荊山區的銀礦及燒煤工人。他們加入這個宗教社群的時候，拜上帝會正好遭遇領導危機。那年正月，馮雲山被本地人組成的團勇捕獲，並且送交地方知縣發落。同一時間，洪秀全正前往廣州，試圖向官府交涉放人而未果。馮雲山後來被拜上帝會信眾從獄中贖出，但是知縣設下開釋的條件：馮必須返回廣東原籍。結果，一八四八年時，兩位創始人幾乎都不在紫荊山區的營地，而當他們回來時，發現楊秀清和蕭朝貴這兩名炭工首領，已經篡竊了他們的領導權威。無論是狡獪的設計，抑或是真誠的信仰——或者最有可能的情況，是兩者的結合：楊秀清在一八四八年初，也陷入長達兩個月的昏迷——在拜上帝會這個極高宗教熱情的社群裡，神靈「附身」是家常便飯。當楊在同年春天醒過來時，就宣稱他可為聖靈發言。不到九個月後，蕭朝貴也來了一次，完成「三位一體」，成為耶穌基督的代言人。[18]

如果在別的情形下，洪秀全或許還能拒絕承認這些篡奪權威者真的聖神附體，但拜上帝會此刻已經進入一種宗教歇斯底里狀態。當紫荊山周圍的敵人遽增，教內各人空口無憑，難以服眾。這些信徒宣稱有聖神附體，採用他的說法、崇拜他的形象，還擴大他的信仰，洪秀全怎麼能夠說這些神祕的入迷經驗是假的呢？隨著更多的客家人、河川水匪，以及少數民族苗人紛紛加入陣營，使得信徒人數達到三十萬眾，[19] 洪秀全與馮雲山發現他們業已無法控制這個運動。馮也許是想要重新建立起領導威望，於是號召起事，但是楊秀清卻反應冷淡。楊自己在一八五〇年五月，陷入長達六個月的第二次昏迷。運動現在分裂了：洪秀全和馮雲山帶著一部分信徒離開紫荊山去花洲，當地有對拜上帝會友善的仕紳，出借其房屋供作教會的總壇。

隨著拜上帝會信眾活動頻繁，地方官府了解到情勢的發展十分嚴峻。在拜上帝會信徒、客籍當鋪老闆韋昌輝公然聚眾商討起兵事宜以後，官府終於正式勒令教會解散，但是土、客之間的衝突仍舊使紫荊山的信眾聚集在一起。最後，在一八五〇年秋季，官府決定對拜上帝會發動正面進攻。紫荊山區的營寨防備嚴密，易守難攻，可是洪秀全在花洲的小團體卻有被消滅之虞。

就在這個時候，楊秀清非常機緣巧合地，從長達半年的昏睡中甦醒過來。楊自稱是「贖病王」，和耶穌基督一樣具有治癒疾病的能力，下令解救在花洲的洪秀全。因此這兩股分離的陣營，就在紫荊山腳附近的金田重新又聚合了，在一八五一年正月十一日，洪秀全在這裡正式創建太平天國。

太平天國運動的三種模式

太平天國運動比起原先的拜上帝會，要來得更加激進。洪秀全創建了新的王朝，宣布向他們的敵人發起大規模進攻。這個運動不再只是對現有社會秩序的逃避，而是意圖取而代之。在正月十一宣布建國以後，太平天國的組織重整，由以下的三種不同模式來組成。

第一種是中國王朝的模式，可以洪秀全本人為代表，他號稱「天王」，以生日為建國之日。然而，太平天國的君主不是對儒家皇帝制度的全然抄襲。洪所努力追求的，並非將天命由清朝的手中奪走。相反的，他要全心投入這項天父命他降世完成的超凡任務，創造自己的新天新地。身為直通上帝的先知，洪秀全的權威，有一部分就是來自他是先知，而假使太平天國的王朝模式能夠廣泛推行，他就能確立自己的合法地位。從太平天國領導層內鬥的角度來說，洪秀全的天王地位相對能免於受制於楊秀清的諸多陰謀。楊縱然能夠從洪的手中奪取許多權威，卻無法挑戰天王的合法性。從外部的立場看，太平天國運動已經不再只是重複過去，如白蓮教那樣的千年救度宗教運動，而是要在中國建立起一個反對儒家合法性的世俗政權。這就是為什麼，即使在太平天國許多激進的改革都歸於失敗，難以實施之後，這一個運動本身仍然能夠威脅儒家政治秩序的原因。

在此同時，第二種模式是從拜上帝會時期一直延續下來，狂熱地組成大家庭的企圖；在這個大家庭中，所有人都是上帝的赤子，遵守《十誡》，共同生活。像一個世俗大家庭，參加這個運動的所有成員，都是新天國的弟兄姐妹，因此要遵守戒律：不可亂倫、嚴禁性交，即使之前曾是夫妻的，也在禁止之列。[20] 然而這樣嚴苛的要求，領導階層很快就無法遵守。如果用喬治．歐威爾（George Orwell）諷刺的用詞來形容，某些弟兄比其他人來得「更平等」。洪秀全、楊秀清、蕭朝貴、馮雲山、石達開及韋昌輝，這些曾經患難與共，按照小說《水滸傳》裡面歃血為盟宣誓的兄弟們，地位要比他人來得尊貴。

第三種模式最為激進，並且構成了太平天國運動的組織形式。這就是根據《周禮》的敘述而組建的理想軍事社會體制。傳說中，《周禮》是周代典章制度的藍圖。實際上，這本著作提供一個理想的官僚系統，將文、武機構都包含在支配一切的結構裡，涵蓋人們生活的所有層面，並且使農民成為耕戰兩宜的士兵。這個理想中的集權制度從未真正於周代實現，但是它激發了漢、宋兩朝的改革者，希望能給予國家更多的管控權力。儒家學者通常不喜歡《周禮》裡面隱約蘊含的法家思想，而偏好政府採取放任不干預的政策，讓社會職能自然運作。然而，對太平天國的領導人來說，《周禮》提供了一個理想的組織範本，讓拜上帝會的信徒轉變為一支深具信仰的軍隊，每二十五人編為一隊，由稱為「兩司馬」的軍官統領。[21]這些兵農合一的士兵共同生活、作戰，所有財產交歸公庫，很快的，公庫就被戰利品所填滿。[22]太平天國的領袖們謹慎的編組軍隊，將不同地方出身者編在同一個單位，讓原來客家人自然組成的單位（如村里或宗族自衛武力），逐步轉換為由官僚體系定奪的新軍事團體。不過，有了組織並沒有失去理想。太平軍的成員們為紀律和理想貢獻心力，素樸的農民因此被塑造成忠誠的戰士。這個信念是如此絕對，要求放棄財產、家庭，甚至是從前的自我——以致於所有當初加入太平天國運動的祕密會社，只有一個還能維持其原來的組織。[23]太平天國因此失去了若干盟友，但是經由實行公產制度，軍隊得到了強大的士氣和凝聚力，因此能夠戰無不勝。

太平天國北進

當這支軍隊開動，便為所到之處帶來新的秩序——太平天國並不與現存農村社會競爭，而是將當地農民吸收，納為己用。從一八五一年九月二十五日至隔年四月初五為止，太平軍在永安整頓旗鼓，準備北進。接著，他們突破清將賽尚阿的包圍，由湖南水路進入華中。沿途上抵抗的市鎮村莊都被夷為平地，有時居民還遭到屠戮。被裹脅加入的農民，眼看著這群「長毛」摧毀他們的田地、房屋，[24]在他們被編入兩司馬統率的單位之前，就將過往所有的連繫強制斬斷。太平軍偶爾也打敗仗。像是桂林這樣的城市守禦緊密，難以攻破，他們乾脆就避實擊虛，繞道而過。甚至，當太平軍在湖南新寧吃了敗仗，被迫撤出湘江水域，他們仍舊在湘西一帶，強悍貧窮的農民當中，獲得大量的兵源。一八五二年九月到十一月，他們圍困省城長沙，在久攻不下之後，旋即解圍，轉而向東，往長江流域發展。一八五三年元月，太平軍打下武昌城，這是一場令清廷震驚的大勝仗，武昌城中的人口，使他們的人數規摸，擴展到五十萬之眾。現在，長江中游的門戶既已打通，太平天國的領袖們必須做出攸關命運的抉擇。往北，是中國的首都北京；而沿長江順流而下，則是明朝故都江寧（南京）。他們應該繼續按照起兵時的計畫，向華北平原繼續推進，在北京建立天國嗎？還是他們應該順流而下，到達豐饒的長江三角洲，壯大實力，團結內部呢？

天國的領導人們，對此意見分歧。洪秀全旗艦的管帶，向來替加入太平軍的水上人家（或水匪）講話，此時反對進兵河南，擔心華北平原開闊，對於清軍大隊騎兵縱橫奔襲比較有利。另一位仕紳出身的軍師也敦促洪、楊攻取南京，該城的財富與重要的象徵意義，適合作為天國的京城。在一陣猶豫不定之後，太平天國的領袖們決定揮師向東，試圖拿下南京。沒有人曉得究竟是誰拍板定案，做出這個攸關命運的決策，這象徵太平天國原來按照《周禮》制定的軍事模式開始改變，轉為洪秀全的王朝統治模式。但是，這個決策的確在洪、楊之間的持續進行權力鬥爭當中，合乎洪秀全的利益。

洪、楊之間的權力競爭，並不因洪於一八五一年元月稱號天王而告終。楊秀清的權力，在太平軍北進時持續增長。楊在太平軍諸領導中，較具有軍事才幹，他也試圖以太平天國運動招引具有夷夏之見的漢人，採取激烈的反滿立場。另外，楊再三使用私人耳目，羞辱洪秀全，並且藉機擴大自己的宗教權力。例如，在太平軍占領永安時，楊的人馬在內部揪出一名清軍奸細。楊祕而不宣，直到他以天父附體下凡為由召來眾人，用上帝的聲音，當眾揭發間諜。奸細旋即被帶到其他領導人面前，懺悔所犯罪孽。洪秀全的權威，因為楊這樣戲劇性的「天父下凡」場合，而大受損傷。

既然楊秀清宣稱自己也具有神性，即使地位不高過天王，至少也與之齊等，洪就只能靠著強調自己身為天國之主來與之抗衡。從一八五一年秋季開始，他愈來愈頻繁地提及將來定都天京以後，即將大舉封賞群臣。可是，楊和蕭朝貴時常藉口天父、天兄（耶穌）下凡，用《舊約》裡的口吻，辱罵滿洲豬玀和「八旗妖孽」。在一八五一年十二月，他們甚至設法讓洪秀全宣布，只有天父、天兄才具有神性，因此置天王與其他領導人同等地位。尤有進者，軍事指揮權進行改組，諸將按照功勞、才幹分封為王。每位王爵都能建置自己的官屬，而當中規模最大的是楊秀清的東王府，東王還一手掌握了所有軍官的升遷。這種原來沿自《周禮》的分封，終於導致太平軍重蹈十七世紀、地方軍頭私人擁兵的覆轍，給洪秀全提供了一個分化他們的機會。但是在當時，東王把持所有軍事決策，只要天王無從施行文治上的權威，勢必將持續大權旁落。南京為洪提供了這樣的場合，因此他必須大力支持進攻江寧之議。

一八五三年二月十八日，九江陷於這群叛黨之手，他們繼續攻取安慶。不到一個月後，在三月十九日，太平軍奪下南京這座美麗的城市，更名「天京」，以茲紀念這個偉大的時刻。

占領南京時期

奪取南京也許對增強洪秀全個人的權位有所裨益，但是就太平天國運動整體而言，這是個戰略上的錯誤；以當代術語來說，它使得原先來去自如的機動力量，成了難以移動的地方叛亂割據。定都南京以後，這個運動就喪失了原先氣吞清虜的衝力。楊秀清的確派遣兩支軍隊北伐中原，但是這批部隊在山西與河南交界的懷慶陷入重圍，並且於一八五五年三月，在天津外圍遭朝廷軍隊殲滅。在大部分老百姓的眼裡，只要滿洲人還穩坐北京一日，天命就還在清朝之手。太平天國已經在南方設立自己的京城，但是它的軍隊集中部署於此，給了清廷機會，在長江南、北岸分別設下大營，圍困天京。太平軍幾次擊潰對天京的圍堵，但是這把雙鉗很快又能獲得增強，因此太平天國的軍隊，幾乎都被牽制在長江中、下游，只能水平移動。

定都南京也讓太平天國激進的社會改革淪為空談。當太平軍從廣西開拔北進，沿途招納、訓練新加入的成員時，依照《周禮》所制定，耕戰合一的公產制度，破壞了原來農業社會的兩大支柱：財產與家庭。可是，當天國在其機動的軍隊之外，獲取了廣土眾民的時候，它缺乏足夠的幹部和統一的意識型態，來摧毀或者取代現有的社會組織。[25]換句話說，太平軍停止北進以後，他們就必須和華中地區生命力頑強的農村社會妥協。這就表示，太平天國必須與在地方事務上扮演重要角色的仕紳名流們，進行調整與融合。

在理論上，太平天國意圖將他們的公產制度在整個社會施行。一八五四年，頒布了一條特殊的法令，規定所有耕地歸公，以便分配給以每二十五戶為一單位（「兩」）的農民。在這個制度下，農民須自食其力，並且將剩餘的農產上繳給地方的兩司馬，這些兩司馬管理公庫、裁決紛爭，並且舉行宗教崇拜儀式。然而在事實上，《周禮》的田畝制度鼓勵農產包稅。天京政權仍舊在地方鄉紳中，任命世襲包稅上繳者為「軍帥」，只是上繳的對象改為天國罷了。隨後，仕紳和地主會配發隨扈從人，沿途擎舉太平天國的旗號，授與他們收稅之權。在地方行政的最低層級，兩司馬通常成了地方仕紳的下屬或是管家。天國的地方行政制度因此有兩層矛盾之處：本來是打著反抗儒家仕紳大旗的運動，到頭來卻支持他們在地方的霸權；而田畝公有制度，到頭來卻使得私人的獲益更甚清朝。太平天國的領袖們急於取得賦稅，對仕紳的經濟剝削所帶來的危害，他們所知比常規地方官員更淺薄；因此很諷刺地，他們讓仕紳安頓在地方政府機制裡，其程度更甚從前。最後，不是新社會體制取代了舊制度，而是舊社會吞噬了新制度。

同樣的，在太平天國運動裡，熟悉的宮廷陰謀老戲碼再度上演。首先，是楊秀清的權勢日漸凌駕天王洪秀全。由東王府掌握、可資任命的官職，超過七千兩百個，楊試圖使天王成為他決策時的橡皮圖章，同時發展一支強大的男、女警備武力，以利他牢牢掌控天京城。在一八五三年底，他甚至還借由天父下凡，以暴虐後宮為由，對天王痛加斥責。洪秀全恭順的領受「天父」的責罵與屈辱，但是暗中運作對楊大權獨攬而不滿的諸王起來反抗。[26]楊不但僭稱洪的權威；他還斷然撕裂原來一起打天下老兄弟的手足之情，羞辱石達開、韋昌輝，要他們在東王駕到時下跪迎接。石、韋二王當中，後者殺人如麻，首先發難。韋昌輝或許有洪秀全的授意，在一八五六年九月初二攻擊楊秀清，殺死東王和兩千名王府官屬。石達開在湖北響應，但是隨即回到天京制止屠殺。石達開指責韋昌輝濫殺無辜，使韋決心清除他在軍事上的最後一個對手。不過，石及時聽到韋要謀殺他的風聲，帶著他的部眾離開天京。在石達開的支持下，洪秀全隨後誅殺韋昌輝，這場大整肅終告落幕。

這場天京內變，終於將洪扶上最高統治者的寶座，可是政權已經元氣大傷。當時的一首詩作，形容劫後的天京城的氛圍：

城中少人行，
雞犬無安棲，
洞洞血中路，
宮禁失光暉。27

此時，石達開對洪秀全的誠信已喪失信心，對於天王寵信其親戚洪仁發、洪仁達兄弟也不表贊同。韋昌輝被處死之後八個月，石決定放棄天京。他帶走十萬之眾，先是往南，再往西到達四川，繼續和清軍作戰數年。同時，洪秀全顯現出精神狀態益發不穩定的跡象：在廷臣面前放聲咆哮，將朝中內外事務都置於原來管理後宮的蒙得恩之手。這時軍隊的成員，很大一部分已經是那些躲避戰禍、逃難而來，對天國教義不甚明瞭的青少年；軍隊的指揮權歸於兩名新進將領：陳玉成與李秀成之手，他們在戰場上臨機應變，決定戰略，不勞煩天京干預。李秀成尤其擅於用兵，數度重創清軍，但是他獨當一面的局面，在一八五九年時為天王的族弟洪仁玕發起的改革所取消。

一八五三年以後的這三年，因此被看作是太平天國命運的轉捩點。從內部情形來看，到了一八五六年，太平天國運動已經嚴重受創，奄奄一息。而此時距離清軍收復南京，卻還有八年時間。如果太平天國在一八五〇年代就已經明顯衰弱不堪，為什麼亂事還能延續這樣長的時間？是否僅是由於清朝力量不夠，以致無法立刻取得上風？

內外交攻的清朝

在北京的朝廷，除了太平天國以外，還有更多問題要對付。在太平天國於廣西起事之後，其他的亂事如同星火燎原，蔓延整個帝國。小刀會眾曾一度奪占上海城，而在南邊，金錢會在浙江、福建交界一帶將官軍盡皆擊退。三合會占了廈門，而紅巾會則襲擾廣州。在珠江三角洲，歷次的土、客械鬥造成了五十萬客家人死傷。遠在西陲的雲南，礦工起來造亂，穆斯林杜文秀在大理建立起分離政權，統治該省長達十五年，在被清軍平定以前，已經使得雙方有三十萬人命送黃泉。陝西回民肆虐於漢人的村落；苗人在貴州叛亂；私鹽販子在東北起事。而在橫跨淮河流域的華中地區，大股捻軍騎兵聚集在一起，反抗朝廷號令。在這些年裡，大局敗壞之勢沛然難以抵擋。在某些省分，三分之二以上的戶口上報死亡或失蹤。在原來人煙稠密的長江沿岸，往往數里杳無人跡，所見者盡是廢棄的村落，成群的野狗撕咬著腐爛的屍骸。情勢隨著太平天國在此落腳，更加惡化。社會福利事業完全停頓，洪水淹沒大半個中國。例如在安徽的廣德，有位仕紳作了如下的報告：

庚申至甲子（一八六〇至六四年）五年中，民不得耕種，糧絕，山中藜藿薇蕨都盡，人相食，而瘟疫起矣。其時屍骸枕藉，道路荊榛，幾數十里無人煙。州民戶口舊有三十餘萬，賊（太平軍）去時，遺黎六千有奇，此生民以來未有之奇禍也。28

整個說來，在太平天國變亂的這十四年當中，有超過三千萬的人民，死於天災與人禍之中。彷彿是這樣可怕的不幸，還沒有耗盡北京貧乏的資源，西方的帝國主義又來折磨著中國。在鴉片戰爭之後的那幾年裡，英國人再次領頭叩關。英人對於廣州進城問題已經感到十分不耐，相信中國人仍然拒絕給予他們適當的外交尊重，於是以輕率的藉口，於一八五六年尋釁，對中國宣戰。29這一次，他們要求開放十一個新通商港埠、開放到內地自由貿易、公使駐節北京、香港近郊擴界、鴉片合法開放、對傳教士人身加以保護及不可免的賠款。法國人馬上就加入這次冒險，他們受到拿破崙三世（Napoleon III）帝國的虛榮所驅使，以法國傳教士在華被殺為藉口參戰。

兩次英法聯軍

由於印度爆發反英叛亂（Sepoy mutiny），英法聯軍在一八五七年無法對中國採取攻勢。但是在隔年，即有一支遠征軍，由額爾金爵士（Lord Elgin）和葛羅男爵（Baron Gros）率領，在華北登陸，並且奪占大沽炮台。咸豐皇帝當即派出一個談判團，並且命嫻熟夷務的耆英陪同前往。耆英這位老紳士一如既往，仍然態度和藹而言語動聽（他才剛因為此差使而獲釋），他很快便發現：

英人的態度較之璞鼎查時更為強硬。英方參與談判的代表中，包括精通中文的威妥瑪（Thomas Wade）和李泰國（Horatio Lay）等人，他們對耆英「撫馭洋夷」的那套招數冷嘲熱諷。英國人很快就出示十年前耆英所上奏皇帝的奏摺抄本，[30]裡面有他對「蠻夷」舉止深感厭憎的描述。耆英深感愧辱，不得不退出談判——這個舉動後來使朝廷議罪，賜其自盡。之後不久，他全無鬥志的同僚們就同意聯軍所請，簽署了《天津條約》。

《天津條約》仍有待皇上批准認可，條款中載明西方代表將於隔年（一八五九）到北京換文，簽署和約正本。可是在此之前，中方就改變心意。條約由滿人桂良主談及簽署，他是軍機大臣、恭親王奕訢的岳丈。在朝中有一個反對這對主撫派翁婿的漢人官員主戰派，由資深的言官殷兆鏞領軍，[31]怡親王載垣則是他們的幕後支持者。咸豐皇帝公開對主戰派的論調表示同情，認為《天津條約》只是桂良一人所為，因此無須遵守。與此同時，主戰派開始宣稱此次中國斷然不可屈服於外邦，因為軍備力量充分，足以抗擊英、法。他們尤其相信蒙古將領僧格林沁所統率的部隊，[32]很可能在戰場上便將西方人擊退。僧格林沁本人並不如此樂觀，但是他確實也同意按照他們的計畫行事，而皇上接受群臣建議，在西方公使終於現身之時，拒絕接見他們。

一八五九年元月二十四日，額爾金爵士之弟卜魯斯（Frederick Bruce）抵達大沽口，計畫按照原路入京。當他們一行人搭乘登陸小艇準備通過淤泥灘上岸時，大沽炮台守軍突然對英國人開火。聯軍頓時被激怒。拿破崙三世和巴麥尊相信，中國人又搞言而無信這一套，決定派遣一支規模更大的遠征軍前來，這支部隊包含一萬名英軍、七千名法軍，配備有最新款的阿姆斯壯來福槍和後膛填裝的火炮。新增援的英、法部隊，於同年七月在大沽附近小心地上岸。八月二十一日聯軍占領炮台，隨即攻下天津。中方只好遣使談判停火，但是額爾金不相信受命前來的清使獲有全權授命。因此，他中斷討論，向北京進軍，於九月二十一日擊敗沿途阻擊的中國軍隊。中國方面於聯軍進展到通州時，又高掛免戰牌、要求談判，但這明顯是僧格林沁的緩兵計，他伏擊英、法軍隊，並且俘虜英國派來的談判代表。額爾金現在為中國人的背信棄義感到義憤填膺，於十月五日下令全面總攻。僧格林沁的陣地失守，聯軍向北京外圍防線推進。一個星期以後，聯軍在未遇抵抗的情況下進入了京師。

在額爾金的眼裡，這場敗仗還不足以懲罰中方在通州的背諾，而聯軍主力現在駐馬於北京外廓，額爾金盤算著要以更嚴厲的方式，逼使咸豐皇帝低頭就範。廣州代理領事巴夏禮（Harry Parkes）對他說，對北京全面進攻，真正受傷害的會是普通老百姓。要更能懲罰中國皇帝，最好是進攻京城西北郊的頤和園之類的地方。於是，在十月十八日，額爾金下令，在圓明園兩百多座亭台樓閣裡，燃起熊熊烈火。大火在頤和園方圓十里之內足足燒了兩晝夜，將北京上空籠罩一層漆黑的煙霧。一位英軍的隨軍牧師替聯軍這樣褻瀆、污辱的暴行辯護：

對，我們做對了，我願意再重複一遍；雖然我落筆之時，對於我們這樣做，感到遺憾、悲痛，也覺得過於苛刻、殘酷，但是這麼做是必要的，必須在中國政府的心臟地帶給予一擊，而我們也已經這麼做了。這些最古老、最精巧美麗的事物，現在都成為實踐勇敢、正直、誠實所付出的代價了。而這樣的代價並不高昂，絕不！任何為這些價值付出的代價，都是值得的。一切都付之一炬、渺若雲煙了，但是我還是難以釋懷。我樂於在腦海中，對印象所及的這些畫作、收藏徘徊流連，久久不去，很可惜我無法使你也親眼見及。一個人得要同時身兼詩人、畫家、歷史學者、收藏家，以及漢學家（我不知是否還需要其他的本事），才有辦法對你描述這些珍寶之美於萬一，可惜上述的本領，我一樣也沒有。但是，在我有生之年，每當一念及於美麗和品味、工藝和古董，想必會在心頭湧現一幕幕宮殿廢墟的慘景，33而痛惜於這樣必須卻殘酷的舉措，讓這一切灰飛煙滅。34

額爾金做下如此暴行所針對的人——咸豐皇帝——並沒有親眼見到這一幕。他老早就出關避難，臨幸熱河的避暑山莊，而將他的弟弟恭親王留在北京與洋人談判，當時京城的街頭，還有八萬群龍無首的譁變清軍潰兵。一八六〇年十月二十四日，額爾金進入這座處於軍管狀態的城市，恭王在紫禁城側的禮部衙門與他相見。在中國官員和英、法代表的見證下，雙方簽署了《北京條約》。原先的《天津條約》生效實行，另外還加上協定上海關稅、鴉片合法化、賠款、割讓香港對岸的九龍給英國。鴉片戰爭終於宣告落幕了。

皇上在熱河染恙，不久後便駕崩。正當洋人盤據在他的京城之時，帝國的其他地方，正在叛黨的攻擊下顫抖。現在，問題已經不是清朝為何沒能利用一八五六年，太平天國內亂之時扳回局面，而是這個王朝要怎麼想辦法，繼續存活下去。

第九章

中興與自強的幻影

到了一八六九年，在大規模的亂事已經漸次平定之後，清朝官員們公開談論，本朝就像漢、唐、宋代一樣，已經重振聲威，號稱「中興」。實際上，這樣的重生是一種幻影。在儒家「中興」的修辭底下，以及看來與戰前無異的政府體制之中，已然有重大的政治、社會轉變發生。這些轉變到後來，終於將清王朝和傳統政治體制一併摧毀殆盡。無論太平天國的起事者，其意圖多麼具有革命性，終究難以推翻傳統秩序。但是，他們迫使朝廷採取各種措施以求自保，而這種種措施打破了地方與中央、文臣與武將、外來與本地統治菁英之間的權力平衡。到最後，不是太平軍，而是他們的對手自身，導致了最後天翻地覆的結局。

地方團練

這種改變，由清朝正規軍難以在廣西戡平太平軍的起事開始。一八五一到五二年，隨著清軍統帥如賽尚阿、向榮等人，不斷因軍事失利而告急，朝廷便逐漸明白，憑藉綠營和八旗的武力，已經無法對付敵人。然而在一八五二年，令人振奮的消息傳抵北京：一支由湖南仕紳江忠源所自組的團練，在桂林擊敗太平軍，迫使其解圍而去。該部隨即又參加了保衛長沙的戰鬥，並且再度將太平軍擊退。

無論這些民兵（「團勇」）們是臨時招募來保家衛鄉的農民，或者是長期服役的正規僱傭兵，由仕紳帶領的團練並不是新發生的現象。然而它們的組織與訓練，在十八世紀末獲派鎮壓白蓮教起事時，發展得更為複雜。幫辦地方防務的專家，已經留有詳細的文字，解釋如何動員團練來保衛地方，並且徵召農民、編入軍隊。雖然這樣創建農民士兵的敘述，不是來自於《周禮》，但是確實和太平天國將農村社會軍事組織化，有若干相似之處。不過，團練和太平軍的動機截然不同。太平軍將作戰單位編成集體生活組織，抹去所有特殊的關係，成員一概平等；而仕紳領導的團練則從個人對於鄉里、財產與家庭的連結裡，去汲取力量。儒家的經世學派在十七世紀時，便已贊成由鄉紳組織團練，他們相信地方團勇在作戰之時，精神與士氣要更勝於常規駐軍或是祕密會社，因為這些人是為了保衛個人財產而戰。[1]

經世學家認為，授權讓地方仕紳辦理防務，並沒有什麼滯礙之處。可是此議受到朝廷的阻撓；朝廷對授權組織民兵武力，一向猶豫不決，認為如此將使地方團練成為地主的私人武裝，廣西本地人所組的團練就是一個例子。那些對於組織團練有興趣的人，通常都是低階仕紳，有時甚至與祕密會社或盜匪暗中往來。同樣這個社會階層裡面，就出了個洪秀全；這些團練的領導人看來也不像出身高層仕紳者那樣負責。然而高層仕紳雖然操守可靠，在政治上的威脅卻更加嚴重。如果清朝無視其官員本籍迴避的規定，令在籍的士大夫官員幫辦民兵，那麼這些高層仕紳就有可能把他們的團練轉變為地方軍事體制的重要成分。滿人們對於一六七三年爆發的三藩之亂記憶猶存，他們認為這樣會鼓勵地方脫離中央掌握，或甚至在這些素有威望的漢人官員裡，產生新王朝的領袖，要和朝廷逐鹿天下。

承平時期，這類風險不可謂不大。但現在是非常之時，而且太平天國叛亂，其目的如此非比尋常，以致於讓朝廷相信，必須要依靠上層仕紳的效忠才能平定亂事。太平天國並不是為了恢復宋朝、明朝的江山而戰；他們進行的，是一場推翻舊有制度、建立新社會的聖戰，不但反對儒家秩序，在一八五〇年代時，他們也反對仕紳。這場鬥爭的雙方，因此不是在競逐同一個帝王寶座：一邊是致力於摧毀儒家文化的社會革命運動，在另一邊則是誓言捍衛傳統的王朝。朝廷確信此時上層仕紳的擁戴穩靠無虞，便於一八五二年十二月時，任命首批四十三位在籍丁憂的高級官員為團練幫辦大臣。[2]

朝廷任命這些官員「幫辦團練」，是對事實上已經發展一段時間的地方軍事化的承認，同時也向組織地方的武力來對抗叛亂，跨出重要的一步。對地方軍事化的承認，與組織地方武力平亂這兩個過程相互重疊，但是它們並不是同一回事。例如地方軍事化，實際上是為低層仕紳創造機會，使他們能夠涉足地方政治，到了一九二〇年代時，農村已經完全落入這批不受節制的地主階級之手。另外一方面，地方軍隊則演變成後來的軍閥割據，在辛亥革命之後，使得國家統一的局面蕩然無存。這兩項極具有重要意義的發展，值得我們在此處，以及在後面的章節之中詳加討論、分析。

地方軍事化與仕紳的地方經營

為了平定太平天國亂事而組織團練，給了地方仕紳在司法和財政上的新權力。團練的領導人有便宜行事，立即懲處叛黨之權，通常自行審訊俘虜，並且立刻行刑。他們行軍打仗需要糧餉，因此按照自身需求，到處設立關卡、稅局以收取釐金。在亂事平定、戰爭結束以後，這些原屬地方官員的行政職能，便拒絕仕紳再行插手。但是現在政府力量過於虛弱，難以復原，對於這些在地方上舉足輕重的顯要人物來說，很難遽然放棄篡奪權力的習慣。況且，組織團練使得上、下層仕紳有機會消弭分歧，他們的利益現在綁在一起，並且將一個世紀前，雍正皇帝在兩者之間設下的有效政治藩籬完全拆除。這個新聯盟牢不可破，因為上層仕紳如今需要仰賴士民，為他們恢復秩序，打理地方行政中的諸多事務，諸如公共工程、稅局和關卡管理、賑濟災荒、租稅徵收，以及軍需倉儲和調度等。

隨著他們非正式的權力逐步在地方政府中被納入體制，仕紳私人的經濟活動也和公家部門的職掌結合在一起。例如在江蘇，富有的地主把收稅的任務委交「租棧」辦理，租棧通常由低階仕紳充任管理之責，他們與衙門胥吏、未當差的捕快密切合作，逮捕抗租的佃農。上層仕紳交辦這些業務之後，就可以離開原來家鄉，遷居到城市裡，靠收取租金過活。另外一方面，這些低階仕紳經理人在地方上則接管愈來愈多的行政職能，他們靠收取農田「蝗蟲費」自肥——在一八七〇年代的華南地區，每畝耕地最高可以收取二點七兩的銀子。

在太平天國動亂的年代裡，這個地方事務的經理階級規模顯著成長，這是因為清廷決定開放上萬個朝廷功名捐資認購。正式與非正式仕紳的分布，因此有了改變，即使是在上層仕紳當中，分布數字也幾乎趨於一致：

太平天國之亂前

正式上層仕紳：八萬名／六六％

非正式上層仕紳：四萬名／三四％

太平天國之亂後

正式上層仕紳：十萬名／五〇％

非正式上層仕紳：十萬名／五〇％

仕紳階層當中，具有功名者的數目急速膨脹，去除了若干原本存在上、下層仕紳之間的文化分別，並且對農村經濟造成沉重的負擔。十九世紀以前，平均每個縣約有一千名仕紳成員，當中約有四百人涉入地方行政事務或是豁免租稅，每年全國各地繳交的各項規費，總計將近八千萬兩銀子，這個數額遠遠超過對他們提供的服務的酬謝。雍正皇帝之前所憂心恐懼的，現在已經成為事實了。廣大農村由原來官府的掌握和治理，逐步落到這批士民的手中，他們剝削、吸吮農民的膏血，侵吞國家的賦稅。而讓整個局面變得更糟的，是這批低階仕紳往往透過複雜的門路，由團練組織或是租稅包攬關係，結識上層仕紳，並投在其羽翼保護之下，從而不受中央朝廷與地方督撫的控制。

例如在蘇州一地，具有關鍵影響力的政治人物是馮桂芬，這位前任翰林院編修，門下有大批靠其保護的低階仕紳收稅人——在這些人當中，還有若干曾替太平天國包攬稅收。馮桂芬於一八五三年時，在蘇州推動辦理團練事務，稍後則擔任江蘇巡撫李鴻章的重要幕僚。馮同時還為仕紳插手地方行政事務，提供意識型態方面的合理化基礎。馮桂芬重新提起顧炎武這位經世大儒的學說，認為地方仕紳在各縣事務中的非正式角色，除了在籍迴避制度以外，都應該受到官方的正式認可。馮相信，國朝難以抵擋西方帝國主義的入侵的原因，是因為朝廷無法動員民眾。而這又是因為地方行政事務，都掌握在衙役、縣丞之手，他們和地方經濟利益發展、社會福利事業，以及政治效率等等事項，殊少關聯。但是如果由本縣居民（特別是仕紳階層）自行扛起上述這些事務的責任，那麼他們對鄉里關懷之情，以及投入的熱誠，將大幅改善地方政府的素質，並且嘉惠整個國家。

馮桂芬在他身後，於一八八五年時付梓的作品，極為深刻地影響了世紀之交的變法維新人士，他認為西方的船堅炮利，源自於其立憲政治。西方的代議民主政治理論，揉合了儒家經世思想，被翻譯成為仕紳管理家鄉事務的理論基礎。這個目標在政治上，以立憲運動中的「地方自治」作為其表達方式，意在由下而上，從基礎建立一個統一的國家。地方自治運動也聯合了城市中的仕紳，和以商會成員為代表、新近崛起的資產階級。這兩種階層的人物，構成了各省主張變法的菁英分子，加速了辛亥革命的爆發。然而，到那個時候，在太平天國動亂期間開始各項地方事務的鄉村收稅人，早已地位穩固，不再需要都市中的恩庇者。隨著都市和地方市場以及內陸農村日漸疏離，鄉村中的地主和低層仕紳徹底壟斷了徵稅以及租賃，以致中央政府根本無法直接向農民徵稅。實際上，到了一九三〇年代，民國的地方縣政府被迫容忍更為極端的包稅形式，這是因為所有當前的土地登記狀況，都掌握在這些鄉村經理人的後代手裡。

這種從太平天國變亂時期的地方團練幫辦領袖、官員，逐步變質為「土豪劣紳」的持續發展過程，在二十世紀時，用以下三種方式撕裂原有的社會組織架構。首先，各省的菁英和國家之間的連結斷裂了，導致上層仕紳由中央政府轉向，改與商人和軍閥結盟。[3]其次，地方官員和世家豪族之間的權力平衡，徹底傾斜到後者這邊，地方治理因此落入那些不負政治責任的地主手中。最後，稅賦和地租變得混淆不清，以致於農民將現存的政治秩序，看作是為小地主與放貸業者撐腰的經濟專制暴政。隨著維護公共福祉逐漸與保護私人財產混為一談，曾經緩和佃農、地主間階級敵意的感情，也被地主的私人武裝所取代了；在兩造的衝突裡，這些被委婉稱作「民團」的武裝是一邊，激進的農民協會則站在另外一邊。後者在之後由中國共產黨所領導，終於發起一場人類史上規模最為空前的社會革命。

地方武力的組建

起於太平天國動亂期間的第二個過程是地方軍隊的組建，這個過程有時以不同於前者的形式，摧毀了傳統的社會與政治秩序。正如為團練打點後勤事務的低階仕紳，被認為是一九三〇年代土豪劣紳的前身，團練的幫辦大臣也成為二十世紀中國軍閥的先驅。當然，如果把像曾國藩（一八一一至一八七二年）這樣出將入相的儒家士大夫，看成是孫傳芳（一八八四至一九三五年）這類肆行暴虐的現代軍閥先祖，似乎十分荒謬。如果將他們兩位放在一起比一比：曾恂恂儒雅，一襲長袍；孫粗野不文、皮馬靴配上卡其軍服——根本難以找到任何相關之處。可是，正是曾國藩開啟了地方擁兵的過程，在幾經曲折之後，這個過程導致了一股軍事力量，最終推翻清朝，也啟發了毛澤東，讓他宣稱「槍桿子裡出政權」。

很明顯的，當咸豐皇帝於一八五二年底任命這批官員為幫辦團練大臣時，並沒能預見後來所產生的後果。然而他的這個決定，終究打破了官員體系中舊有的滿、漢平衡，[4]由此允許在地方高級官員之間，以個人忠誠為主的相互結盟，取代了中央的直線管控；而原來康熙皇帝所設下的，由地方民政、軍事、財政權力相互制衡的制度遭到破壞，地方總督大權獨攬。在當時皇上的身邊近臣，沒有任何一位能預見這些發展，這是由於團練大臣之所以獲選，當初並不是意圖要以地方武力取代各省的正規駐軍；相反的，他們被期待能夠在上、下層仕紳的特別結盟裡，動員這批仕紳領導的團練，並且協調他們團結一致，對付叛黨。

但是，因丁憂而返回湖南家鄉的原任禮部侍郎曾國藩，對於團練大臣的角色，有非常不同的認識。曾把晚明名將戚繼光當作榜樣，他隨即對朝廷表明，無意將訓練完成的團練，作為朝廷現存正規部隊的補充隊。更準確一點來說，他想要招募、組訓一支規模更大的團勇武力，可以在需要時，部署在家鄉之外的地方作戰。這支後來被稱為「湘軍」的武力，是透過華中地區握有非正式權力仕紳們的「同年」之誼建立起來的。曾國藩向來被尊崇為儒家道德楷模，他堅信中國的士大夫必須起來捍衛文化，對抗太平天國毀壞聖教的行為。比起當時其他的大臣，曾更認識到，太平天國運動對現有秩序帶來危險，新的革命性破壞：他們攻擊社會基礎（家庭與財產），並且以外國的基督之說，來取代聖人經典。自幼束髮受聖人之教的菁英們，職責所在，必須捍衛並重振儒家文明教化於天下。否則，曾國藩宣稱，人倫教化將掃滅以盡，世界又會復歸於太初黑暗之中。

依照曾的看法，這支意在摧毀太平天國叛黨的武力，是按照和其敵人針鋒相對的信條、原則，自覺地組建起來的。這將必須根基於相同的儒家信條，曾極為強調並信守這些信條，認為在其他部隊都土崩瓦解之際，必須靠它們來堅持到底，度過難關。而如果太平軍的基本幹部是兩司馬，那麼曾國藩的湘軍則是由忠義的儒生來統領，這些稍後將久歷戰陣的幹部，原來也是受儒學經典教育的學者。假如太平天國的部隊是共財的，是反對家庭，是理論上反對個人特色的，那麼曾的部隊就會強調相應的儒家道德——敦親睦鄰、順從家庭，並且效忠於個別統帥。

曾國藩以五百人編為一營，營內又分為各哨，由招募士兵的哨官親自統領。一名營官下轄四位哨官，而一位統領底下最多編有二十個營。最後，每位統領都由「大帥」（即曾國藩本人）親自選任，曾對於軍中各級幹部的效忠非常堅持。如果任一層級的指揮官遭到解職，他轄下的部隊也隨之解散。就如同曾的文稿幕僚解釋道：「其將死，其軍散，其將存，其軍完。」

基層士兵全部為農民出身。各級軍官不許招募都市浮華之徒，而特別鼓勵在湘西丘陵山區各縣中，挑選體格健壯的農民從軍；這個地區同樣也是太平軍獲得大量兵源的所在。比一般部隊還長的訓練期，確保兵將之間互相熟悉。軍紀極為嚴格。不服命令者，最輕者也處以鞭笞之刑；姦淫婦女者立斬。通過訓練的士兵，薪餉頗高：每個月的四兩半俸祿，幾乎是朝廷正規軍月俸的兩倍。月俸的三分之一，由士兵所屬單位的統帶官直接送回勇丁的家裡。[5]

隨著湘軍的規模成長到十二萬人之眾，官佐的任命以及增長的軍需費用，都交由一個運作複雜的私人官僚系統來打理。曾國藩的這套系統，係調整自傳統的幕府（即地方大員的私人祕書、幕僚單位）而來。幕府原來是軍事作戰的參謀幕僚單位。在明朝降低衙役的數額之後，包括縣官的各級官員便自行聘僱幕友，為之處理文稿事宜。官員和他的幕友之間以儒家禮儀相待，官員作為僱主，即以地位尊崇的幕友方式，對有名望、才氣的文人虛席以待。的確，有清一代的傑出官員，幾乎都延攬當時最有才氣的學者到幕中為其效力。就像將領有時候會將戰場上的勝利，歸功於他挑選出優秀的參謀人員的技巧，清朝的官員也頗自豪於他們鑑別人才的能力。曾國藩在這方面特別自信，而他也有自信的理由。到一八五六年時，他已經攏聚了大批質、量都驚人的學者和軍官在其帳下，為他建立起軍事組織架構。

要酬賞幕友，曾國藩可以推薦他們出任官職；但是要支付軍隊的薪餉，他只能靠現銀。在剛開始時，當時太平軍仍舊威脅湖南，地方仕紳自願捐輸來支持曾國藩的湘勇。曾也獲得朝廷同意，以捐官和販售功名所得來籌措糧餉。然而，當太平軍勢力不再成為地方上的立即威脅以後，這些來源很快便告枯竭。仕紳因為團練大臣持續的要糧要餉，財力耗盡；而地主們則因為各種苛捐雜稅不斷壓迫，幾乎要釀成事變（事實上，寧波和廣州都已經出事）。幸運的是，就在此時，一位揚州的官員設計出一套新的財政措施。此即為「釐金」，就是在市鎮之間運輸貨物時所收取的商業稅。[6]受釐金影響最大的是商人，而不是農民或者仕紳：在各個主要商業路線上設置關卡，很容易就能徵集釐金。在一開始時，湘軍的將領各自徵收釐金。稍後，曾的幕友將釐金徵收統歸辦理，並且在江西設立釐金總局專責其事。

即使多了釐金這項財源，曾國藩並未就此得以財政獨立，脫離朝廷的補助。他的軍事支出仍舊高過這些私籌款項，而他也持續尋求朝廷批准，獲取地方的常規稅收。事實上，朝廷對曾國藩一再奏陳需要更多時間與款項，以利在湖南建立軍事機構，已經愈發感到不耐。曾和許多名將一樣，強調建立安全無虞的軍事基地，是至為緊要的事。為了擊敗太平軍，首先必須穩定他的後方，也就是先行恢復湖南農村的社會秩序。這代表需要設立救濟署和糧倉來照顧農民的需求，以及恢復原來由仕紳掌控的機構。曾國藩相信，只要農民脫離賊人控制，返回人倫教化的社會，並且受教於儒家義理——亂事就必能成功平定。

平定太平天國

北京能夠了解農村社會穩定的重要，但是此刻的軍情看來更加緊急了。在太平軍於一八五三年三月拿下南京後，清軍在向榮和琦善統率下，分別由長江南北岸包夾叛軍。太平軍的勢力因此沿著長江中、下游移動，於同年底再度奪回武漢與湖南省北部。正當太平軍一路進展時，皇上幾次下詔，催促曾國藩出兵反擊，但是曾都推拒了，直到他鞏固了湘西後方基地，並且建立起一支水師，方才同意出擊。接著於一八五四年晚春，他開始將敵人逐出湖南省境。七月時，這支忠義之師在岳州水戰中，擊毀太平軍半數以上的戰船，三個月以後光復武漢。到了十二月，湘省境內已無敵蹤，而長江中游的門戶已經被湘軍團勇打通。如果他們能一路循著長江沿岸進軍，並且拿下重鎮九江，那麼曾的水師就能進入安徽，逼近南京。

但是太平天國以重兵死守九江，並且一俟覓得戰機，就果斷發動反攻。為了挽救湘軍水師於敗局，避免遭到全軍覆沒的噩運，曾國藩被迫撤入鄱陽湖中，湘軍被困在該地將近兩年；而這段時間裡，太平軍擊破清軍的江北、江南大營，解除天京之圍，並且再度向湖北進兵。在曾看來，在一片軍事黯淡失敗之中，唯一透露出些許光明希望的事情，是朝廷終於願意任命他的門生胡林翼為湖北巡撫。接下來兩年，有更多湖北稅款轉到曾國藩這裡來，為他重建、擴張湘軍提供財源。

一八五八年春，朝廷下令各軍發起第二次攻勢。清軍在天京城外再度形成包圍之勢，湘軍也攻破太平天國的防線，拿下九江。但是叛軍又一次攻破清軍設於南京城外的江北大營，並且痛殲安徽省境內的湘軍部隊，該部統帥、曾國藩的六弟曾國華，便陣亡於該役。然而這一次，曾國藩設法扼住長江中游水路，逼使太平軍將領們謀劃，在一八六〇年協力反攻，奪回安慶。雖然太平軍的反攻並未達成主要目標，但是他們的將領李秀成，則確實拿下江蘇省東部幾座大城。

因為太平天國在一八五九到六〇年之間取得的勝利，清廷被迫授與曾國藩更多的權威，他最後被任命為兩江總督，節制江蘇、江西和安徽三省。在這個位置上，他得以全權徵調長江流域的全部稅賦，並且派任其門生、幕友擔任江南各省巡撫。事實上，曾於此時已經令他的幕友創組新軍，輔助湘軍作戰；這批新軍都以湘軍為模範組成，配備最新式的現代武器。新軍當中最重要的兩支，分別在浙江和安徽，由左宗棠與李鴻章（曾的門生）率領。所以，不到十年的時間裡，曾國藩已經在他帳下建立起全新規模的軍事機構，用來取代華中地區原有的綠營武力，而他現在也準備對太平天國的天京發起最後總攻。在一八六二年，他下令左宗棠和李鴻章率兵參戰，分別由西北和南邊向南京逼近；同時，湘軍則在曾的九弟曾國荃的率領下，沿江而下，正面進攻。

太平軍的主將李秀成意識到，他唯一的希望是將曾國荃部的主力擋在安慶。但是天王洪秀全對於清軍殺來的各路兵馬大為驚恐，因此迭命李秀成回防天京。隨著鉗形攻勢日漸加緊，李鴻章攻下蘇州、左宗棠占領杭州，而曾國荃部則直逼南京城下。到一八六四年夏季，太平天國明顯已經日暮窮途、危在旦夕。六月初一，洪秀全病死，其子洪天貴福在天京將傾時，繼位為天王。一八六四年七月十九日，曾國荃的部隊大舉進攻，縱火焚城。湘軍入城後，對太平天國軍民一概格殺，死者達十萬之眾。

捻亂

不是所有的太平軍都隨著南京城陷落而殉難。有許多支軍隊向南發展，在福建、廣東邊界一帶，又和朝廷軍隊作戰數年。其他人馬則往北流竄，加入在淮河一帶起兵的捻軍部隊。

捻匪的大股人馬並沒有如太平天國運動，形成條理清楚的意識型態。他們的成員包括白蓮教信徒、私鹽販子及結夥的匪徒，這群人在一八六〇年後暫時組成聯盟，對抗由僧格林沁率領的朝廷官軍。太平天國餘黨的加入，並未改變捻亂的本質，但的確增強了他們的軍事實力，因此能在一八六五年於山東省西部擊敗官軍，殺死僧格林沁。捻軍的這場勝利，使皇帝大為震驚。朝廷本來已經計畫，在攻下南京之後，就將曾國藩的團練人馬全部解散。至此，曾的湘軍看來是帝國目前少數有辦法消滅捻匪的武力。

曾國藩著手對付捻亂的辦法，很多都是師其平定湖南時的故智。任何時候，只要時機許可，仕紳都被鼓勵回到鄉村去重建社會秩序。曾的軍隊所到之處，重新改組、建立保甲連坐制度，並且扶植村長與耆老的權威。救濟署和保甲聯防的民團也被組織起來。在這些措施當中，尤其重要的一項努力，是將各個村莊全部孤立起來，阻斷捻軍與農民支持者之間的連繫。[7]這項「劃河圈地」的做法，是一種焦土政策，以溝渠和堤壩限制區域內捻軍騎兵的機動性、補給線也因此受到截斷。但是捻軍各股人數眾多，難以輕易圍堵，往往在各個曾軍宿營之處突襲侵擾。而且，曾還發現：長時間離開江南一帶，對於他個人籌措糧餉、挹注湘軍的能力頗有損害。有些釐金局業已脫離其幕友的掌控。其他各省（湖南、江蘇、安徽）地方部隊的將領，則截走稅金，轉到各自的金庫去。湘軍原來所依恃的資源正大幅減弱衰退，因此曾國藩對於一八六七年時，在捻亂尚未平定之下，就將他從淮河一帶調職的命令，大表歡迎。接替他位置的是李鴻章——李受曾國藩提攜統兵作戰，也正是李鴻章，將晚清地方軍事化的趨勢，朝著二十世紀軍閥割據的局面又向前邁進一大步。

李鴻章與淮軍

李鴻章是安徽官聲頗佳的學者李文安之子，其父又為曾國藩的進士「同年」。在李鴻章考中舉人以後，其父將他送往北京，拜在曾國藩的門下學習，曾對於這位門生愛徒後來考中進士，任職翰林院倍加喜慰。當太平天國之亂爆發，李回到家鄉，和父親一起辦理團練，之後又入安徽巡撫福濟的帳下擔任幕僚。不久後，他改到曾國藩幕府中起草文書。

雖然他與曾的個人關係頗為密切，但是李鴻章顯然無法適應幕僚一職。他的個性難受拘束又好發議論，在他幾次條陳建議不受重視之後，很快就負氣辭職而去，以示抗議。曾屢次邀約，又把他找回來，但是李真正想要的，是獨當一面決策的機會，而非僅委身提供建議的幕僚。他的機會在一八六一年時到來了：當時江蘇的太平軍李秀成部，對上海這個條約通商口岸產生威脅。曾國藩回應江蘇方面派出援軍的請求，並運用他個人的影響力，讓李鴻章當上江蘇巡撫，這個職位後來使李得以一手組織起他的淮軍。

淮軍由七萬名私人招募、訓練精良、薪餉充裕的團勇組成。這支部隊如同湘軍，也由私人幕府來打點各項事務。而真正使這支軍隊特殊的，是其財政來源。我們稍後將會看到，李鴻章籌措資金的方法，較曾國藩的釐金稅收更進一步，並且從上海的外國貿易中，發展出新的稅收來源。

上海與海關關稅

在《南京條約》簽訂之後，上海已經成為中國的重要口岸。廣州的買辦、福建的船商和寧波的錢莊都在這個城市開闢分號，並且很快就此地的西方商人發展出共同的商業利益。在一八五三年九月，小刀會攻占上海縣城，[8]並且使國際貿易為之中斷後，上海的中西商界開始攜手合作防守城池。當江南仕紳為了躲避太平天國運動，紛紛逃往各個條約通商口岸，接著又趨向上海附近的城市時，一種新的社會結盟在一八五〇年代於焉出現。因為商業界人士要保護他們的通商集散口岸，而仕紳想要光復他們江南的家園，雙方於是同意聘請傭兵來對太平軍作戰。商人們因此集資贊助一位名叫華爾（Frederick Townsend Ward）的美國冒險家，由他來招募一支稱為「常勝軍」的私人外籍僱傭武力。雖然這支軍隊名為常勝，而且上海新聞界對他們的表現也常做出誇大報導，但是他們既不常勝、也沒有對清朝的戰事起到什麼重要的作用。這支傭兵後來在其指揮官「中國戈登」少校（Major Charles George "China" Gordon）的帶領下，[9]倒是在李鴻章的歷次戰役中，扮演了一部分角色；不過常勝軍的重要之處，主要在於它象徵了中、西雙方政府間有新的意願，願意彼此合作，共同對抗叛軍。一直到一八六〇年春季，西方列強在中國的內戰中，都採取中立的立場。但是在太平軍李秀成所部直驅上海之時，英、法兩國的領事表明，倘若情勢所需，兩國將派兵對叛軍作戰。列強在一八六〇年十月，於《天津條約》簽訂之後，更加明顯的偏向支持清廷。英國特別相信，這個已經在《天津條約》中已經出讓這麼多利權給他們的現有王朝，與他們的利益息息相關。甚至，他們還擔心一個持續陷入分裂的中國，將「在這些海域中，產生出新的近東問題」，[10]這就是說，如此同樣會引來俄國的介入，並且導致類似鄂圖曼土耳其帝國崩潰時，為了瓜分利益而爆發的克里米亞戰爭（Crimean War）。到了一八六一年十二月，當太平軍攻下通商口岸寧波，並且縱兵劫掠時，英國外交官堅決地站在清廷這一邊，在隔年春季，他們就公開宣稱對清政府的擁護和支持。

清廷與西方列強的正式外交合作，具體實現在帝國海關稅務司這個組織上；這源起於一八五三、一八五四年，外國駐滬領事的暫時協議，由他們代表中國政府管理、收取關稅。當新機構最終建立起來以後，海關稅務司成了由外國官員組成，為中國政府管理海關的專業團體。在操守清廉的英人赫德爵士（Sir Robert Hart）管理之下，海關稅收逐漸成為中國政府財源主要收入。海關稅收帳目清楚可稽，避免了朝廷大部分進項當中遭到侵占、挪用的情形。然而，當李鴻章於一八六一年抵達上海時，事情卻並非如此。當時上海的稅收仍然被轉到蘇松太道吳煦的手裡，吳煦理應將這筆款項用於支付江南的軍費。而實際上，吳煦和他的同僚卻在收到關稅稅款後，截留了超過總額百分之二十的稅金，中飽私囊。

李鴻章很快便了解：這筆稅收可以讓他的淮軍在財政上完全獨立自主。他表面上與吳煦交好，謹慎小心地在上海各衙門中的低層位置，都擺上他的人馬，並且在幕府組織了一套班底，可以立即接掌道台衙門的財政業務。李一直等到確定完全能夠成功接管方才出手，他以軍事作戰的名義，參劾吳煦貪墨和挪用上海關稅款項。

乍看之下，上海關稅和內地釐金並沒有什麼不同，兩者都是貨物過境時所收取的費用。但是由短期效應來看，這兩者之間有著很明顯而重要的區分。釐金是在廣大地區中所徵收的一連串小額稅款。因此，曾國藩為了避免徵稅者截留釐金，必須在該地保持行政控制。而要是如曾這樣，被調離這個區域的巡撫、或者總督職務，就鞭長莫及，很難在遠距離外繼續獲取這筆稅收。不過上海關稅與釐金完全不同，它是在單一關卡所收取的大筆數目總額。李鴻章只要在負責徵收上海關稅的位置，安插一、二位他最信任的親信下屬，就能夠確保在他調離上海後，還可以在一段時間當中，持續獲得這一筆收入。

然而就長期來說，他的財政要能保持穩定，仍然端賴於北京的支持。這是因為，在釐金與關稅之間，還有一種主要的差異，隨著時間推移而愈趨明顯。釐金的徵收缺乏效率，因為在收取過程中，有太多機會供稅收官員作手腳，截留釐金。但是更精確而言，這是因為釐金的徵收，不但難以在省級政府的管理下統一管理，也違背了北京的徵收權。即使清廷在稍後將釐金收歸國有，各省仍然自行徵收，而不將實收款項向戶部上報。不過，就算這對於清廷來說，代表一筆總額巨大的稅收損失，對於各省的地方政府來說，釐金卻不是數額特別高的收入。在清朝末年，釐金對層級較低的軍事統治者提供了財政獨立的一種途徑，但這不能保證他們能獲得足夠的經濟支持，用以建立強大的軍事力量。

相反的，上海關稅的收入相當龐大，讓李鴻章手中所掌握的，遠超過僅身為一省巡撫的財力。可是，關稅不能對北京隱瞞，因為它終歸由洋員組成的海關稅務司所徵收。因此，儘管李鴻章早先時候扣下這筆款項，他還是必須向朝廷請准，好繼續動用關稅收入。在與太平天國作戰時，挪用該筆款項顯得頗為合理。而在打下南京之後，平定捻亂就成了繼續動用關稅的藉口。但是李只能藉著爭論說，他的軍事支出要比其他官員的用途來得重要，才能取得特權，動支這筆外國貿易的款項。

他取得動用關稅特權的理由非常簡單。這筆款項不只用來支付淮軍的薪餉，還用在興辦全國「自強運動」的事業上面。李鴻章的軍隊靠著仿效西洋軍事技術，以及配備現代武器，增強了對付內部叛亂和外國侵略的力量。在他的領導下，以中國的進行現代化事業為由，使得地方督撫動用原本國有的稅收具有正當性；而當然，他使用這些錢，所創辦的私人機器局、冶礦廠、工廠、鐵路、軍隊、招商公司，後來都與中央政府競逐利益。因此，當原本省級的行政官吏，逐步成為軍事大員，部分是由於釐金所導致的時候，像李鴻章這樣的地方督撫，實際上已經在很大程度上改變了行政系統的本質。由於自強運動的領導人們依靠中央政府的批准使用國家收入來推行計畫，他們並沒有直接挑戰北京的統治權威。但是，隨著他們創設的複雜軍事、工業機構，在大部分層面上替代了國家政府的職能，傳統官僚體系便趨於瓦解，而由新的幹部接掌權力，這些幹部由職業軍人以及技術專家所組成。然後，自強運動既是立即為李鴻章提供使用公庫的合理藉口，隨著它創造了一種新的軍事、經濟權力來源，同時也是未來革命性變化的前驅。

這個由李鴻章率先發起的自強運動，受到外國外交人士的祝福，因為他們相信：一個強大而統一的中國最能符合列強集體的利益。在英國，懷特霍爾宮裡現在由溫和派當道，卡靈頓爵士（Lord Clarendon）出任外相。而在中國，美國公使蒲安臣（Anson Burlingame）和英國大使阿禮國（Rutherford Alcock）都屬友華派人士，他們請求依照國際法原則，平等對待清朝政府。換句話說，在一八六二到一八六九這幾年裡，中國自發的和西方列強合作，而西方對華同情者則熱烈地試圖說服清廷：中國需要推行制度、教育的改革，以邁向現代化。自從英法聯軍之役後，北京的政治氣候已經有了很大的變化，西方人的建議被朝中理性之士所採納、接受，他們也願意鼓勵自強運動的推展與施行。

北京的政治權力平衡

京師裡人心意向的轉變，有部分固然是受一八六〇年慘敗的教訓影響，另外也是因為朝廷換人執政的緣故。咸豐皇帝已於一八六一年八月二十二日，於熱河行宮駕崩。皇上在世時最後的日子裡，實際上已經受到一群滿洲宗室權貴的挾持；這八位滿洲御前軍機大臣當中，以宗室肅順為首。肅順雖然也支持曾國藩和李鴻章，但是他主張以強硬政策來對付西方。而且，他最為人所熟知的，恐怕就是他於一八五九年一手主導的嚴酷貨幣改革。[11] 肅順和十七世紀時輔政的鰲拜有幾分類似，他也主張由滿族議政王大臣會議來決定軍國大事，並且對皇上身邊的漢人臣子，都抱持不信任的態度。咸豐駕崩時並沒有發生繼承人問題，那是因為皇帝只生有一子，即懿貴妃皇后年方五歲的幼兒。但是，這一次問題出在攝政大臣的身上。皇帝臨終之際，遺詔命八位滿洲宗室大臣輔政，但是又規定，舉凡詔令必須由兩位皇后（未來的兩宮太后，即懿貴妃和另外一位慈安）同意，方能發出。對於八位顧命攝政大臣來說，懿貴妃無疑是他們要掌握大權時，最麻煩的阻礙。懿貴妃皇后後來以「慈禧」這個名號聞名，出身葉赫那拉氏，[12]她得到大內總管太監安德海的支持，據說還與北京神機營統領大臣榮祿發生私情。[13]皇帝留在北京與洋人談判的恭親王，是慈禧的小叔，也和她關係密切。恭王此時和北京高層們已經結成政治聯盟，著名的漢人大臣們也對他抱以厚望。

就在大行皇帝（咸豐）的靈柩要運返北京之時，八位顧命大臣與兩宮太后之間互相猜疑，關係愈來愈緊張。肅順由於是首席輔政大臣，因此被安排沿路護送靈柩回京。慈禧太后因此得以早一日回北京，並且在榮祿人馬的護衛下，立刻就集結了反對肅順的勢力，組成同盟。十一月初一當晚，就在護送先帝靈柩的隊伍在京師近郊宿營之時，肅順見到突然出現在帳篷中的醇郡王奕譞，[14]大吃一驚；奕譞正是受命率領侍衛前來，要逮捕肅順。其他幾位輔政大臣也被拿下，並且被控以陰謀篡位。他們當中有幾位賜自盡，然而肅順則被刻意羞辱，處以重刑，在北京街頭當眾處斬。

慈禧成功奪權，顯示出清朝比起鰲拜輔政時，漢化的程度要更為深刻。漢、唐之時的太后臨朝稱制，後來都發生問題，唯獨清朝，在慈禧之前從未有過。現在，這位太后運籌帷幄，擊敗了一項合謀恢復親貴議政的圖謀。當然，慈禧並不是自行其是。在一八六一年的政變之後，最高決策圈由她本人，另一位太后慈安以及恭王組成。小皇帝端坐在御座之上，但是在垂著簾子的後殿裡，這兩位女子「同治」天下——這就是同治朝年號的由來。在兩宮太后間連絡外廷的則是議政王大臣、恭親王奕訢，他和大學士文祥、沈桂芬等人密切合作，支持曾國藩與李鴻章的自強運動計畫。

自強運動

馮桂芬這位倡導仕紳自治的重要人物，同時也是自強運動的代言人。他最先看出傳統「撫夷派」政策將招致失敗，認為西方諸國決非從前那些可輕易分化的部族可比，相反的，他們船堅炮利而且立場強硬，而如果中國不儘速增強國力，將被他們所滅亡。中國積弱不振，並不是因為缺乏人才，或道德淪喪。這個國家無法保衛自己，是由於拒絕在制度上做改變。教育制度尤其為是首要改革的對象。官員們必須去了解西方國情、向西方學習。如「同文館」這類的現代學堂，[15]應該廣為開設，培養出懂洋務、洋文的翻譯與專家，而科舉制度也應該改革，使之跟上時代。

上面這些建議，李鴻章不但同意，還加上他自己側重在軍事現代化方面的看法。儘管在一八六〇年代中國與西方進行合作，但是李始終擔心，洋人將向強權低頭，而背棄國際法的平等原則。中方迫切需要訓練出新的軍官，來操作現代武器，並且以新練成的小型機動部隊，取代原來編制龐大笨重的各省駐軍。北海、黃海，以及長江一帶的海防必須增強。必須自建軍械製造所，如此才不會在軍火槍械和戰艦上依賴、受制於洋人。

李和他的恩師曾國藩在對抗太平軍之時，已經開設若干軍械所，並以其產品配備麾下軍隊。一八六五年，在平定太平天國之後，他們撥用兩成上海關稅收入作為經費，在鄰近上海之處設立江南製造局。製造局成長至三十二棟廠房的規模，每日能夠出產一千磅的火藥，後來還為水師打造了八艘戰艦。一八六六年，受到曾國藩提攜的另一位後進左宗棠，在福州開設製造局，但是隔年該廠的經營權，即落入李鴻章的幕友沈葆楨之手。因此，這些地方督撫倡議興辦自強運動事業，而實際上他們壟斷了這些中央政府非常想要得到、維護的事業。北京一定老早就預見到這些地方督撫權兼文、武的危險性，確信他們會給王朝帶來損害。那為什麼朝廷還要讓他們繼續發展下去呢？

在起先，由於軍情緊急的緣故，朝廷別無選擇。自強運動事業的開展，要早於南京的收復。接著，如同我們已經在前面看到了，在一八六七到一八六八年間，李鴻章和左宗棠必須在華北對付捻亂。李鴻章的部隊掘出一條長達百餘英里的壕溝，縱切山東半島，將部分捻匪侷限在這個區域裡面，他因此在一八六七年時獲得重大勝利，但是其他捻軍則由魯西突然襲擊直隸省。在隔年的夏末，李、左所部合力，終於將敵人擊潰。左宗棠在接下來的五年當中，還在陝西、甘肅等地對付回民起事，而李鴻章的平亂歲月則到此就告一段落。捻亂平定後不久，北京就開始施壓，要解散淮軍。如果不是中國的對外關係突然急遽轉劣，李鴻章之淮軍，以及為淮軍提供後勤支援的江南製造局，很可能就此解散結束。

對外關係

西方商人因為難以在中國開拓市場、銷售貨物，而導致日趨強烈的不滿，破壞了在一八六二年到一八六九年之間，這段中國與西方合作的歲月。經濟學家堅持認為，中國的消費水準還沒有高到能讓這些商人「四億消費者」之夢成真，但是有關中國市場的迷思，的確很難釐清。在市場沒有如想像中開展時，西方商人就譴責中國官方，把它當成是宣洩他們不滿的代罪羔羊——這就是列強於一八三九年到一八五六年間，在中國所作的事情。現在，他們則相信：新的釐金稅阻礙了貿易，並且要求清廷將所有通商口岸的貨物所徵稅項，一律豁免。在通商口岸的商人也提出新的要求，因為他們已經在中國見到非常不同於已往的經濟可能性。上海的蓬勃發展，特別讓西方的紡織業者見識到，使用中國的廉價勞力、低價與外國進口貨競爭，將會帶來多麼龐大的商機和利潤。清帝國仍舊被看成是英格蘭中部和新英格蘭地區產品的傾銷地，但是到了一八六〇年代，投資人開始仔細衡量，把在上海公共租界裡實行的那一套，延伸適用到整個國家：在內地興建工廠，生產便宜的衣服、器具，賣給農民。他們也首次體認到中國豐富的礦產。如果西方人被允許在內陸定居，輪船可以沿水路溯江而上，開放更多條約通商口岸，建設電報、鐵路，以及開挖銅、鐵、貴重金屬的權利——那將會為他們帶來多麼大的獲利！

然而就在這個時候，當上述這些論調高唱入雲之際，中國的民情輿論對於在華的西方人，態度轉趨強硬。《天津條約》已經開放基督教傳教士進入中國內地。牧師、神父和教民開始頻繁出現於當時一些少有外國人造訪的省分。對大多數老百姓來說，洋人、洋教的出現，並不是什麼可喜之事。關於基督教信仰中奇異而駭人聽聞的訛傳，早在十八世紀起就在中國流傳。太平天國的暴行沒有為基督教的形象加分。一八六一年時，有一本匿名的排外小冊《闢邪紀事》在全國流傳，詳細列出基督教徒猥褻而令人厭惡的種種做法：女性教徒飲用自己的經血，男性教徒則綁架幼童，並加以凌虐。類似的作品內容駭人，將洋教徒描述成折磨中國人，豬狗不如的禽獸，而揭帖中則呼籲仕紳的民團找出這些可惡的畜生，然後消滅他們。這些警告和訴求，確實反映了人心觀感。低階仕紳對於洋教士甫到地方上，就獲得比他們還大的影響力，特別感到憤怒。如同英國駐華武官於本世紀稍後，對東北所作的報告：

大部分的上層仕紳，將傳教士看成政治密探，對其感到恐懼。窮苦百姓對傳教士的看法，則見於許多事例：在正當管道上，他們信教是為了求得保護，那些心懷不軌者，則是想藉著信教來遂行自身之目的。這些目的，也許是躲避債務，或者是類似的糾紛；他們知道，和教會攀上關係，能夠影響地方官的態度。16

舉例來說，和地主有租約爭議的佃農，到教會受洗為教徒，接著便可向傳教士投訴，說因為他們基督徒的身分，致使遭到仕紳的歧視待遇。而傳教士可不會因為宗教「寬容」的教導，就不向地方官抗議。這使得地方縣令的處境進退維谷。如果他做出有利教民的判決來安撫洋教士，那麼地方仕紳就會指責他「賣國」。而假使他拒絕受理教民的申告，洋教士很可能會向該國領事投訴其偏私不公，並且試圖使他去職。支吾搪塞只會使事情更糟：地方上不滿情緒四處流竄，反對洋人、洋教的揭帖、小冊不斷傳遞，直到野心分子（通常是科舉生員）煽動暴民起來鬧事、攻擊教民，甚至殺死洋教士。在這種情形下，地方縣令和其上級別無選擇，只能懲處鬧事肇禍者，期望能避免釀成重大外交事件，或是引來西方的復仇炮艦。清廷對於此類反基督教暴動的反應，例如在湖南和江西

（一八六二年）、貴州（一八六五年）、以及華中與台灣（一八六九年），更加證實了民間對洋教士陰險惡毒的傳言，而朝廷則過於軟弱，無法保護其臣民的利益。

雖然許多清朝高級官員頗同情這類反洋教運動，但是大部分人都明白，憑中國目前的國力，尚不足以和西方列強再一次對抗衝突。因此，他們決定遵守國際法和《天津條約》，其中一條規定：在一八七〇年以前，條約需作有限度的修改。在中國近代外交史上，這是第一次政府為了延續一八六二年的合作精神，願意接受，接著批准條約的修訂。事實上，當清朝高級官員在一八六七年就此問題展開正式討論時，那些原先在一八五八年時反對任何妥協的人，現在都已準備好，以更靈活彈性的立場來回應西方的要求。因此在一八六八年，總理衙門開始友善地與英使阿禮國展開協商，並且在一八六九年十月二十三日，雙方簽署《中英新約》，允許蒸氣輪船駛入鄱陽湖、調降鴉片進口關稅，以及外國貨物（如生絲）的釐金額度。

英國人的態度，並不全都是這般溫和有禮。阿禮國和清方商談條約的修訂，確實是出於真誠；但是他的各項努力，被駐華的外國貿易商人所破壞了。英國商人認為這項協議是一種「倒退」，因為它並未保障英商期待的修路、開礦，以及居住權利。在英國，卡靈頓力挺他的大使，對抗國內敵意的反對輿論，但是外相於一八七〇年六月病逝，使得倫敦批准條約的希望為之幻滅。中方的總署大臣對於此次合作破局，感到不解與失望，就在一個新危機突然爆發之時，將要重新提起條約修訂問題。

天津教案與李鴻章的崛起

正當阿禮國在中方官員一片真誠合作的氛圍中，展開協商的同時，中國民間的排外情緒卻日趨強烈。在一八六九年，發生了一件教案，可稱上是為這種排外情緒增溫。隔年，傳言在時疫肆虐的天津散播開來，指稱天主教修士和修女綁架兒童作為儀式獻祭之用。一八七〇年六月，謠諑看來被證實了：地方縣令逮到嫌犯，證稱他們販賣兒童給聖．文森．德保羅（St. Vincent de Paul）修會所開設的育嬰堂。[17]城內各界領袖要求立即調查此事，在六月二十一日，中方官員要求進入法國天主堂內進行搜索。法國領事豐大業（M. Fontanier）選擇將此視為對其國家的冒犯，在天津知府衙門內，對著正勸慰洋領事的知府崇厚大聲咆哮。[18]但是豐大業的情緒已經徹底失去控制，拔出佩劍與左輪手槍，並且對崇厚開槍，子彈並未擊中知府。豐大業隨即憤憤離去，但是被旁觀目睹的民眾所阻，退回衙門內，正當他準備抽出佩劍時，不慎向後摔倒。在此時，天津縣令和衙役急忙向前，想要擋在群眾和這位法國人之間。[19]領事拔出手槍，再次開火，將一名縣衙捕快擊斃。群眾見狀大怒，失去理智。豐大業當即就被暴民毆斃，暴動蔓延整座城市。法國領事館被焚、天主育嬰堂遭到拆毀，夷為平地；十名修女、兩名教士以及七名法籍居民被殺害肢解。

在天津慘案的奏報送達北京以後，朝廷官員立刻做出最壞打算，開始籌劃防禦事宜，抵抗法人來攻。在這個節骨眼上，所有解散李鴻章淮軍的議論全部消失，朝廷又找上他尋求援兵。一八七〇年七月二十六日，李鴻章受命領兩萬五千淮軍到環繞京畿的直隸省布防。他被任命為直隸總督，統領京師內外所有駐軍，並且獲准在天津再設立一個道台衙門，專責將天津港的關稅收入挹注到他的自強運動事業上。

結果，由於法國在歐洲和普魯士之間已經是戰雲密布，因此並未向中國開戰。但是，中西之間友好合作的年代，卻是一去不復返，而李鴻章對朝廷的重要性則與日俱增。當帝國主義對華侵略於一八七〇年代復熾之時，李願意一肩扛起重整軍隊的重擔，深受朝廷感激、見重。畢竟，北京有更為重要的理由，願意將現代化的責任放在地方督撫的肩頭上。如果中央政府要直接監督、管理自強運動事業，那麼整個官僚體系都必須要從頭改造，並且按照馮桂芬的主張，徹底變革科舉考試制度。若是這樣，就表示得向百萬莘莘學子宣告：他們這些年苦讀經典全都白費了，而儒家典籍在現代社會裡，毫無用武之地。非但滿人（他們以儒家意義的「天命」統治中國）在此時不敢做出如此激進的決定，士大夫也仍然對儒家經典抱有基本的信心，認為四書五經總是比炮術操作手冊，更能作為治理天下的指南。而他們當中立場最保守的，甚至認為向西方學習將使固有文化受到損害。像倭仁這類的官員，便甚為輕蔑李鴻章，認為他的事業是文化上的背叛，而不久後，這群保守分子就站到朝廷現代化事業的對立面。

慈禧的妥協政治

保守派在朝中仍然具有影響力，是因為慈禧太后採取政治妥協和權力平衡之術的緣故。她和慈安、恭王組成的同盟關係，在垂簾聽政的最後幾年間，變得十分緊張，彼此都謹慎地牽制對方，以防當中有人獲得決定性的優勢。到一八七三年，同治皇帝親政時，許多官員對於慈禧願意歸政皇上，都鬆了一口氣，期待接下來幾年能平靜無事，不再有陰謀詭計。但是同治的健康不久後便告惡化，[20]在隔年駕崩，引發了皇位繼承爭鬥，慈禧僥倖獲勝。她不指定同治一輩的年長宗室承繼大統，反而要將她尚在襁褓中的外甥置於皇帝寶座之上，因而又繼續十五年的垂簾聽政歲月。恭親王反對此舉，但是他不能冒著危險，和慈禧公然決裂，因為後者已經動員了榮祿的軍隊，並且明顯地取得了李鴻章的支持。慈禧在一八七四年以其外甥（即光緒皇帝）入繼大統一事，令許多官員感到憤慨，因為這違反了儒家以嫡子繼承的規則，可是慈禧既能在政海掀波，又可以牢牢掌握皇帝。一八八一年，慈安太后神祕的薨逝，三年後恭王遭到罷黜，離開權力中樞。「老佛爺」（當時的人有時候會這麼稱呼慈禧）完全掌握朝廷大政。不過，她也仰賴外廷官僚的支持，以免大臣結盟起來與她作對。其中一個達成此道的方法，是利用官僚中的意識型態矛盾，當時群臣分為文化保守派，以及務實的自強運動推行者兩個集團。慈禧一方面保持倭仁等人在朝廷中的分量，對於保守派反對改革保持緘默，從不加以切責。然而同時，她卻拒絕撤銷各項現代化改革的提案，並且支持各省的自強運動事業。事實上，她替地方督撫擋下保守派對學習西方的言論攻擊，也贏得李鴻章等人的感戴（在曾國藩於一八七二年病逝後，李就將太后當成後台靠山）。

保守派也同樣感激她，因為太后讓北京的朝廷免於立即受到這些新的軍事、工業事業的侵擾。自強事業被擋在都門之外，朝廷裡的傳統官僚一如既往，繼續遵奉數個世紀以來傳下的祖宗成法。十分耐人尋味的是，如此的分隔同樣也發生在現代化事業當中。這是因為所有的自強事業，都由地方督撫的幕友主持。因此如李鴻章之輩，不需具備相關知識或製造流程，就能開辦軍械製造局。他的幕友——其中包括海外留學生、買辦、海軍專家，甚至外籍顧問——替他打理所有細節事宜，而這些幕友則仰賴督撫的政治庇佑，並且挹注資金，來完成他們主持的事業：江南製造局、輪船招商局、鐵路、紡織廠及開平煤礦。

隨著李鴻章旗下的各項事業日漸茁長，他本人也參與愈來愈多的涉外事務。在恭親王於一八八四年遭到罷斥之後，李以總理各國事務衙門大臣的身分，實際上負責所有對外交涉。他看來是如此位高權重，以致於有的時候，外國外交人士認為他有辦法不甩北京的指令，自行其是。其實不然，李鴻章一直倚靠太后主政的朝廷提供稅金和政治恩庇。例如他的幕友們，最終還是期待朝廷能夠授與他們正式官職。朝廷官員的身分，能夠給他們在地方上帶來尊重與榮耀，而李鴻章只有在朝廷吏、禮兩部的幫忙下，才有辦法提供。接著，他旗下各項事業的主要財源，同樣持續來自上海、天津兩地的關稅收入，還有朝廷撥交的國防捐。這條財政大繩索，將他和北京的慈禧朝廷緊緊綁在一起，難以切割。

李鴻章個人對於軍事和工業活動，同樣也沒有辦法隻手遮天。其他的督撫和他競爭同一筆稅收款項。李的頭號競爭對手，是同樣深受曾國藩提拔的左宗棠。[21]在太平天國和捻亂平定以後，左受命於太后，要他收復為回民所盤據的西北各省。他未加思索，便輕率對太后奏陳，將於五年之內克奏膚功，而出乎他意料的是：他居然如期辦到了。平定西北回亂使左宗棠和非法竊占領土的俄國人，於清軍無暇他顧時，在新疆有面對面談判的機會。談判的結果事關對中亞的控制，而左宗棠極力主張，中國絕不可輕言放棄這塊戰略重地。他因此不斷向朝廷要求，將本來已經答應撥給李鴻章的款項，轉發給他作為軍費。而李鴻章則認為鞏固帝國的海防，比起爭奪遠在天邊的山隘關口還重要得多。

在一八八〇年代，和李鴻章處於競爭態勢的地方督撫還有張之洞。張比李年輕，出生於鴉片戰爭前夕；他成年後，在太平天國動亂時期辦理團練，因而躋身政壇。張的文章學問都粲然可觀，因此很快就在科舉榜上有名，並且稍後在山西巡撫任上，政聲卓著。一八八四年，張受拔擢，出任兩廣總督，此刻正好是華南各省因法國殖民越南的爭議，而準備作戰之時。在一八七四年，法國已經控制了越南王室。越南國王以藩屬身分，向大清皇帝籲請派兵入境干預，協助他擺脫法人的束縛。清廷此時正因為和俄國在新疆發生衝突，因此無法派遣正規軍入越援助，但是一支名為「黑旗軍」的非正規武力，[22]已經開始攻擊法國在越南北部的前哨據點。法軍將領李維業（Henri Rivière）為了驅逐這批民間武力，於一八八二年四月占領河內，使得鄰近的中國邊境告警。

中法戰爭

截至目前為止，中國已經獲得將近二十年的時間，來增強現代化軍事力量。新疆危機因簽署中、俄雙方都能接受的條約而告落幕，在這個時候，中國各地都沒有緊急的軍情。[23]法國對印度支那半島的殖民，不但將成為將它的勢力伸入華南的中繼站，更是侵占了中國傳統以來主張的勢力範圍。對於張之洞和一群翰林院年輕官員所組成的「清議派」成員來說，法國的威脅絕不可等閒視之。中國必須對李維業占領河內一事表示抗議。

然而，李鴻章這位自強運動的領導者，卻反對向法國開戰——有部分是因為他並不看好中方的作戰能力；而另外一個原因，是他不願意將其麾下軍隊遠離他在華北的地盤、南調參戰。但是此時京師主張在安南開戰的輿論實在太強烈，不容朝廷有所迴避，因此張之洞轄下的廣東、廣西兩省，也負擔了部分朝廷入越官軍的後勤支援。李鴻章馬上設法和法方就停火協議進行協商，可是巴黎和北京都不領情，戰事繼續擴大。一八八四年時，法軍為了結束衝突，把戰事擴大到中國東南沿海，試圖逼使中方停戰。法國海軍陸戰隊登陸台灣，而海軍則對東南口岸進行封鎖。張之洞很快就把守住各個進入廣州港埠的要道，而如果法方想要逼使中國人上談判桌，只剩下一個主要目標可以進攻。這個目標就是在福州的製造局和造船廠，該處中方難以防禦。在福州主持防禦的張佩綸也看出這個弱點，[24] 請求北京增援。張之洞派了幾艘戰艦到福州去，但是李鴻章卻無視於請求，按兵不動。結果，法軍輕易就攻破張佩綸的防線，摧毀船廠與製造局。發展地區性軍事力量的代價，現在浮現了：地方主要督撫之間相互猜忌，而又企圖保存實力，從而對不在自己轄區發生的戰事按兵不動、拒絕增援。李這種心胸狹窄的做法，自然會遭到其他人的記恨，十年之後，就以此道還諸在他的人馬身上。

除了福州一役獲勝，還有在《中法新約》中取得越南宗主權以外，法國人在一八八四到一八八五年的戰爭裡，所獲甚微。在戰爭的最後幾日裡，中國步軍的一場小勝利，給了法國右翼政客一個機會，推翻費茹理（Jules Ferry）內閣，將法國的注意力重新轉回向德國復仇，收復亞爾薩斯—洛林（Alsace-Lorraine）地區。最敏銳於國際局勢的清朝官員，為中國的好運而慶幸，因為法國受困於歐陸的外交，無力東顧；但是他們也第一次見識到現代帝國主義的面目，同時對於歐洲那種無情的機械式擴張，感到憂心忡忡。郭嵩燾是李鴻章的前任幕友，後來擔任中國首位駐外大使，他於一八八四年寫道：

（歐洲列強）初無竊兵之心，而（地方人民）數反數覆，必因釁而逞兵，亦並無爭地之心。而屢戰屢進，即乘勢以掠地。25

對中國人來說，中法戰爭的教訓看來再清楚不過。接下來的這個時期，不會再有講信修睦的合作了。而無論對於前景有多麼看壞，擺在中國面前的，是一個為求生存的長期鬥爭，這意謂著過去二十年來的自強運動努力，必須繼續下去。朝廷也由過去的失敗中，認識到統一軍事指揮的重要性。因此在一八八五年，皇帝上諭成立總理海軍事務衙門，由皇叔醇親王主持，希望能將各支地方艦隊整合在一起。但是，海軍衙門的實際權力，掌握在李鴻章之手；而分為南、北洋的兩支艦隊，每年僅共同進行一到兩次的例行演習。再者，每支艦隊的操典不一，因為這些船艦是由不同的船廠打造，或由不同的督撫買進。這些弱點暫時還沒有被當時的人發現。而事實上，國外觀察家對於中國在一八八五年後的海軍建設印象深刻，而且確實認為南、北洋兩支艦隊，實力都在日本帝國海軍之上。

中日甲午戰爭

比較中、日兩國的實力，在這個時候是難以避免的，因為這兩個國家，正因為爭奪朝鮮而逐步交惡。朝鮮和越南一樣，是清朝的藩屬國。這個國家同時也為許多日本人所垂涎，想為他們的天皇掙下這塊版圖。在一八七六年，在朝鮮王宮內，爆發了一場保守派與維新分子之間的衝突。雙方都邀請外國進行干預：保守派找上中國幫忙，而維新黨則有日本為之撐腰。一八八四年，後者在東京的鼓勵與暗中援助下，發起推翻君主的暴動。保守派當即籲請中方駐朝鮮委員袁世凱協助，弭平了這場亂事。若干日本軍官想要立刻對中國報復，但是明治天皇的外相伊藤博文，同意與李鴻章在天津會面。雙方談判之後達成共識：朝鮮中立，中日雙方保證在未來，除非知會對方，不對朝鮮事務進行干預。

天津和會所達成的共識，在一八九四年時面臨考驗。在朝鮮爆發了一場類似太平天國運動，旨在推翻朝鮮王室的亂事，國王要求中國協助平亂。當清朝官員尚在考慮各種替代方案時，日本已經率先動作了：派兵登陸，支持親日派系。中國軍隊和日軍在七月時交戰，而在一八九四年八月一日，雙方正式宣戰。

海軍的問題很快就成為日軍戰勝、清軍蒙羞的決定性因素。九月十七日，雙方各自以十二艘新式戰艦組成的海軍艦隊，在鴨綠江口的海面上進行主力決戰。中方的艦隊由李鴻章的得力幹部、水師提督丁汝昌指揮。他的表現令人惋惜。北洋艦隊中一艘戰艦的管帶（艦長），拒絕執行他的命令，丁的座艦在敵人尚未進入射程時便濫射彈藥，而敵艦的第一次排炮齊射，就擊毀丁汝昌旗艦的信號旗。日本戰艦向中國的主力艦以及巡洋艦集中火力，攻擊至為準確，幾分鐘之後，兩艘中國戰艦起火，另外兩艘已經沉沒、兩艘拒絕續戰、兩艘迅速脫離戰場。在十二艘參戰船艦裡，只有四艘作戰堪稱英勇，並且存活下來。

中方在陸戰也同樣遭受挫敗。一八九四年九月中旬，平壤落入日軍之手，李鴻章的軍隊撤回鴨綠江西岸，進入東北。十月時，日本海軍陸戰隊登陸遼東半島、占領大連，不到兩個月後，旅順港的中國守軍向日方投降。唯一僅存的希望，是山東半島上有堅固保壘的威海衛。但是在一八九五年二月十二日，這個據點也被日軍攻占。中國已無路可走，只能按照日本所提條件進行議和，日本所要求的，包括割讓領土，即台灣及遼東半島，以及兩億兩白銀的賠款。

割讓如此多的中國領土，固然是奇恥大辱，但是更讓中國人痛不欲生的，是竟然敗在日本的手上。敗在歐洲國家手上，感覺已經夠糟，但這些國家再怎麼說，畢竟和中國分屬不同文明。但是，曾經仿效華夏文明，中國人向來視之為「倭寇」的日本，現在竟然使大清帝國威信掃地，實在是對國家尊嚴的沉重打擊。由於中日甲午戰爭帶來如此深刻的心理打擊，比起任何一次危機，都更能迫使中國人審視自身的實力與虛弱之處。到底什麼地方出了問題？究竟為什麼，中國的自強運動到頭來，卻成了泡影一場？

自強運動的失敗

大部分的自強運動事業，都由地方督撫私聘的幕友經辦、主持。舊有的儒家官僚體系，因此能保存其「體」（本質）完整無缺，而由名義上體制外的機構來進行現代化的「用」（技術或功能）。在這個時期，自強運動的專家們並未因他們的活動表現而受官方的酬賞。雖然他們的重要性已獲承認，但他們是在完成這些不屬於仕紳身分的現代化任務以後，才獲授象徵性職的文官品級。的確，就拿北洋水師丁提督的麾下眾軍官來說，在黃海水戰之前，他們把大部分時間都花在熬年資退役上面，如此他們就能上岸等著受賞，穿戴上文官袍服與烏紗帽。沒有人全心投入經辦事務，而既然每一個參與自強運動事業的人，全都心有旁騖，事業便無可避免地遭受損害。

而幕友這個角色，也使得官員在公、私之間的責任為之混淆。就如忠於李鴻章的祕書有時會以私害公，幕友也變得貪贓枉法。在帝制晚期的中國，公職的位置往往成了私人收入的主要來源。油水更豐的是那些正式編制外的職缺，特別是當他們負責若干高利潤的採購業務：採購武器者，可以收到軍火商的回扣，或者如建造鐵路者，能夠收取合約包商的傭金。即使是總督中堂大人李鴻章自己，在他名下已經積累了數十萬畝的田地，數不清的絲綢和遍布全國的當鋪錢莊。當時有個流傳很廣的說法：「李家連狗都肥。」[26]從現代理想的眼光看去，這種貪腐的程度，是幕友最受詬病之處。根據了解，在黃海水戰時，中國戰艦的炮裡缺乏高爆彈頭，這是因為軍需採辦、李鴻章的女婿張佩綸中飽採購款項，從克虜伯（Krupp）兵工廠買回空包彈充數。李的其他屬下，也多有類似上述的貪污不法之事。魚雷裡裝填的不是火藥，而是鏽蝕的鐵屑，而威海衛的子彈袋裡不是炸藥，卻塞滿砂土。事實上，李鴻章和他的下屬一干人等，因為籌辦軍備事宜而頗發了一筆私財，以致於當戰爭終於到來時，他們是孤軍作戰。南洋水師拒絕來援，李稍後知道消息，尖酸地嘆道：「這是讓直隸一省來和日本舉國作戰。」

儘管幕府並非正式官僚機構，卻擁有足夠的官方權力，得以遏止同時期私人資本的發展。自強運動事業裡最重要的一項，是李鴻章的輪船招商局。該局以及其他十五到二十家的工業事業，都如同鹽運專賣，依照「官督商辦」的原則來營運。李鴻章在確保了糧食運輸的海運壟斷局面後，便努力鼓勵商人對新成立的招商局投資。但是正如十八世紀的鹽商，對官方的壓榨心存警惕，十九世紀的投資人也憂心李和他的監督總辦們會侵吞他們的股份，不予發還。而如果他們知道李鴻章上奏朝廷的祕摺內容的話，會對認購招商局的股份，更加的遲疑：

所有盈虧，全歸商認，與官無涉。27

李後來終於以每年高達兩成的股利，招攬來了投資人。原有的股份一經認購，招商局再投資的資本便受剝奪，而公司的規模，在一八八七年後就不再成長。而且，李的幕友持續掠奪公司的股票，轉作其他事業的用款，這導致在接下來的幾年裡，這類國家支持的企業都難逃劣評如潮的命運。

諷刺的是，幕府體系到了最後，卻親手終結了它原來被設計來保護的體制。專家們在體制中儘管磨合不良，但即使他們最輕微的動作，也足以侵蝕這個古老統制體系的基礎。倭仁早在一八六七年時就已經看出問題癥結——就算技術官僚的形式對政治的影響多麼有限，它終究不可避免的，會滲透到中國閉鎖文化中的本「體」。在幕府之中，確實發展出一套自身的行規，他們瞧不起那些動輒摘引經典章句的儒家士大夫，熱切地想要開闢新地盤。十九世紀晚期的幕僚當中，後來演變成兩種新的領導類型：一是技術官僚群體，他們手中掌握了二十世紀早期的鐵路和鋼鐵廠經營權；另外一種類型是新式軍官團，在二十世紀最初的十年，成為頭一批軍閥。李鴻章的幕府，因此延伸成為後來袁世凱統領的北洋陸軍督練處。在清朝覆滅以後，袁世凱仍然牢牢掌握這股勢力。

但是上述這些徵象，很少能使甲午戰後的官員和士大夫悚然醒覺。在當時，一種最普遍的想法是，中國現行的政治體制已經不再適用。如果中國想要繼續生存於世，就必須採取更激烈的辦法。就在十九、二十世紀之交，帝國主義者集結起來，爭相要攫取中國的利益的同時，至少有一批人已經聽到了呼喊革命的聲音。

第十章

維新與反動

學會紛紛建立

《馬關條約》於一八九五年四月十七日簽訂，結束了中、日兩國間的戰爭。整個清帝國的公眾輿論，立即因為割讓領土而引起廣大的騷動。雖然官方禁止政治結社，但是學生、胸有大志者，以及功名之士開始組織團體以鼓動公眾輿論。在一八九五年五月初二，來自全國各地的一千兩百名舉人聯名簽署長達萬言的「公車上書」，譴責馬關和約，並籲請政治改革。發動此次上書的，是廣東學者康有為，他同時也創立「強學會」，警告中國人，亡國滅種的危險迫在眉睫：

> 俄北瞰，英西睒，法南瞵，日東眈，……我中國孱臥於群雄之間，鼾寢於火薪之上。[1]

他宣稱，除非全國及時覺醒，中國將被帝國主義者當作牛馬般奴役馱重，重蹈印度被亡國的下場。他的強學會預備要在北京發行一份刊物以喚醒大眾，並且在各省設立分會以團結志士，激發他們的儒家澄清天下之志，挽救帝國於危亡。

強學會只是甲午戰後中國如雨後春筍般成立的愛國社團之一。這些菁英分子組成的社團，立刻使當時的人回想起晚明諸學社，這些文人結社，暗中涉入抗清運動，引起朝廷在一六五二年後，禁止組織政治團體。事實上，這些一八九〇年代的學會，已經與十七世紀那種論文講道的社團大相逕庭——無論後者有多麼牽扯現實政治。這些甲午戰後成立的團體，並不僅想要影響皇帝以改革朝廷，他們也誓言要在各省將其主張付諸實現。湖南是在地方上團體最活躍的省分，因為這裡曾經出過曾國藩和左宗棠這樣的領導者的緣故，[2]該地的仕紳於朝廷中的發言特別有分量。一位眼光深遠的湖南學人譚嗣同，也效法康有為，於一八九七年在長沙組織了「南學會」。分會很快就在全省各地成立，倡導地方縣學堂的學制改革、興辦城市經濟事業，以及改良地方行政。上述這些活動，是各省仕紳朝向政治化的第一步。南學會這些急躁，有時顯得激進的領導人們，和二十世紀前十年的清末新政仕紳，並不屬於同一種類型；但是譚嗣同和他的追隨者們，確實為十年後涉入地方政治的仕紳們，留下了可供效法的典範。

這些學會還有另外一種新性格，那就是他們強調自願加入的原則。有鑒於晚明官員競相結黨相攻的教訓，因此在清朝時，即使是仕紳當中最直言耿介的改革擁護者，也不敢率爾提出組織政治性團體的號召。儒家的政治倫理，認為在政府之中組黨或結派的行為，是侵犯了君主與人臣之間一對一的神聖關係。專制君王們（如雍正皇帝）熱衷提倡這種觀念，因為他們想要避免皇權遭受群臣結黨的阻撓。現在，在救亡圖存的大旗底下，年輕的士子在全國之內紛紛聚集，他們不但想要和官員結盟，也要動員民眾。這些具有過渡性質的團體，因此既不是唯領導者是從的派系，也不是現代的政黨，學會組織的章程，和他們各項主張的實質內容同樣的重要。

倡導改革變法者如梁啟超，在聖賢經典當中找尋自發結社的往例，他們找到古代哲人荀子：這位思想家認為人與禽獸相異之處，在於人能夠以道德組成社會。如果所有的社會單位都是人能結群的自然結果，那麼就沒有任何的單位，會比其他團體來得更「自然」、合理。儒家向來反對有任何「不自然」的社會組織，不合理的凌駕於家庭、社會之上。如今，梁啟超等作家們，認為社團和黨派正如宗族與鄰里一樣，十分順理成章，都是人類發展、進步之所必須。[3]學會對於自發性組織團體的堂皇主張，因此勢必帶出國家政體的新觀念。中國不僅只是由天命所定義的文化整體，更是由社會、人群所肇建的領土、國家。換句話說，便是人群能夠組成國家。這樣的定義，已經與當代主權在民、社會契約論的民主理論相去不遠，而梁啟超很快就在他的著作中，將上面這兩個概念連結起來。

儘管知識分子很容易就能夠讀到梁的《時務報》、譚嗣同的《湘學新報》，可是由這些學會所發起的改革，卻不是一場群眾運動。他們號召民眾響應，但是絕大部分的參加者，以及所有的領導人，都出身自士大夫菁英。不過，這些改革者並未將自身看作清高的知識分子、自外於公眾輿論，也試圖獲得廣大民眾的支持。這些「仁人君子」們，相信能夠創造出一個凝聚中國人的意識型態，也就是將儒家個人修身之道，轉化為一種宗教，就像西方人宣傳基督教一樣，在全世界各民族之間稱頌。這種新的「孔教」同時也包含了社會改革方案，[4]鼓勵中國人戒除吸食鴉片煙、纏足，以及其他足以顯示國家落後的惡習。

然而，這些期望並沒有能維持太久；這些維新運動的領導人們，很快就失望的認識到：在他們與廣大的中國農民之間，存在著一道難以踰越的鴻溝。實際上，這些學會的主要成就，極為仰賴官方的贊助和支持。在北京的強學會，如果沒有袁世凱、張之洞這樣具有影響力的官員支持，早已無法獲准繼續集會活動；而袁、張兩人即被推舉為強學會的榮譽會長。官方的支持在地方各省也很重要。譚嗣同的事業能在湖南取得成功，其中一個重要原因，就是該省巡撫對他改革官制倡議的響應。當官方收回對他們的支持時，學會旋即解散、報社被迫關門，這是因為反對這群「仁人志士」的聲浪很快就高漲的緣故。在湖南，保守派仕紳反對維新者的教育改革方案，敦促官方取締南學會；而京師的官員們則對梁啟超學說中隱含否認國朝正統的政治顛覆，感到悚然而驚。大部分原來支持強學會的官員，包括張之洞在內，都感覺維新運動的領導人康有為，是一個危險的狂妄之徒。康的思想學說非僅聳人聽聞，顯然也是異端邪說。康有為如此使欲維持現狀者感到驚駭，這是由於他把孔子，這位公認傳統禮教的維護者，說成是一位革命的先知。而更加危險的，是康有為之輩主張孔子不是保守思想家，而是一位真正的維新改革者。

康有為的哲學

康有為的理論，有部分是來自於漢代的今文經學。在今文經學裡，同樣是這個神祕的三世之說（衰亂世、昇平世、太平世），可能啟發了洪秀全的太平天國運動。今文、古文經學之間對儒家學說的詮釋產生分別，起於雙方對若干經典的注解存在分歧。今文經學家宣稱在《春秋》裡發現「微言大義」，並且將之歸於孔子。正當古文經學者在那裡考訂《論語》的內容章句，詮釋為是聖人對當時的道德評論，今文經學者則力主孔子的著述足以作為人類歷史的典範——孔子就如同一位能預見未來的先知。

在西元三世紀時，古文經一般被公認為是真經，孔子在其中也沒有開天闢地的特性。實際上，在接下來的一千五百年裡，今文經學的聲勢一直不振。然而在十八世紀初年，清代的考據學者對古文經加以精微的考證，指出若干古文經實乃後人偽造，因此重新帶起了對今文解經的研究熱潮，尤其影響了康有為對《春秋公羊傳》的評注。到了一八二〇年代，今文解經已經儼然成「派」，尤其以廣州一帶地區為盛。今文經學派的各家說法其實都不同，不過他們倒是大部分都同意：漢代的經學家為了政治目的，偽造出古文經，從而使後世之人無法得知孔子的真實面目。康有為便是宣稱要還給孔子本來面目為主旨，貫穿其研究。一八九一年，康氏完成其驚人著作《新學偽經考》，主張古文經遭到揑造、篡改，因為篡漢自立的暴君王莽（西元九至二四年在位）意欲使學者難以明白，孔子實非抱殘守缺者的真相。根據康氏這項別有懷抱的解釋，[5]古文經學者由於掩蓋孔子真正的學說，使得中國陷入長時期的落後境地。康有為接著又發表了《孔子改制考》，聲稱真正的孔子為「聖王，為萬世作保，為大地教主」。孔子降生於衰亂之世，具有真知灼見，因此能夠做出以下的預言：

> 乃據亂而立三世之法，而垂精太平；乃因其所生之國而立三世之義，而注意於大地遠近大小若一之大一統。[6]

因此以康氏之見，孔子以後諸碩學大儒所著的史學，僵化刻板，都背離了他的教義，使後世將他誤解為守舊之人。康氏宣稱，真正的孔子早已發展出一套生機勃勃的歷史進步理論，與西方文明中的歷史哲學若合符節。事實上，如果孔子生在今天，他必定率先跳出來拋棄舊制度、提倡全面改革。康有為據此，因而指那些引用孔子章句、反對改變的保守派，不但誤解了聖人真正的教義，還成為孔教最大的禍害。

如果上面這些主張，還不足以震撼抱持正統經學觀的學者，那麼康氏還有其他的更激烈的學說理論，雖然這些看法在當時較少公開宣揚，不過都涵蓋在他的主要著作之中。這些觀念要比今文經學派的看法更進一步，主張融合西方科學與儒家倫理，合而為一個破除所有舊習的理想世界。康曾在傳教士的幾何學著作裡，讀過歐幾里德（Euclid）提出的定律，他因此企圖在中國道德哲學當中，也尋求出一個類似的普世規律，這樣就可以在他所謂「科學」的基礎上，打造新的社會制度。他所找出的對應規律，就是儒家的美德「仁」。傳統學者認為仁既是人性本善的體現，也是人際之間行事關係的道德準則圭臬。這些關係則在儒家倫理的「禮」裡面，都有明文規範，譬如遵守「義」，可使人對父母孝順、事君以忠。康有為在此的目的，是要將「仁」塑造成普世、單一的人類通則，高於所有構成儒家道德哲學的德行。「仁」的本身就是原動力，就和充盈於萬物之中的電（這也是他從西洋書籍當中所讀來的）相類似。「仁」事實上是人類（humankindness，而不僅是人性，humanenss）據以存在的本質，它能泯滅一切人為的政治鴻溝，以及使人產生不平等關係的社會階級。由於康氏從這個科學基礎的理想世界中，歸結出人人平等的結論，他認為沒有人天生就較其他人地位來得尊貴。因此，在「仁」的義蘊之下，康否定傳統儒家思想所尊崇、定義人倫高低主從的價值，並且大膽宣告「義」和「禮」是扭曲孔子思想者所設計出來，為後世家庭重男輕女、國家君尊臣卑的的權威合理化的積風成習。

中國之俗，尊君卑臣，重男輕女，崇良抑賤，所謂義也。習俗既定以為義理，至於今日，臣下跪服畏威而不敢言，婦人卑抑不學而無所識，臣婦之道，抑之極矣。此恐非義理之至也，亦風氣使然耳。[7]

康有為是中國頭一位，認為正統儒家思想只不過是一種帶有階級思考特質意識型態的政治哲學家。[8]在他看來，所有如忠、孝這些中國人視為社會綱常，區分人獸和華夏蠻夷的德行，都是傳統專制政治的統治工具。最終，徹底的政治改革需要建立在文化革命的基礎之上。這恰是因為儒家思想早已深入社會人心，僅單從政治面著手，不足以造成根本的改變。這是為什麼在一九一九年、那場破除文化陳規的五四運動，要比推翻帝制的辛亥革命更具有革命意義的原因。同時也是毛澤東主席說，在今日的中華人民共和國，有一場文化革命正在持續進行的底蘊所在。[9]

正如梁啟超的自發結社論當中所主張的，民族可以創建自己的國家，康有為的社會關係構想，也使他馳騁想像力，設計一個未來新社會。康氏將「仁」的平等原則、今文經裡面的「太平」盛世，以及大同世界裡那種田園生活結合起來，[10]描繪出一個沒有社會、政治分野限制的未來世界。他所著《大同書》完稿於一九〇二年，敘述這個烏托邦世界，並認為可在兩到三個世紀之內達成。屆時，「國家」這個字眼將不復存在，因為世界已經合為同一個種族、說同一種語言、行相同的風俗。財產全歸公有，而所有工作都由機器代勞，電力驅動的飛船騰空飛過。人類所身受的痛苦，被身兼教牧職能的醫師完全緩解，所有的階級區別全都消失不見。女人的地位、衣著全與男子相等，核心家庭讓位給為期一年的婚姻合約，以及公共育嬰、托兒系統。

康有為的《大同書》在稍後替他建立了類似傅立葉（Fourier）或聖西蒙（Saint-Simon）的名聲，稱他是中國的烏托邦社會主義者。不過，他並沒有在推動維新運動時，將這些富有想像力的構想加入到規劃之中。以至於在當時，他關於儒家思想的理論，被取了個「野狐禪」的譏諷綽號，並且使許多高級官員，對他的改革方案抱持戒心。然而，這些提案並不是十分激進。他對光緒皇帝一連上了七次奏書，解釋道，維新變法者希望皇上能效法日本的明治天皇，以及俄國的彼得大帝，用西式官制和學堂，取代舊有的官僚、科舉制度，從而使國家邁入現代化之林。但是這些奏書，連同各個學會對於改革的熱情，還有康有為那些奇談怪論，都被恐懼變法的資深大臣擋下，並未能送呈御覽、讓皇帝知曉。確實，反對「變政」的聲浪，直到另外一次國家危機爆發之後，才被壓制下去。

列強爭奪勢力範圍

《馬關條約》在很大程度上，已經改變了東亞的權力平衡局面——這是李鴻章在與日本談判時，列入考慮的因素之一。李在談判桌上喪權割地，使他成為國人痛罵、千夫所指的對象，在他心中，對中國能夠討價的本錢，並不抱幻想。但是，他卻指望倚靠其他強權大國（特別是俄羅斯）來制衡日本的野心。在《馬關條約》中，日本從中國獲取不少獨家權利，這嚴重挑戰了列強各國在條約港口利益均霑的原則。尤其日本已經獲得遼東半島，包括了旅順這個不凍港，這可是俄國人一直覬覦，老早就想要取得，用以替代海參崴的海軍補給港口。俄方因此相當樂意接受李鴻章的訴請，和德、法兩國一起，協助並謀畫外交手段，迫使日本將遼東半島歸還中國。俄國人隨即向北京索取調停的代價：要求將橫越西伯利亞的鐵路延伸進入滿洲。光緒皇帝部分是出於迴護李鴻章，使他免於再受京師輿論的指責，派他前往莫斯科就此事展開會商。一八九六年，李於莫斯科和俄方達成協議：同意俄國租借鐵路使用權八十年，藉此換取雙方簽訂《禦敵互相援助條約》（而根據謠言，他收受俄人一百五十萬美元的賄賂）。

中、俄雙方於一八九六年締結條約，立刻引起各國的迴響。緊接著三國干涉還遼之後，俄國又取得鐵路租借權，這使得日本大為惱怒，當即加快軍事備戰，準備為了滿洲和朝鮮，與俄國一決雌雄。衝突的兩造直到八年之後才開戰，不過當戰爭結束，日本就成了近代史上第一個擊敗歐陸強權的亞洲國家。

英國也對《中俄密約》感到不滿。英國一直對俄國的擴張心存警惕，現在則感到中國已經無法再作為對抗沙皇帝國主義在亞洲掠奪的堡壘了。俄國這個新的擴展，甚至還威脅到歐洲的權力均衡，英國的歐陸政策，一貫是讓歐洲國家保持兩個集團的局面：一個是德、義、奧匈帝國的三國同盟，另一個則是法俄雙邊聯盟。沙俄獲得新的鐵路租借權，究竟是否會改變歐陸的軍事局面，確實尚在爭議之中，但是講究權力均衡的外交戰場，現在毫無疑問的，已經轉移到遠東來了。當俄國的盟友法國，於一八九七年六月，在華南尋求開礦與築（鐵）路的權利時，英國難以阻止，因為法國背後有俄國為之撐腰。之後，英國為了平衡其亞洲的權力，開始認真考慮和日本組成海軍同盟——

這項協議後來於一九〇二年實現了。

德國對俄國有意將華北和滿洲收入其保護範圍，同樣深感警惕。德皇威廉（Kaiser Wilhelm）因此立刻開始考慮反制措施，盼望能得到一個機會，好按照其海軍元帥的建議，鞏固德國在華的海軍基地。一八九七年十一月一日，他盼來了這個機會：一場反教暴亂在山東爆發，發動暴亂的亂民是日後義和拳的前身，他們殺害了德國傳教士。威廉收到消息，找到了尋釁的藉口，終於心滿意足；他立刻去電沙皇尼古拉斯（Tsar Nicolas），通知俄方：他決定奪取山東的膠州灣港口（早已經由德國軍官詳細勘查過）以作為報復。尼古拉斯對此「不置可否」。十一月七日，德意志帝國海軍上將迪德里希（Diedrichs）率軍占領膠州灣。四個月後，中國負責外交的總署大臣力爭無效，只能勉強同意德國租借該灣，為期九十九年，同時也讓德國人築兩條鐵路和在山東開礦。

這正是歐洲各國領袖一直以來等待的，「爭奪勢力範圍」競賽開始的信號。沙皇尼古拉斯當即訓令駐北京大使，也在遼東的旅順、大連提出類似的要求。法國在南方要求廣州灣作為勢力範圍，義大利宣布必須要取得浙江台州的三門灣，還有英國也提出租借威海衛，以及承認其在長江流域的特殊權益。這些要求相互觸發，接踵而來；每次的讓步，都引發其他強權「瓜分中國」的胃口。中國人面對這樣你爭我奪的局面，竟然束手無策。在一年不到的時間裡，這個國家被各國的勢力範圍扯弄得四分五裂，這些勢力範圍由國家所訂立的租約保障，由外國官員治理，剝削商業利益的是外國投資者，維持治安靠的是外國軍隊。[11]

內部改革的呼聲

德國奪占膠州灣，使得維新變法的聲勢復振。一八九七到一八九八年的那個冬季，大量建議改革變法的提案（包括康有為的奏書在內），在京師廣為流傳。當中有些提案很諷刺地來自列強爭奪的通商口岸，因為住在像天津和香港這樣城市中的中國人，很容易就能接觸到西方的政治、社會理論。上海甚至培養出一批在通商口岸成長的知識分子。這座城市在一八六九年，蘇伊士運河開通以後快速蓬勃發展，進口和出口量在未來二十五年間成長兩倍。在列強爭奪勢力範圍的同時，有一萬七千名外國人居住在租界，擁有自己的法院、市政管理機構、現代化電廠、報紙、出版社、劇院及學校。中國市區也同時擴展，成為骯髒、擁擠的地方，充斥著買辦、苦力、幫派分子、小店業主和小本生意人。

就在這裡，還有在公共租界中，中國第一批政治避難者尋求有些矛盾的庇護；這裡同樣也是中國現代報業於一八七〇年代創辦之地。上海報業的領袖人物，首推王韜，他在一八四六年科場失意後，擔任倫敦宣教會（London Missionary Society）上海辦事處的助理編輯，因而展開他的報人生涯。在太平天國動亂期間，王韜遭指責為太平軍擔任密探，被迫逃往香港，在該地，他為傳教士、稍後翻譯中國典籍的理雅各（James Legge）工作。王韜對理雅各的工作裨益甚大，以致後者在返回蘇格蘭時，還帶他同行以便完成翻譯。這給了王韜就近觀察歐陸政治的絕佳機會，當他在一八七〇年返回上海後，便出版了廣受好評的《普法戰紀》。該書是首部描述現代民族國家爭鬥的專著。王韜說，相對於國際法，這個世界根本是由權力與軍隊所統治，而非理性與禮儀。全球正處在失序的混亂狀態裡，而中國只是許多處境艱困的國家之一。以西方的科學技術來捍衛中國的傳統文化，注定要失敗，因為原來那個四海之中盡為蠻夷環繞的「天下」，早已不復存在。相反的，中國已經進入歷史的新階段，與世界其他國家的關係密切、分享利害。只有覺悟到內、外之間的界限已經被打破這個事實，中國人才能徹底改變政治制度，並且融合東、西方文化，為全人類開創新的「道」，給世界帶來和平。

另外一位上海評論家鄭觀應，同樣呼籲作徹底的改革。鄭是寶順洋行（Dent and Company）聘僱的買辦，[12]同時也是李鴻章的幕友，在一八九二年以後主持輪船招商局。他的著作《盛世危言》裡面，包含了許多令人驚駭的預言，而且在一八九七、一八九八年時都應驗了。鄭氏建議，中國要想避免來日大難，就必須改變政府的傳統組織。事實上，他甚至批判帝國具有無限制統治權的說法，在一八九三年，他寫道：

> 天生民而立之君，君猶舟也，民能載舟，亦能覆舟。[13]

這種平民論的觀點並不是完全新創的。古代哲人孟子在很早以前就主張農民有權起來革命，而十七世紀的大儒黃宗羲也猛烈抨擊專制君主，忘卻他們為人民服務的義務，視帝國為其私產。可是，鄭觀應的意圖更為深刻。國家這艘舟船如果翻覆，是因為操舟者忘記了：人民才是他存在的理由。其他的作家，如香港的醫師何啟，順著這個邏輯繼續推衍下去，連天也省略了。如同他在一八九四年明確的寫道：

政者民之事而君辦之者也，非君之事而民辦之者也。[14]

何啟同樣也清楚闡釋了這種信仰的政治意涵，聲稱如果統治權屬於人民全體，那麼君主應該與西方式的國會共享權力。

諸如此類的概念太過激進，以致於無法直接在官場上露臉。傳達這些想法給官員的中介人，儘管受到通商口岸裡對政府抨擊的影響，卻以較為溫和、委婉的方式，將這些建議送呈政府中的要員。例如，湯震是首位進士出身，熱心倡議召開議院（即國會）「以廣言路」者，認為如此使仕紳與朝廷之間溝通無礙。在京供職，且身為何啟好友的舉人陳熾，隨即對這個建議表示贊同。陳氏所著、博聞廣記的《庸書》強調開設議院的重要，因為議院能代表人民，並且使國家更加團結一致。[15]

光緒皇帝與慈禧太后的政治鬥爭

上面這些建議和宣言，如果得不到朝中資深大臣的認可、支持，同樣還是無法送抵光緒皇帝的御案之上。這樣的支持即將到來，有部分是因為在稍後，皇帝和其姨母、慈禧太后之間發生政治鬥爭的緣故。在一八八七年時，太后按理應該「歸政」皇上，結束她長期的垂簾聽政生涯。而事實上，慈禧照常發號施令，直到一八八九年，才在名義上歸隱林泉，而在這之後，她仍然以頑強的性格，動輒以長輩身分威脅、操縱皇上的施政。她的擁護者們——保守的「北派」大臣如倭仁、徐桐，統兵將領榮祿以及總管太監李蓮英等人，組成所謂「后黨」。這派人在官場上的競爭對手，由皇上的師傅、「南派」大臣翁同龢領軍，加上數位頗具威信的漢人大臣，則被看成是「帝黨」。正是這群帝黨大臣，在一八九五年時，暗中指使御史上諫，批評慈禧干預朝政；在隔年光緒生母（慈禧親妹）逝世時，他們大感振奮，因為皇上自此更能不受老太后的羈絆。但是，帝黨們卻不支持徹底的變法。翁同龢的立場頗為保守，並且對於康有為的儒學新說大為憂慮。不過，他和康有為一樣，都擔心中國積弱不振，而在一八八九年左右，當他將馮桂芬的政論進呈御覽時，就已經開始思考政府制度的變革。

隨著中國在國際的處境愈趨艱困，翁同龢也就愈來愈能接受維新變法的提議。例如，在甲午戰敗後，翁向皇上提到康有為，並且將湯震、陳熾的著作介紹給他的同僚。德國占領膠州灣後，他更加緊腳步。如今，呼籲改革的運動又重新蓄積能量。康有為又組織了一個新團體「保國會」，而許多有影響力的士大夫也公開對他的呼籲表示同情。真正讓翁同龢決定支持康有為和其他改革者的原因，是這些改革計畫付諸實現後，將會強化皇上的權威。康有為建議裁撤保守陳腐的六部，改設制度局，下轄十二分局，由專門人才辦理業務，皇帝親自領導。他希望藉由裁減冗官、精簡政府組織、取消煩瑣行政程序等措施，能夠使朝廷行政有效率，並且讓皇上從日常政務中挪出精力，推行軍事和教育方面的必要改革。由翁同龢的角度來看，這些措施還有一個好處，那就是順帶削減了慈禧和她身邊「后黨」親信大臣們的權力。雖然宮廷政治不是翁選擇支持康有為的唯一理由，不過皇上和慈禧之間產生的嫌隙，確實給了維新派一個機會，得以將他們的建議付諸實現。不幸的是，這也同樣表明了，除了皇上以外，另外還有太后的權威。那些準備好要戰鬥的保守派大臣們，不久之後就找上太后尋求支持。

百日維新

在師傅翁同龢的敦促以及擔心中國外交敗局的情勢之下，光緒皇帝於一八九八年六月十一日頒布《定國是詔》，公開宣布他改革政府的決心。同日，康有為在朝廷中的支持者們，說服左都御史高燮曾，將康氏之前無法上達天聽的七封奏議代為轉奏。光緒閱後的立即反應是震驚，甚至是憤怒。在一八九七年的一封奏議裡，康有為寫道，他不忍見明末亡國、末君自縊諸事重現於今日。這種對於朝代傾覆的不愉快暗示，通常會被看作是要煽動造反謀逆的行為。但現在已經到了必須開誠布公的時候，而且，康氏的憂國之誠使皇上相信，他的意圖是良善的。康確實相信，皇上能夠、且即將大奮天威，振興國朝，挽救中國於危亡。因此在六月十六日，光緒於頤和園仁壽殿召見康有為奏對。百日維新正式展開。[16]

同年夏天，從各項紙上談兵的計畫看來，朝廷上下煥然一新。康有為和他一班年輕的追隨者們，為皇帝所草擬的詔令、政令、法令大量湧至皇上的御案，等待簽署。內務府中滿人的閒差被裁撤，冗餘的督撫位置被撤除，設立農部和商部，將佛寺收歸國有，廟產充作各級學堂，科舉考試以當前時勢的策論代替經典，並且建議以成立新機構，以取代原有的兵、吏兩部。

保守派的回應

很難在官僚體系裡面找到一個群體，完全不受上面這些維新詔令的威脅或冒犯。在帶兵的軍官、滿洲貴族、精通典籍的漢臣，甚至那些人數超過百萬以上的生員（他們先前為科舉所作的苦讀，看來像是白費了）裡面，開始累積意識型態上對維新的抵制。據說滿人大臣指責皇帝不孝，擅改聖祖神宗所立的定制成法。而漢人臣工的反對，主要根據的是文化本位主義的立場。傳統中華文明，顯然要優於抄襲自西方的蠻夷風俗。挽救朝廷於危亡的關鍵在人，而不在法制；是移風易俗，而不是作改革制度的徒勞之舉，才能保證政府的統治良好完善。像朱震伯這一類的官員就堅持說，日本之所以能戰勝中國，是因為自強運動一開始就走錯了方向，根本不應該實行。另一位保守派的主張者朱一新，提出更為細緻的論證。根據他的說法，自強運動各項愚蠢而於大局無補的措施，已經證明逐步採行西方的技術，還不如完全不予改良。這種說法的理由是，蠻夷的制度是基於蠻夷文化而來，而中國的典章制度自有理路可循，不假外求。他種文化的產物，不可能嫁接到自身的社會之上。因此，士大夫們必須認清中國的固有「國粹」，堅定不移的奉行文化的信念。

所以，當康有為堅持說，孔子的教義對於世界人類的歷史，具有普遍的通用性的時候，持保守立場的思想家卻認為，儒家是中國所特有的思想。雖然這種文化本位主義對於儒家政治理論，以及後來被當作一切政治問題的萬靈藥方一樣，是致命的，反對西化者仍然使用這種國粹觀點來捍衛他們的立場。保守士大夫如湖南籍的葉德輝就相信，維新變法最終將抹滅中國與世界其他民族的分別，從而摧毀固有文化。葉氏評論這些維新黨人：

（若其主張）無中外獨無東西乎？……西人辨中（國）人為黃種，是天地開闢之初隱與中人以中位。17

諸如此類的議論，讓大部分的官員在百日維新這段時間裡踟躕不前，因此皇上頒布的詔令，實際上很少獲得施行。維新黨人受挫，他們對於官僚怠惰的憤怒很快就傳達到皇上本人，光緒皇帝對於這些保守派臣子，現在已經有了最壞的打算。

光緒對官僚的抨擊

禮部特別被看作是保守派的堅強堡壘，因為該部竭盡所能，阻止各種改變科舉考試的方案付諸實行。尤其當維新黨人發現：一位資淺章京上書建議皇上與皇太后出國遊歷考察時，禮部堂官拒絕為他代轉奏摺時，他們便急切的想要尋一個藉口，好搬開這阻擋改革之路的大石頭。光緒獲知詳情，這個舉動顯然是違抗他所下的旨意，因此他立刻就解除六名保守派禮部官員的職務。其中一名遭到解任的旗人官員，其妻是皇太后的密友。這位遭罷斥的旗人因此就向慈禧陳奏，他相信康有為實乃激烈排滿者，對於統治菁英的存續將造成莫大威脅。18

禮部的主要官員遭到罷斥，使許多漢人大臣也感到震驚，而隨後而來的官場傳聞則使整個北京政壇憂心忡忡。這個傳聞牽涉到制定政策的軍機處，資深的軍機大臣阻撓新政措施的推行。康有為等人在一時之間找不到罷斥他們的藉口，因此在八月，安排包括譚嗣同在內的四位追隨者，加卿銜、授軍機處章京。皇上和康有為看來是要以這些年輕官員繞開資深的軍機大臣，以掌握實權，大部分的官員視這項任命為暗中破壞現有官僚體制之舉。這項行動也在保守派之間造成恐慌：假如再等待下去，而不採取行動，他們所捍衛的成法、制度恐怕都將要蕩然無存。

慈禧的政變

同時，在皇太后這邊，愈發感受到促請她干預，並停止變法維新的壓力。慈禧原來對於改革變法抱持贊同的態度，但是近百日以來，她的立場逐漸轉為懷疑。一批又一批的官員進到重建後的頤和園，[19]向她秉報有關康有為那些驚世駭俗的革新消息，並且懇求皇太后，在大局不可收拾以前，將大權重行收回。這些在覲見皇太后時所說的耳語，不久後就被維新黨人知道了。他們開始擔心，慈禧將與其老靠山榮祿合謀，廢黜光緒。譚嗣同因此在一八九八年九月十八日夜間，暗中與兵部侍郎袁世凱見面，代表皇上向他傳達口諭：動員他麾下七千士兵，誅殺榮祿，包圍太后駐蹕的頤和園。袁世凱答應了。兩天以後，他來到榮祿駐紮的天津，但卻不是要殺害這位滿洲將軍，而是向榮祿密報維新派先發制人的政變計畫。[20]

慈禧立刻在此時採取行動。皇太后召集親信大臣到頤和園，說明她的計畫，之後匆匆趕往紫禁城與皇帝會面。她對皇上咆哮道：「我撫養汝二十餘年，乃聽小人之言謀我乎？」然後，經過事前算計，要迫使她這位外甥皇帝在孝道之下低頭，她又加上這一句：「痴兒，今日無我，明日安有汝乎？」[21]光緒的決心崩盤。懾於太后怒火的皇上，順從地被慈禧手下的太監帶走，幽囚於中南海的南海上的瀛台。慈禧接著宣布：皇上患病，由她代為訓政。皇太后重新執政之後，第一件事便是下令逮捕所有維新運動的領導人。六位維新派成員，包括譚嗣同和康有為之弟（康廣仁）在內，立即遭到逮捕、處決。康有為本人以及梁啟超，則及時獲得警告，逃往海外——康受到英國駐上海總領事的協助，而梁則登上日本軍艦避難。但是康、梁的事業還沒有因此結束。康有為接著又創立了一個重要的政治黨派「保皇會」，而梁啟超則成為當代最具影響力的一枝健筆。可是，在這個時候，他們在中國的活動宣告結束，維新變法已經全面終止。

皇太后得知維新變法的主要領導者都躲過逮捕，大為憤怒；她對英國及日本協助康、梁逃亡，尤其痛加譴責。當列強諸國照會慈禧，表示各國不會坐視她殺害光緒皇帝，並且扶持保守派端郡王載漪之子繼位登基之時，她就益發氣惱。[22] 清政府對維新運動的反撲，很快就擴大，演變為普遍的排外浪潮，將西化措施盡行推翻。並不是只有慈禧和她的親近支持者抱有這種觀感，許多比他們更能寬容變法的官員們，同樣也認為採行西法是對中國傳統秩序的背叛。例如，翁同龢就覺得皈依基督教的中國人，彷彿「豺狼滿京城」，[23] 使用輪船和鐵路則都是對天命的侵害，導致迸發天災。就這點而言，從一八七五年起，帝國的部分省分每年都遭受水、旱災的侵襲，有些省分，比如山東，更是屢遭饑荒之苦。

義和團運動

山東省在一八九八年八月再度遭災，當時黃河決口、漫過堤岸，淹沒了五千平方英里的華北平原。這個省分同時還面臨其他的困境。遭到遣散的綠營兵勇組成武裝土匪，橫掃鄉村，沿途燒殺搶掠。拳腳、劍術了得的護鏢武師，以板車運送紗和煤油等外國商品來補貼收入，他們後來或者淪為盜匪，或者沿路設下關卡，非法抽稅。道教方士接管寺觀的庭院，訓練團勇，吸收婦女加入一種名為「紅燈照」的武裝民兵團體。有時候，這些祕密教派甚至會受到以暴力排外的地方官鼓勵。例如，一八九五年時，山東巡撫李秉衡就鼓勵省境內的小刀會眾，攻擊基督教傳教士，這裡在兩年以後，也有兩名德國教士遭到謀害。不過大部分的清朝官員，對於這類活動抱持矛盾的態度。如同鴉片戰爭期間的歷任廣東巡撫，他們對於武裝農民頗有信心，相信即使其他各種途徑都敗下陣來，這些被撩撥情緒的農夫也能把夷人驅逐出去。然而，他們也了解，這類活動很容易失控、脫離掌握。在各省當中，山東尤其以有長時期祕密教派動亂的歷史著稱，該省的官員對於一六三〇年代的白蓮教起事，一七八六年的八卦教亂及一八一三年的天理教運動，都還記憶猶新，因此對於支持這一類的民間武力，頗存戒心。

此地的民眾根本毋須官員鼓動，他們出於對天災和帝國主義者入侵的擔憂，老早就自發性的組成排外的自衛民間武力。事實上，德國占領膠州灣，以及其他各國入侵的消息，已經讓山東省的農民接近恐慌的狀態。祕密會社的首領、遊方僧人預言大災難，甚至世界末日將要降臨。印成小冊的預言在村莊裡流傳，沒來由的宣告災禍迫在眉睫：湖北和湖南很快就會淹大水，四川將有戰爭爆發，整個南方會陷入一片混亂，帝國有一半以上的人口將會死亡，外國人蹂躪直隸省，還有山東省很快就會全無人煙。不同於彌勒降世的預言，這些預兆無一例外的，都與外國人現身於中國有緊密關聯。方士向大家保證，只要停止使用洋煤油來點燈，就能夠得救。風水師將天象失序歸咎於北京、天津之間的鐵路和電報纜線。許多信眾為了回應這些警告，紛紛將鐵軌拆毀，並砍斷電線桿，另外還有人號稱能以符咒「抵擋洋人炮筒」。有數以千計的年輕人習練公式化的少林、八卦拳套路——練習這些拳路，能夠使他們將「氣」從體內釋放出來，並且讓全身充滿強大的力量，足以驅退洋人的子彈。

這些活動，逐漸把山東境內的武術師傅們糾集起來。靠打拳為生的人，如保鑣師傅張德成，被農村青年推選為領袖。儘管這場自發性的運動在起頭時，各個拳師相互之間保持連繫，他們卻沒有單一的統領之人。這些人裡面，最為惡名昭彰者（也是被認為是為「義和拳」這個名稱起名的人），成為追隨者們領袖想像的投射。[24]這個人有許多名字，每一個都象徵著不同的訴求和關係。有些人叫他朱紅燈，朱姓是明朝國姓，而「紅燈」則意謂紅燈照的女拳民團。另外有人說，他的名字叫天龍，這是大刀會的頭銜。還有人把他當成李文成，這是一個早已死去的白蓮教徒的姓名。姑且不論哪個才是他的真名，這個半帶神祕色彩的人物，在一八九九年十一月二十二日，遭到巡撫毓賢逮捕處死。但是，這可絕不表示義和拳運動就此結束。對於像毓賢（他和李秉衡交情很好）這樣極度仇外的人來說，他深信只要運用得當，可以使義和拳民對抗洋人。所以，他安排和這群拳民的領袖們結盟，這些拳民把原來反清的口號改為滅洋；[25]作為回報，他們獲得官府的承認，成為正式的民團。

對任何清朝官員來說，這個動作都是非常之舉。在正常情形下，像這樣的民眾運動，早已被看作是對百姓安全、王朝存續的危險威脅。尤其，這些人畢竟是在五百年前，將蒙古人從華北驅逐出去的白蓮教徒後裔，還在一八一三年的時候攻打過紫禁城。事實上，很多負責任的官員，如李鴻章、劉坤一、袁世凱之輩，都把他們當成是應該痛剿的尋常叛匪。其他的人，比如像直隸的將領程文炳，則根本就對拳民宣稱能夠「刀槍不入」嗤之以鼻。可是，當程文炳令五十名黃帶會的拳民靠牆站立，並且對他們開槍以資測試時，他向北京稟奏這些拳民的死亡報告，朝廷卻不予理會。

在京師，特別像是端王和皇太后這樣的滿洲權貴，尤其有意願相信：這些拳民既有神功護體，他們還代表百姓自發的力量，要扶救朝廷、驅逐洋人。朝廷會如此輕信，部分是源自於儒家天命之說和民間宗教信仰之間的長久關聯。而且，《七俠五義》之類的小說，裡面講述武功高強俠客的英勇事蹟，中國人自小便極為熟悉。能力超乎常人的英雄隻手打敗大批妖魔鬼怪的《西遊記》，此時也受到前所未有的歡迎。當朝廷在聽到拳師們的英勇事蹟，或者是在端王邀請拳民來表演費心設計的刀劍雜耍的時候，必定在心中充滿希望的想起上面這些例子來。

很多官員，甚至是慈禧本人，仍然對拳民抱有疑慮。可是，朝廷卻希望消除這些擔憂，因為對此刻來說，感受民心尚未對朝廷失去支持，實在是太重要了。反滿情緒的徵兆現在到處浮現，甚至也出現在那些因為太后政變而深感失望的文人裡面。在某種程度上，清廷現在發覺，朝廷和一八六〇年代處理傳教士投訴的地方縣令一樣，處在極為相似的困境當中。每一次的衝突裡，政府都被迫對帝國主義者低頭讓步，漢人愈來愈相信，朝廷只是想要維持權位，其他的都在所不計，甚至把中國的統治權都讓渡給敵人。慈禧知道這樣的批判，對滿洲人會造成多麼大的傷害，所以她急切地想找到任何可能的證據，表明百姓情願犧牲性命，也要「扶清滅洋」。所以，她在朝堂上自承，雖然對拳民具有「神功」，還是不能完全相信，不過她卻知道，這代表民眾的愛國之忱。用正規的武器來保衛她的國朝，既然都已經失敗了，那麼除了求助於臣民的一片赤誠，她還有什麼好依靠的？

一九〇〇年六月初，大批義和團民從東面進入北京，排外暴動立即爆發。六月十一日，一名日本外交官被暴民逮住，遭到殺害；而兩日後，北京的洋教堂遭到縱火，教民被屠殺。英國外交官擔心，暴民的下一步就是要進攻東交民巷的外國使館區，設法把消息傳給在天津的海軍提督西摩爾（Admiral Seymour）。他立刻率兩千士兵上路，但是通往北京的路上，沿途都被拳民所阻，被迫退回天津。然而，西摩爾以武力打通往京師之路的嘗試，立刻使中國方面，於六月十六日召開議政王大臣會議，討論各項應變方案。幾位漢人大臣苦勸遏止事態擴大，並敦促慈禧取締拳民，但是端王（他已於六月十日被任命為總理衙門大臣）已決意力挺義和團，喝止反對意見。[26] 慈禧對於是否與西方各國開戰，此時還是猶豫不決。接著，在六月十七日，端王向她呈遞一份據稱來自西方的照會。這是一份最後通牒，要求慈禧歸政光緒皇帝，並且宣稱，將在未來使中國成為列強軍事、經濟的保護國。這份照會有可能是端王偽造的，但是兩天之後，聯軍奪占大沽炮台的消息傳來，看來證實了這份最後通牒。因此在六月二十一日，皇太后正式向列強宣戰。她雖然還是不確定中國是否能贏得戰爭，但是認為朝廷和國家至少應該為此而奮戰。

清軍隨即包圍東交民巷，二十萬義和拳民現在名義上被編入朝廷官軍，加入作戰。如果這支大軍經過嚴格訓練，一定能輕而易舉的擊破使館四百五十名衛兵的抵抗，但是義和團只是一批由上千個小單位組成的烏合之眾，很快就使京師陷入一片混亂。富人的宅邸被劫掠，漢人官員被暴民劫持，通衢街道上屍骸橫陳。由甘肅調來的勁旅，此時不受管束，加入暴民行列，殺害了德國公使克林德（Baron von Ketteler）。由於北京對外連絡全告中斷，外界把中國的情形想到最壞的程度。西方所有關於「黃禍」的恐懼，在歐、美的新聞記者的報導上被挑動起來，在他們筆下，渲染敘述著一群揮動斧頭，宰殺外交官的屠夫。[27]列強熱烈地籌備遠征軍，好來拯救那些受困的外國人，而他們相信許多受困者這時也許已經身亡了。六月底，一萬四千名外國部隊在大沽口集結，而七月時，又有一萬七千名德、法、英、美、義、俄、日士兵，在陸軍元帥瓦德西公爵（Count von Waldersee）的指揮下，加入聯軍行列。七月十三日，聯軍占領天津，並且沿著鐵路線，向北京進發。四星期後，雙方在鄰近北京的通州展開決戰，清軍戰敗，統兵官李秉衡自殺。八月十一日，皇太后了解她的軍隊已無法維持局面，於是從北京出奔，往西北而去；八月十四日，聯軍入城，解除東交民巷的包圍。

四十年過去了，現在外國軍隊又再一次占領了中國的都城，而有足夠的理由相信：連朝廷的存續，都還在未定之天。然而，這一次和從前一樣，列強之間的相互疑忌，使中國倖免於遭受瓜分的命運。英國和日本尤其不信任俄國，該國的海軍上將阿萊克塞夫（Admiral Alexeieff）利用這次機會占領中國的東北三省，並準備將滿洲置為沙皇轄下的保護國。俄國人持續占領東北，直到一九〇五年日俄戰爭遭到擊敗後才退出。不過英日同盟的支持，至少讓中國不必對俄國併吞滿洲的事實加以承認。列強各國與李鴻章展開談判，他們想設計出一個條約，讓清朝維持對中國的統治。

《辛丑和約》在一九〇一年九月七日簽訂，迫使中國對拳亂公開認罪、道歉；拆毀北京到大沽之間所有的炮台、堡壘；懲辦端王載漪在內的九名高級中央官員，將他們流放、處死，或賜自盡；一百一十九名地方官員因支持拳民遭到懲處；支付一筆天文數字的賠款，連同利息在內，高達九億八千兩百二十三萬八千一百五十兩白銀（折合美金約七億三千八百八十萬）。[28]中國政府別無選擇，只能全數答應這些條件，同時向西方外交官允諾，改革（即西化）政府。

在和約簽訂之前、一九〇一年元月八日，慈禧已經在西安的臨時行在頒布改革詔令，接著在二月十三日下「罪己詔」，否認下令拳民進攻，並且承認政府有徹底變革的需要。慈禧的這些詔令裡有一點很特別，就是將她的改革新方針和一八九八年的維新變法區別開來；她並且還堅持說，康有為對於民族、國家的為害，絲毫不亞於義和團。不過，實際的情況是，皇太后在一九〇一年四月二十三日下令組成督辦政務處，顯然政策已作了徹底的大轉變。譚嗣同等變法維新者遭處決不到三年之後，慈禧已經開始實施一系列制度變革，比起光緒皇帝變更政制的維新提案，範圍還更加廣泛。

這些官僚體制的變革，誠然是在各國逼迫之下進行的，但是慈禧本人對於走向改革道路，卻不是全無熱誠。事實上，她很快就相信，組織議院和商會可以增強，擴展朝廷與大眾之間的連結。從這個角度來看，一九〇〇年的排外政策以及一九〇一到一九一一年的新政改革，有著同樣的企圖：鞏固王朝的民心基礎。前面的排外政策，是由面對近代帝國主義的絕望所激起的反應，很明顯的誤判了局勢。之後的新政改革，卻是對於贏回民心所作的循序漸進嘗試。可是，它的實施最後也證明是基於對政治局勢的誤解上面，而在這一次，即將把整個王朝帶往它生命的最後一段旅程。

第十一章
天命已盡

清朝的覆亡，最初看來似乎是由一個瞬間自發的暴力行為所造成的。陰謀者的槍和劍，具體化形成像一九一一年的武昌起義這樣隨時都會爆發的事件。但是，一場革命並不只是區區一個瞬間，或是一次事件。革命必須經過長期持續的過程，在這當中還伴隨、圍繞著具體的政治破壞行為。如果和上述這些大背景脫鉤，單一的事件就會失去它終極的意義。實際上，籌劃革命者後來的行動，有時候會因為非出自本意的後果，而違背其初衷；而我們甚至好奇：革命分子是否有權將他們的所作所為，稱作是一場革命。

初衷與後果之間的分歧和差異，不只是學術界會關切。一個革命政權必須為自己植入新的歷史根源，以使政權合法，因此於對於革命事業的詮釋，竟然可以事關一個政權的存亡絕續，可說是毫不誇張。這種情形在中國尤其如此：帝制政府在一九一一年的垮台，隨之而來的不僅是政治秩序的土崩瓦解，更摧毀了作為制度支柱的傳統。後繼而起的政府因此必須創造一段新的過去，新的歷史，以便建立統治的合法性，同時也需要製造革命遺產，好留傳後世，就例如創造出像「國父」孫中山這樣舉足輕重的領袖人物。

國民黨版本的辛亥革命

中國國民黨人業已建構出他們的辛亥革命史論述。根據他們的黨史，在孫中山這位民族領導者出現之前，漢人忍受異族（滿洲人）統治，足有兩百五十年之久。孫出生於廣東，在夏威夷和香港受教育，表面上以行醫為業，但是他真正的目標，是要驅逐韃虜、恢復中華。在一八九四年，孫中山創立了祕密組織「興中會」，在世界各地的華僑聚居地發展組織，之後在一八九五年——透過中國內地祕密會社的連繫，發動了首次起義。隔年，他在倫敦遭到清廷使館密探的綁架，在僥倖得脫之後，便全心投入於革命理論的研究當中。後來他逐步發展出一套自己的政治哲學：即為民族、民權、民生主義所構成的三民主義。同時，他也制定了一套中國革命戰略：首先是推翻統治的專制王朝，接著由勝利的革命黨進行「訓政」，教導人民行使政治權力。在一九〇五年，流亡海外的中國激進革命分子成立「中國同盟會」。孫中山的這些構想，加上他在華南發起的多次起義，使他成為領導同盟會的不二人選。接下來的六年之間，同盟會在廣東、雲南、湖南、浙江謀畫，並且發起一連串的起事，而以一九一一年四月的廣州起義為革命進展的最高潮，在該役中，犧牲了許多志士寶貴的性命。雖然這些起義都以失敗告終，孫中山業已確立他在革命事業中的前驅地位，持續招徠追隨者，與他共謀大業。

終於，其中一次起事成功了。一九一一年十月十日，在華中地區的武昌，革命黨人的起事激起了反朝廷的兵變，革命風潮迅速蔓延全國。孫中山很快就透過他在上海的總部，掌握了全盤局勢，他在該地被推選為中華民國臨時政府的大總統。到了一九一二年二月十一日，清朝覆亡。但是，這時北方仍然在前直隸總督袁世凱的控制之下。孫中山為了顧全大局、維護國家統一，慨然辭去肇建伊始的民國總統之職，由袁氏接任。

不幸的，袁世凱最終被證明是反動派頭子，他在革命黨人於一九一三年試圖推翻他的政府時，派兵鎮壓他們。孫中山再一次必須流亡海外。但是在接下來的七年間，他組織了新的國民黨，據有廣州，並且開始準備北伐，在進步的治理之下統一全中國。現在袁世凱已死，但是軍閥餘孽還盤據著首都，並且自相爭鬥、犧牲中國的主權，換取帝國主義者的貸款。孫了解，他需要盟友以摧毀這些軍頭，因此邀請共產黨人合組統一戰線，並且讓中共加入國民黨。這些中共黨人接受了他的邀請，但是因為他們持續暗中圖謀共產革命，最終背叛了孫的事業。孫中山在一九二五年病逝之前明白了這一切，但是他為了業已開展的北伐計畫，不得不維持國共合作的聯盟局面。這個政策在他死後，由他原來的軍事幕僚蔣介石繼承下來。蔣接管了國民黨，為實現孫中山統一中國的理想，而在一九二六年發動北伐。儘管中共與蔣在一九二七年決裂，蔣總司令還是在一九二八年將全國統一在國民黨的旗幟之下，並且在新的首都南京治理中國，一直到抗戰爆發。

國民黨革命史觀的矛盾

這套國民黨版本的辛亥革命論述，以及接下來的發展，是設計來使蔣介石繼承國民黨內的權力地位正當化。蔣被認為是國民黨總裁的不二人選，因為他實現了孫中山的遺志發動北伐，成為革命創始者的合法繼承人。因為如此，孫中山在革命運動中的地位，就必須高於其他參與者。在這種情形下，辛亥革命於是被編造成完全是孫一手造成，民國肇建也是他個人的成果。

然而，如果對「國父」以及辛亥革命作更進一步的觀察，就立即能夠發現許多矛盾之處。孫中山不但和內地的祕密會社關係非常薄弱，他本人也只參加過一次起事。一九〇五年成立的同盟會很快就四分五裂，而到了一九〇八年，同盟會在東京的總部已經與人在印尼的孫失去連絡。這場於一九一一年十月十日爆發的關鍵武昌起義，是下層士兵和統帶軍、士官所聯手發動的譁變，和孫中山沒有任何連繫。事實上，當革命爆發之際，孫本人正在美國科羅拉多州的丹佛市。得悉起義消息以後，他直接由美國轉赴歐洲，面對西方列強諸國，以革命最主要的領導人自居。孫在上海獲選為臨時大總統則是妥協之下的選擇，因為在當時，湖北新軍將領黎元洪和湖南籍革命領袖黃興互爭總統一職，已成僵局。同盟會只在十八行省當中之一擁有實權，這就是孫的故鄉廣東，革命黨人在那裡發起多次反清起事，他的革命組織在那裡也最為強大。可是，即使在粵省一地，同盟會也很快就將地盤丟給孫的對手陳炯明，因為陳得到了商人和改革派仕紳的支持。

儘管孫中山在一九二〇年代的革命運動中，無庸置疑的具有最高權威，[1]但是，正如上述這些矛盾所顯示的，如果說他在辛亥革命當中具有同等的重要性，將會是一種嚴重的扭曲。甚且，現在也有很好的理由能夠質疑，推翻清朝根本就不是一項長期布局，計畫完善的革命性雷霆一擊。相反的，辛亥革命可以看成是各省紛紛脫離中央所導致的結果，這些主要省分（除了一省例外）都由新軍的軍官，或是省諮議局的仕紳所領導。所以舊秩序的傾覆，可說是由一八五〇年代，為了因應內憂外患所發展起來的過程之最後結果：地方武力的發展，農村經理階層的興起，在地方政府中仕紳政治影響力的延伸等因素。革命在思想上受到激進知識分子的啟迪，而革命的起事（儘管頗多失誤），則因為表露出深刻的社會動盪而顯得重要。但是清朝的滅亡，實在是十九世紀中崛起的新菁英所導致的後果。實際上，正是清廷在一九〇一年後所作的軍事、政治、經濟，以及教育改革，諷刺地加速了菁英群體政治意識的形成；如此所產生的後果，對清朝的傾覆而言，遠較孫中山等革命黨人於同時期內所從事的活動，來得更有貢獻。

軍事現代化及其後果

改革所帶來意料之外的後果，當中最顯著的，莫過於清廷在十九世紀後期，延續自強運動而來的軍事現代化改革。在一八九六年，即日本於甲午一戰獲勝後，盛宣懷就曾建議，[2]以三十萬普魯士操典的各省團練新軍，替代原來八十萬的傳統綠營部隊。光緒皇帝之後下詔成立兩支新軍部隊：一是「自強軍」，由總督張之洞統率，以十三個營在南京組成；另外一支是七千人的「新建陸軍」，以直隸省為基地，歸袁世凱統領。兩支部隊都著西式軍服、配備西式武器（尤其是毛瑟槍），張之洞的自強軍，還由三十五位德國軍官進行操練。

慈禧皇太后此時雖然已經歸政於皇上，但是為了制衡新建陸軍，立刻就命令榮祿節制直隸所有朝廷部隊。榮祿稍後組織了一支按德國軍法操練的先鋒隊，歸甲午戰爭中作戰英勇的聶士成統領。袁世凱後來之所以在戊戌政變時背叛維新黨人，仍然效忠於慈禧，有部分就是因為榮祿在兵力上占了壓倒性優勢的緣故。

慈禧的政變代表滿洲皇族親貴重新控制了朝廷，[3]他們也很快將手伸進軍事部門裡面去。皇太后重掌大政之後，改組北方各軍，將袁世凱的新建陸軍併入榮祿統領的六萬名「武衛軍」當中。袁部雖然改稱為武衛右軍，仍歸袁氏指揮。不過，朝廷卻因此而確保了對華北軍事力量的掌控。

八國聯軍於一九〇〇年進攻北京，使朝廷的軍事力量遭受重創。戰爭爆發後不久，南方各主要督撫如李鴻章、劉坤一、張之洞等人，私下和外人協商停戰（即《東南互保章程》），承諾保障帝國主義者在租界和條約口岸的權益。稍後被任命為山東巡撫的袁世凱，也奉行這一協議，忽視慈禧要他加快備戰的指令。結果是榮祿旗下各軍，在聯軍頭一波大舉猛攻時首當其衝。提督聶士成於一九〇〇年七月九日戰死於天津南郊，參戰的武衛軍，實力大為削弱。另一方面，袁世凱所部由於未曾開赴戰場，因而毫髮無傷，得以在戰後保存建制。

在皇太后於一九〇一年決定展開制度改革之後，袁世凱麾下的軍事力量便開始得到擴充，他所統領的兵員，很快就達到三萬之眾。像他前任的李鴻章一樣，袁世凱得益於清政府自衛的決心。他的北洋軍所部軍官，主要都是日本軍校留學生，朝廷還贊助北洋武備學堂的設立。而且，專責改組部隊的練兵處，受到軍機處的支持，於一九〇三年十二月設立。這個機構由袁世凱和軍機滿大臣鐵良共同主持，軍費由各省的稅收挹注，從而使袁麾下的部隊在一九〇四年（同年底，日、俄為了爭奪滿洲和朝鮮而開戰）時，擴充了一倍。到此時，袁的轄下有六萬訓練精良、薪餉充足的士兵聽候號令，讓他因此成為北方軍事的領袖人物。

對於朝廷的官員來說，袁世凱在直隸省稱霸，使得一個老問題又浮出檯面。自從太平天國動亂以來，漢人的地方督撫如曾國藩、李鴻章及張之洞等人，在軍事上都自成局面，現在看來，袁世凱又將要步上他們的後塵。這些地方大員的權力，原來受到順治和康熙皇帝在十七世紀晚期所設下的制衡體系的牽制，這個機制依靠八旗統兵將領，使權力平衡的天秤傾向對朝廷有利的這一邊。可是自滿清入關以來，滿人菁英日漸失去種族認同，而八旗兵在平定內亂與外患時，業已證明完全無法派上用場。不過，朝廷即使失去了一項制衡漢人的重要武器，它卻因為自身日漸的漢化，反而贏得了漢族士大夫在文化上的忠誠。事實上，滿族菁英們此時已經十分認同漢人的文化保守主義立場，導致西方軍事科技的學習，都由較不採取排外態度的漢人官員（例如李鴻章、袁世凱）所把持。然而，到了一九〇二年，皇太后的諸多改革新政，讓這批滿洲親貴相信：他們需要趕上潮流、因應時代。貴族紛紛出國考察，而皇室諸王則選中普魯士貴族作為他們仿效的對象。在接下來的八年間，當滿人組織禁衛軍，由留學德國，和德國貴族聯姻的親貴廕昌來統領時，朝廷對於能夠恢復祖宗在議政王大臣會議時的武勇，深寄厚望，同時也期待這批滿洲親貴，能夠像德國貴族軍官那樣，主導全國的軍事事務。

鐵良，這位袁世凱的前政治盟友，受命執行這項政策。滿洲人力圖恢復對所謂「北洋軍」的控制，當一九〇六年，練兵處併入新成立的陸軍部時，袁部轄下的六個鎮（師）被分去四個。袁世凱靠著皇太后的幫助，討回了兩個鎮；但是隨著慈禧健康的日益惡化，袁在朝廷中的地位也愈來愈艱困。他的失勢，可以很清楚的從一九〇七年，他被任命為軍機大臣一事上面看出來：實際上這是明升暗降，有效的剝奪了他剩餘的兵權。皇太后在隔年過世，更使他在政治上少了重要的靠山。看起來，滿洲諸親貴在這場爭奪北方軍事指揮權的鬥爭裡已經獲勝。

但是，他們的勝利只是鏡花水月一場空。首先，以滿族親貴掌兵，只招致了漢人的疑忌和怨憎。這群親貴脫下儒家長袍，配掛德國式的肩章，希望能夠重振他們身上的勇武貴族之風。可是，為了達成這個目的，他們卻付出了失去漢人臣工們文化上效忠的代價，並且不幸地讓朝廷蒙上了重滿輕漢的污點。其次，鐵良和稍後的廕昌，都沒能正確的認識到：袁世凱的權力基礎和之前的李鴻章、張之洞略有不同。袁氏與他們之間，確實有諸多相似之處：和李鴻章一樣，袁世凱無法自外於朝廷，另成格局，而必須仰賴他個人與朝中重臣的結盟，來保障他在地方上的軍事專擅局面。[4]但是，和之前這批督撫不同，袁世凱所依靠的，是他已經訓練、培養出一批純粹的新軍事菁英。幾年下來，他的北洋武備學堂已經栽培出數百名軍官，這批人自認是他的人馬，對他個人唯命是從。

曾國藩和李鴻章的軍隊，都以文人領兵，是根據上下從屬的忠誠關係組織起來的，每位軍官只從屬於他的直轄長官。袁世凱的軍隊則不然：部隊裡的幹部們並未受儒家處上、待友的道德準則薰陶，而是被教育要不分階級地對最高統帥袁世凱效忠。[5]而身為職業軍官，他們擁有特殊技能，因此有別於傳統官員。在另一方面，曾國藩的幕友們，當年都期待著獲得官職任命，因此對於既有體制，就和對其恩庇者一樣效忠。而儘管袁世凱手下許多軍官，後來都出任北洋政府的官職，[6]他們卻不把軍事生涯看作是轉作文職的踏腳石。受到軍校教育經驗的影響，從軍對他們來說是生涯的職業，而克盡職責則優先於效忠這個正在衰頹的政治體制。這種職業獨立性，讓袁部的軍官們就長期來說，遠不如忠誠堅貞的儒家官員來得可靠，但是在袁氏升任軍機大臣的這幾年內，這批幹部仍然聽從他的驅策。這些官員（如徐世昌等人）被安插在北方各個重要位置上，等到一九一一年、革命爆發之時，他們聽令於袁世凱，很快就採取行動。

財政困難

袁世凱並未擁有能夠宰制全國的軍事實力。其他的新軍單位在中國各地訓練、屯駐，這些部隊的文職長官是各省的巡撫，在二十世紀前十年間，他們侵奪了愈來愈多原來屬於中央政府的軍事、財政職能。各省財政的自主，尤其讓朝廷難以支付皇太后所發起的野心勃勃改革計畫。雖然中央政府的總支出，在一九〇〇年到一九一〇年間成長了兩倍，稅收總額卻維持不變。

清廷此時有四項主要收入：每年土地稅約一億又兩百萬兩銀子，關稅三千三百萬，鹽運專賣營收四千五百萬及像鴉片貨物稅這類的釐金，約兩千一百萬。雖然土地稅只在北京的總收入中占了百分之三十五，政府的徵稅系統卻甚無效率，低階仕紳包攬稅收的情形也無所不在，導致稅率無法提升。其他主要進項——關稅和鹽稅收入，都用來作為保證金，償還過去二十年間所累積下來的龐大戰爭賠款。還有一項可能動用的內部收入，是各省的釐金。可是，當中央政府於一九〇九年，授權內閣度支部審計並且徵收這筆稅收時，各省抗令不繳，該部毫無辦法。[7]剩下的唯一資金來源卻在海外。清政府轉向列強各國求助，以現有的貧乏收入作為償還擔保，簽訂貸款合同。對朝廷來說，此刻除了向外貸款，已經別無他法來籌措軍事、經濟事業長期的資金需要。然而採取這樣的政策，使得各省影響力日漸上升的仕紳，和朝廷之間的緊張關係更為加劇。

在一八六〇年到一九〇〇年這段時間裡，由高等功名、官員、知名文人組成的在京仕紳，更深入的介入其原籍省分的事務當中。正如他們曉得如何以低階仕紳作為鄉村事務的經理人，仕紳們也發展出一套包含地方水利會、慈善會和租賃事業在內的複雜行政架構。十九世紀的九〇年代，多位有名望的仕紳起來領導維新派的學會，並且在公眾事業的經理、地方學堂、學校的課程改革，以及像開礦或紡織工業之類的企業事務當中，扮演更活躍的角色。仕紳日漸精通於理財，相對於京師狹窄的傳統官僚利益，他們的在地政治意識大為擴展。換言之，上層仕紳感覺到，各省的省會比起在北京的中央機構，更適合從事政治活動的競逐，這樣的趨勢日漸普遍。清朝在二十世紀前十年之間的改革措施，將傳統仕紳和一個羽翼初成的資產階級，在現代經濟企業中結合在一起，加速了地方學制的改革，從而助長了仕紳政治在地化的局面。

新式學制

建立新式學制，是慈禧於一九〇一年宣示改革之後，首批立即付諸行動的計畫之一。一九〇二年，政府開始組織金字塔型的教育體系：地方學堂、州縣技術學校，以及省立、國立的大學堂；各級學校都以部分時間來學習西洋算學、科學及地理。兩年後，朝廷按照袁世凱的建議，採取意義更為重大的措施——廢除傳統科舉考試，終於達成了維新改革者的要求。將近五百年以來，精通八股策論就代表仕紳、官員地位的保證。科舉制度在明清兩代，用來維護正統經典、晉用政府文官，並且使地方菁英和帝國的文化、政治中心密切合作。科舉一旦廢除，仕紳和皇帝所代表的國家之間關係，就變得薄弱不堪。其他取得身分地位的來源，例如西洋學問、地方政治威望、財富等，現在有機會和舊日進士出身者的威望競爭，並且很快的獲得勝利。

仕紳與商人的聯盟

科舉功名身分貶值的同時，正逢資產階級地位的上升。一九〇二年，政府終於頒布商法，提供生意人法律上的保護。同一時間，朝廷也認可取代舊日由國家控制之商行、會館的現代商會地位。在中國歷史上，這是首次商人獲准組織公開的協會。商會的領導人們在地方事務上發聲，很快就成為各大城市裡，商業利益的代言人，同時也和新興、適應力強的仕紳，就各項共同關心的事務結成同盟。

商人和仕紳老早就有非正式的連結。十八世紀時，在城市裡紳、商之間的地盤分界早已形同虛設。世家大族裡，各有子弟從商或作官，而對仕紳階級來說，追求商業利潤，獲利遠比只坐擁地產來得可靠。但是紳、商之間的連結，通常不被正式認可，這導致商賈和士大夫之間的傳統關係，都是私下的個人往來，而非公開的集體利益。事實上，明、清之時的專賣資本主義組織，就是意在防止生意人和士大夫官員之間利益一致。然而在一九〇二年後，在許多共同目標上，例如設立新式學堂、投資礦業及修築鐵路等等，一個紳、商之間的聯盟正式結成。這使得財富很快成為政治參與的門檻。辛亥革命嚴格來說，並不是資產階級的革命運動，[8]不過地方菁英在抗議政府徵收私有企業，以及保護私人財產不受革命分子攻擊這些事情上，則頗能反映出現代中產階級的利害關係。

立憲運動

商人和城市仕紳之間的聯盟，在立憲運動裡建立了表達政治意見的管道。知識分子請求開設議院的呼籲，最早可以追溯到何啟的提議，[9]而他們實際的先驅，則是一八九八年的維新派自發成立的各種協會組織。不過，同樣也是等到慈禧新政時，這些請求才有付諸實施的機會。慈禧支持設立地方議會的動力，和她在一九〇〇年時決定力挺義和團一樣，都是基於中國皇權統治裡，鞏固朝廷、爭取百姓民心的思想。這個現象，馬上就可以在日本找到例子：他們打敗帝俄，使全亞洲同感振奮。中國人將日本的勝利，大部分都歸功給有國會這類的公共機構，看來能夠有效動員公民、調和意見，使明治天皇和他的臣民能夠上下一心、團結一致。因此在一九〇五年，太后宣布設立考察政治館，研究外國政治制度中，適合作為中國政治改革的模範。十三個月後，朝廷頒布上諭，宣稱支持徹底的體制改革，並且於一九〇七年八月，宣布仿行憲政、預備立憲。舉國各地的官員紛紛向北京奏陳，贊成君主立憲；一個月不到，朝廷便向全國鄭重承諾，立憲會議終將召開。終於，在一九〇八年八月，詔令宣布：立即籌組地方自治局，以及開始準備明年各省諮議局的選舉，中央的資政院議員將於一九一〇年選出，而正式國會將在一九一七年時召開。

對當時大部分的人來說，這個宣布看來證實，清政府已經俯允大眾參與政治的請求，願意將政權轉換為立憲君主政體。朝廷確實在一時間獲得各界極大的支持，以致同盟會的激進分子發現，先前的仕紳和商人盟友都不見了。然而，表面上的認可掩蓋了朝廷與地方仕紳之間，關於這個新機構該扮演何種角色，存在著的極大分歧。按照朝廷的想法，自治局和諮議局一類機構，其最終目的在於增進國家統一，而不是出讓皇權。而對於地方仕紳來說，他們卻想要加速讓大量的地方、國家權力轉移到自己手上去。

例如，在大部分立憲派分子的眼中，地方自治局是一個維護仕紳在地方行政責任，同時訓練人民行使現代政治權力的機制。但是朝廷對於這個機構角色的設想，卻相當有限且偏向傳統。滿人權貴確實不樂見地方名流將自治局這類機構，變為仕紳手上的政治工具。相反的，他們期待仕紳使用自治局來「啟蒙」農民：教導他們關於現代公民的責任，或者是向他們宣讀白話報紙摘要。根據北京頒布的章程，地方自治局的職掌僅在「增補、建議官員行政疏失之處……受官員監督，而非自外於官府」。10

省諮議局也有類似的混亂特質。該局在一九〇九年二月時選出議員。而議員選舉的本身便極度菁英化。由於設下了財產和教育程度的門檻，實際投票的人數不到總人口的萬分之四，而且也只是選出一個選舉人團，再從中挑選出省諮議局的成員。要想具有諮議局議員候選資格，首先得有每年五千兩所得的財力，或者需要具有舉人以上功名，或自新式中等學校畢業。在這樣的條件限制之下，省諮議局的成員，自然都由高層仕紳所掌握。九成的諮議局議員都擁有科舉功名，擁有最高等功名——進士出身者，比例數字高得驚人，占全數成員的百分之十八。

但是即使這個群體是由菁英分子組成，在地方立法事務上，仍然無法得到北京的信任和委託。顧名思義，各省諮議局只不過被授與顧問、建議之權，充當中央政府和地方百姓之間溝通連絡的橋樑而已。從對朝廷有利的角度來看，諮議局可以協助遏止各省督撫令中央耿耿於懷的獨立趨勢。諮議局因此為中央提供了一條與臣民接觸的變通之道。這個機構使朝廷能繞開地方督撫、科層官員的持續阻擋，而能直達各省百姓。儘管朝廷對諮議局的這個構想，和「仕紳治鄉」的治國理念頗有雷同之處，它卻不是依照當初激發「開議院」要求的憲政統治新理論來設計的。

資政院位居這個體系的最頂端，其成員中包括百分之五的各省諮議局議員，於一九一〇年十月在北京集會。在此，立憲派的期待和朝廷所加諸的限制之間，彼此的矛盾日趨明朗。對於軍機處而言，新成立的資政院，其職司不外乎是由一群名流編纂各項政治改革建議，提供軍機大臣決策參考之用。然而資政院議員中，由梁啟超和張謇領導的「立憲派」，卻認為他們入京的目的，即是要組織新政府，而非替舊朝廷出謀劃策。他們發現朝廷毫無誠意，對於新政措施的牛步深感失望；這對清廷來說有百害而無一利，特別是這些挫折和各省之間正在興起的抗議風潮合在一處，矛頭對準了中央政府修築鐵路的政策。

鐵路修築

早在一八八〇年代，多數自強運動事業的推動者便認識到：鐵路是經濟快速發展的基礎。到了一九〇五年，督辦中國鐵路事業的盛宣懷，可以公然說出「鐵路實為舉國改革之關鍵」這樣的話，而無須擔心扞格牴觸。他和旗下的策劃者構思出一個廣大的鐵路網：由北京延伸出去，西到新疆伊犁、北到黑龍江璦琿、南到廣州，貫通連繫起整個帝國廣袤的邊境。盛宣懷對於修築鐵路的熱情，可堪與洋人在中國修路的狂熱相比——不過，各自理由絕不相同。列強各國都將參與中國鐵路建設看作是一個對自身銀行家的絕佳商機，以及對競爭對手國的重大外交勝利。每次列強諸國與中國政府訂立鐵路建設合同，該國的投資者便再一次獲得新的勢力範圍和可觀的利潤。一旦合約簽字，列強便立即向中國提供高利息的貸款，[11]幾乎不必承擔任何風險，因為清政府以稅收擔保，優先償還貸款。接著，由於清廷須向各國的鐵路合約承造商支付築路費用，這筆貸出的款項很快又回到貸款國的口袋。鐵路築成後，列強又可要求取得在特定路段的管轄權，工程維修與財政管理權，甚至是鐵路沿線任一側，十英里內開採自然資源的權利。所以，鐵路每有進展，便給負責修築的國家帶來幸運，確保能有大筆利潤的收入、治外法權，以及對自然資源的控制——所有這些，都是由中國人民來買單付帳。

比利時是這一波列強競相在中國築路的浪潮中，第一個獲利的國家，在一八九八年獲得修築京漢鐵路的特許權。比利時的成功，引來了其他列強諸國的瘋狂競逐。事實上，由於競爭造成列強之間嚴重分歧，使各國於一九〇九年決定：合組國際銀行團對中國貸款，以避免內部的潛在衝突。用當時英國外交部發言人的話來說，就是「各國舊有的勢力範圍規則，被瓜分利益的廣泛新體系所取代」。[12]在這樣的情形下，比起在條約通商口岸的合作時期，中國政府更加無法扮演槓桿作用，運作某國的銀行家來對抗另一國的投資者。而到了一九一一年，中國積欠英、德、比、法、日本等國的鐵路貸款總金額，已經達到四千一百萬英鎊。

中國的地方仕紳和商人很快就認識到：這些貸款絕不是利華之舉，相反的，它們是利權又出讓給帝國主義列強的象徵。他們部分是基於愛國熱情，希望能自建鐵路、保護國家資源，同時也能夠從中獲益。因此，在二十世紀前幾年，商人和仕紳依照新的商法合組公司、投資股份，從外國出資者手上買回修築鐵路和開礦的權利。這個保路運動取得幾次成功，特別是江蘇和浙江兩省的仕紳，設法集資從英國控制的香港、上海銀行手中，買回京滬鐵路的各項利權。但是西方各投資公司拒絕一再地交出手上的權利，因此由各國政府出面，對北京政府施加壓力，來壓制中國的抗議輿論。反正無論如何，北京都不願見到鐵路的路權落入各省仕紳的手中。地方上的愛國人士，從現代報紙的報導裡得到消息，對於中央政府明顯向帝國主義屈服，向列強繼續貸款，他們深感憤怒。四十年前，狂熱排外的仕紳控訴地方官員「賣國」，這個罪狀現在被扣在朝廷的頭上。而反對滿人的情緒，也化成愈來愈公開的聲浪。

革命的宣傳與行動

指控滿洲人將要犧牲中國來換取自身安全的說法，最先來自於海外的激進知識分子團體。一八九六年時，在日本留學的中國學生只有九名，十年後增加到一萬五千人之眾。大部分的中國留日學生，以日文比起英、法、德諸國語言與中文比較接近的緣故，來到東京或者橫濱研習西方學問。清政府認為日本作為留學地點安全無虞，因為明治政府被看作是開明君主的典範。然而，日本也對戊戌變法的流亡者提供政治庇護。這些流亡者當中最具名氣的，就是梁啟超。

梁氏所辦、流傳廣泛的《新民叢報》給予留日學生們至為深刻的印象，讓他們浸淫在令人暈眩的大量西方政治、社會理論當中。在一九〇三到一九〇六年間，《新民叢報》向讀者們介紹了哥白尼的天文發現、康德的自由主義、柏拉圖的哲學、黑格爾的唯心論、盧梭的社會契約論，還有歐洲的社會主義思潮。中國留學生也能從日文翻譯本裡閱讀西方典籍，因此，如果一位年輕的知識分子能在一九〇三年閱讀孟德斯鳩的著作，彷彿《法意》（*Spirit of Laws*）是當代政府理論的最新專著，那他很快也能接著研究克魯泡特金（Kropotkin）的著作，閱讀幸德秋水關於無政府主義的專著，並且追看同盟會機關刊物《民報》對社會主義的連載評論。但是無論如何，梁啟超的《新民叢報》仍然是世界新知識觀念的重要媒介。

在梁氏所撰的評論和文章裡，有幾個反覆出現的主題。其中一個重要性，是把中國青年從儒家價值的桎梏裡解放出來，透過個人的自由意志來增強民族國家。梁稱讚英國的自由主義，認為像英國這樣的國家之所以富強，是因為政治制度讓每個人都有發展他（她）個人特質的機會，免於受專制社會的束縛。中國迫切需要這樣的解放，因為在這個社會達爾文主義的時代裡，只有適者方能生存。一九〇六年以前，梁啟超更相信立即革命的必要性。舊有的秩序，連同它的文化防禦態度，都必須加以滌盪殆盡，如此新的秩序才能夠重新建立起來。稍候，梁氏從這個立場退卻，認為如果徹底摧毀滿洲人的政權，將會使中國失去現有的一切憑藉，而無法對抗帝國主義。然而在這個時候，那些最先深受他影響的學生，卻都已經投身於反滿革命大業當中，並且尋求其他政治領袖的帶領和啟迪。

湖南人在革命事業中特別活躍，這部分是因為他們對於戊戌變法在湖南省的失敗，尤其感到失望的緣故。在東京的湖南人，心中緬懷譚嗣同的先烈遺風，在黃興領導之下成立了「華興會」，於一九〇〇年時夥同祕密會社，在華中地區發動了一次失敗的起事。浙江籍的學生也參加革命活動，他們受到才華洋溢的學者章炳麟的啟發。章氏是康有為的強學會成員，現在流亡到日本，擔任梁啟超的助理編輯。章的反滿立場脫胎自古代經典，特別受十七世紀明末遺民的著作影響，強調華夏與夷狄的文化之分。以章氏之見，滿洲人篡奪漢人的皇位，竊取中國的人民，讓中國墮入停滯和落後的深淵。即使到了今天，滿洲人還持續的試圖讓漢族人積弱不振，將他們出賣給外國侵略者，好維持篡竊來的皇位。章炳麟嘗試宣傳他的理論，因此於一九〇二年在東京，以紀念明朝滅亡二百四十二週年為名，發動學生示威運動。日本警察取締了這次集會；不過，章炳麟找到了其他的途徑來表達他的反滿種族主義立場。其中一條途徑，是透過他一位年輕的朋友、湖南人鄒容。鄒容所著的《革命軍》小冊，充滿了煽動和激情，提醒讀者清兵對明朝遺老的屠殺、並且把滿洲人和禽獸相提並論。《革命軍》聲稱，為了要將帝國主義者從中國驅逐出去，漢族人首先應該去除身上的蠻夷（滿洲）寄生蟲。當章炳麟回到上海，並且在一九〇三年將鄒容的抨擊之作出版之後，立刻引起轟動。清朝官府逮捕了章、鄒二人，鄒容後來死於獄中。

但是《革命軍》仍然繼續流傳，而且當清朝政府於一九〇三年、無法迫使俄國從東三省撤軍時，似乎更證實了這本小冊子當中的若干論證。在東京的中國留學生對於俄國占領東北群情激憤，甚至組成了義勇隊要和俄人作戰。稍後，清廷駐日大使說服明治政府，取締這批義勇軍，此舉更讓學生們相信：滿洲人決心要出賣漢族愛國志士。這一事件使得許多浙江籍學生憤而回國，誓言推翻清朝。他們加入蔡元培在上海創立的愛國學社，鍛鍊自己的軍事謀略，並且試著招攬長江下游的新軍士兵共謀大事。浙江革命分子的確在接下來的數年之間，發動了數次起事，不過全都歸於失敗。[13]而實際上，在浙江、湖南發動的這幾次奇襲——背後通常都有祕密會社的身影——使他們在地方仕紳當中的潛在盟友望而卻步的效果，還大過推動革命所產生的作用。可是，即使激進的知識分子決定緩和步調，以爭取改革派仕紳的合作，這卻意味放棄在民眾間發動反滿起義的希望，而這可想而知是他們絕不願意放棄的理想。

由於他們和農民之間頗有隔閡，流亡到東京或隱匿在上海的年輕學生，極為意識到與大眾更加接近的必要性。在投身革命的行動裡，這個疏離的新世代業已切斷了他們的傳統根源。這導致在他們當中，產生一股深層的動力，希望能夠回到百姓之中，與他們革命修辭裡擁抱的農民真正站在一起。這就是為什麼反滿種族主義會在這群學生當中，產生如此廣泛號召的原因。無論其侷限性有多麼大，它提供學生們憑藉，使他們能據此和祕密會社來往，並且在想像之中，也和民眾有了共同的話語。

反滿洲種族主義在革命者的圈子當中如此盛行，當然還有別的原因。例如，反滿情緒確實存在心理上的安慰作用，相信中國漢族人之所以遭到帝國主義的羞辱，乃是因為滿洲人的蒙昧與懦弱之故。清朝因為這樣，而成為整個國家、民族軍事挫敗的代罪羔羊。反滿種族主義同時也是許多革命思潮、學派的共同起源。信奉亨利・佐治（Henry George）的社會主義思想者，崇拜英國自由主義的人，克魯泡特金無政府主義的信徒，還有社會革命恐怖分子，同樣都對滿洲人深表痛恨，他們以剪去十七世紀時，滿洲人加諸在中國人腦勺後的那條辮子作為象徵。在反清鬥爭裡，一個如此簡單的姿態，就能夠創造一種武力的參與感。這些學生們，在心中回憶起過去歷史中英勇抵抗異族入侵的民族英雄，狂熱地相信：推翻滿洲統治這個神聖但血腥的使命，將能夠重新為漢人帶來尊嚴與力量，然後使自己振作起來，驅逐帝國主義的侵略。

孫中山

而這些知識分子心中最期盼的，莫過於將他們反滿的熱情化而為號召民眾，推翻清朝帝制的直接行動。這是為什麼他們在一九〇五年找上孫中山的原因。孫氏與華南的地下社會有廣泛接觸，並且和華僑社群多所連繫，似乎為海外的革命分子指引出一條明路。歷史學者現在知道，孫中山和祕密會社之間的連繫，實際上頗為薄弱；但是在當時，知識分子很輕易的就相信：不管是在舊金山洪門幫會的聚義廳堂，或是新加坡三合會的密謀小室，這位經驗豐富的起事者，都能為他們拉起與群眾的同盟陣線。事實上，如果孫氏有一套更好的理論，或許就能夠更快讓中國留學生歸心。孫氏出身西式醫學訓練，缺乏像章炳麟那樣深厚的國學素養，在理論上也不如梁啟超的敏銳精細。不過，在布魯塞爾時，有中國留學生告訴孫，他除了實際行動之外，在知識分子裡面別無其他號召力；孫中山於是將各種社會理論融於一爐，[14]創制出三民主義。

然而歸根究柢，孫氏之所以能成功地將東京流亡學生全部收歸在他的領導之下，靠的是他強烈的反滿立場，以及祕密會社將支持起事的承諾。透過日本同情革命者的撮合，孫氏和湖南革命團體的領導人黃興，於一九〇五年夏季，在日本極右派的黑龍會東京總部會面，商討合作事宜。整場討論裡，孫氏反覆陳說，認為各省的革命運動必須合併為一股力量，如此革命才有成功的希望。「如果能將祕密會社團結在百名核心志士能人的指揮之下，」他堅持道，「則必能成功起事，推翻滿清。」[15]正是這樣的自信，加上孫中山的個人魅力，使得留日學生在一九〇五年八月二十日那天鼓掌歡呼，慶祝同盟會終於成立。有段時間裡，他們確實團結一心，在革命熱潮的激盪之下，各省各人的組織、派系都將分歧放在一旁，宣誓共同合作，推倒滿清統治。

不過同盟會作為有效運作各團體的聯盟，存在的時間頗為短暫。孫中山把它同樣當成是在他要求下成立的團體，與世界各地華僑聚居地成立的組織、分會並沒有分別。同盟會的成立對孫氏來說，不過又多了一個組織，能夠提供資金與武器，好讓他聘僱傭兵，沿著中越邊境發動一連串流產的武裝起事。根據孫本人，還有以胡漢民為首的廣東籍支持者的理論，這些起事遲早能使革命黨人占領南方的一、二個省分，建立共和政體，並且獲得外交承認，從而建立基地，北伐平定北方。黃興對這種「南方戰略」表示輕蔑。據他看來，清廷的統治根基，絕不會因為失去一、二個邊陲省分就遭受撼動。因此，他極力主張，同盟會應停止在孫的邊境武裝上面浪費寶貴金錢，而改為全力在長江流域的腹心地區發動起義。孫中山對這些異議不予理會，因此使得組織內部的彼此仇視更加升高。甚至有謠言指控，孫氏把同盟會的捐款轉移到自己的口袋裡去，而使得他與東京總部的實際負責人宋教仁之間產生嫌隙。到了一九〇八年時，同盟會已經幾近虛設，因為各省的革命團體都已不聽號令、自行其是，各走各的路。

祕密會社

黃興和他的湖南同志們儘管批評孫中山的南方戰略，卻也了解要在華中各省取得重大進展，洵非易事。主要的幾次起事發動於一九〇四到一九〇六年之間，不過，革命黨人卻難以和長江流域一帶的眾多祕密會社維持聯盟關係。實際上，這些革命黨人與私鹽販子、打家劫舍的匪徒之間，唯一共通的語言，只有反滿洲的種族立場。所以，就算是決定起義文告措辭這一類相對簡單的事情，都讓他們深感左右為難。同盟會的會員希望以「建立共和政府」作為起義的號召口號，但是祕密會社的首領們通常對這類西方觀點並不熟悉，而且沒有興趣。相對的，他們的會眾比較偏好反清復明之類的訴求，或者是宣稱天命歸於新的皇帝。這有部分雖然是政治上無知所導致的問題，不過也反映出祕密會社的排外傾向。

在一八六〇、七〇年代反對洋人傳教士的暴亂被平定以後，民眾之間的仇外情結仍然在華中地區繼續蔓延。十九世紀的最後幾年裡，祕密會社在排外運動當中扮演顯著的角色。二十世紀的頭幾年，各個條約港埠的外國領事緊張的收集各種關於俄國占領東北的零碎情報，對於農民的反應十分在意。換句話說，中國不識字的廣大人口，無疑的對帝國主義者威脅他們國家這件事情，愈來愈有所認識了。他們當中某些人的恐懼，以宗教天啟的形式表達出來，就和義和拳亂時，北方所流傳的那種悲觀、不理性的預言如出一轍。可是，在這個時期的群眾反抗運動，有一種新的論調與特質——並不是如同一九四〇年代日本侵華時的農民，對中國民族意識所經歷的完全覺醒，但是至少已經明白「覆巢之下，焉有完卵」的道理，也就是說，個人的生存，需要靠中國的國家領土完整來保障。同時，農民的認同範圍開始擴大。農夫李四（或者張三）不只是三門村的村民、李家（或者是張家）的後代；他也是湖南省的省民，同時還覺得自己是漢族子民的一分子。

日漸茁壯的民族主義，有部分與知識分子的反帝國主義思想重疊。但是要使祕密會社的領袖們接受革命黨人的共和主義思想，則甚為困難。原因出在排外思想往往與反現代主義混雜在一起，難以辨明。參加祕密會社的農民和工人，往往有極為深厚的鄉土意識；他們可以算是革命群眾，但絕不是革命黨人。他們就像身邊周遭的老百姓一樣，對於清朝新政措施，還有地方仕紳興辦學校、修築鐵路的舉措，也感到困惑、茫然不解。農民對這些陌生的經濟事業感到憎恨，有其經濟上的根源。地方督撫和改革派仕紳為了要資助新軍、建立新式學校，對於釐金和貨物稅大加攤派，以增加稅收。這項政策對那些把農產品運到市鎮交易的農民來說，打擊特別嚴重。像湖南的湘江流域，還有廣東的珠江三角洲這樣高度商業化的地區，農民要不了多久就知道，地方現代化事業讓他們負擔更重。社會中、下階層早已把鐵路和輪船看作是古怪的舶來品，現在他們開始把經濟的困難，都怪罪到改革派仕紳和地方官府身上。與此同時，那些鄉村老派仕紳們，感覺受到城市中改革派仕紳所興辦事業的排擠，於是鼓勵農民對那些洋式外觀的機構（例如新式學校、商會、公司等）進行抗議與攻擊。在一九一〇年到一九一一年間，嚴重的稻米短缺使得農民的生計更加困難，好幾起大規模的暴動在華中爆發。從改革派仕紳的角度來看，這些農民都是反動的暴民，他們和先前的農村經理人（也就是文化立場相對保守的低層仕紳）脫離關係，更使得改革派仕紳的事業得不到來自民眾的支持。我們稍後就會看到，這種情況，使得改革派仕紳在辛亥革命以後，更加要依賴地方軍閥的奧援。

革命黨人對民眾這種反對現代化的態度，也同樣感到頭痛。他們發現：祕密會社之所以願意冒大不諱，公然扯旗造反，是因為他們的頭領感受到官軍通訊和軍事力量改進所帶來的威脅。譬如在一九〇四年，湖南祕密會社頭領馬福益，同意參加革命黨人的起事，就是因為他發現一條鐵路線一路從省會（長沙）修築過來，擔心在完工以後，新軍各營就會開進他的地盤，摧毀他的賭博王國。華興會這時對於民眾的支持深表歡迎，並且鼓動馬福益率眾發難。然而，這場起事很快遭到省方平定，馬頭領被殺。不過，當祕密會社起事暫時取得勝利之時，革命黨人很快就發現：這群盜匪只是拿「反清復明」當幌子，他們主要的興趣，其實是掠奪城市糧倉，搶劫富人的家產。

這些祕密會社抗拒社會變遷，而不是希望順著時勢發展；他們對於知識分子的革命事業，缺乏思想上的信仰，因此他們與革命黨人的聯盟也證明了並不牢靠。可是，擁護共和政體的革命黨人此時的選擇不多，他們只能繼續和三合會、哥老會合作下去，一直到辛亥革命前後。隨即，當革命在別的地區爆發時，同盟會的成員就發現，要怎麼處理他們的前盟友，是一件相當為難的事情。例如在湖南，當華興會的黨人正要與改革派仕紳攜手合作，共同對付統帶新軍的官員時，會社頭領焦達峰率領的大批人馬所幹下的事情，卻逼得全部有產業的人，都站到清廷帶兵官那一邊去了。小群知識分子要學習如何將農民們的不滿，轉化為有意識的社會革命行動，還有很長的一段路要走。

因此，在辛亥革命爆發的前夕，同盟會不僅只是組織分裂、策略混亂，還因為一連串起事失敗，及協調欠佳而兵疲馬困。實際上，有些莽撞的成員，已經開始認為各地同謀舉義的策略無濟於事；像汪精衛這樣的革命黨人，就轉而從事恐怖刺殺的無益之舉。雖然圖謀行刺的子彈和炸彈攻擊的嘗試，動搖了民眾對於清廷的信心，真正引發革命的行動，卻來自其他地區，伴隨著立憲派的鼓動、各省的保（鐵）路運動，以及地方軍事日漸與朝廷疏遠的趨勢——這些因素的能量，在一九一一年的秋季，匯聚到最高點，即將爆發出來。

立憲運動的中挫

如同前面所提，資政院已經在一九一〇年的十月於北京集會，為正式國會的召開作準備。而議員們隨即發現，帝國政府只把資政院當成是聊備一格的顧問機構。議員們相信，朝廷並無誠意即刻落實召開議院的承諾、符合公眾的期待，因此各省代表紛紛上奏，請求加快立憲時間，甚至還出現了血書請願。監國攝政的醇親王載灃雖然同意請求，但是只把國會預定召開的時間，由一九一七年提前到一九一三年。有些請願代表順從地接受這個決定，但是更多狂熱的立憲派人士，對於朝廷的蓄意拖延則甚感失望。一九一一年六月，他們組織以孫洪伊為首的憲友會，協調各界、共同抗議朝廷拖延立憲。這些成員，大部分都是具有名望的仕紳領導人物，他們隨即回到各省所屬的諮議局去，這時已經是十月武漢兵變的前夕了。

保路運動

在這個時候，仕紳們所領導的恢復路權運動，已經進入更加熱烈的階段。三年前，湖南、湖北、四川、廣東等省的仕紳與商人，透過認購鐵路債券，籌足資金，並且計畫興建兩條南方的鐵路幹線，連結廣州和四川。北京中央政府中，負責督辦這兩條鐵路興建的大臣為張之洞；他說服朝廷，認為這個築路計畫將增強各省經濟自主的局面，並且在實際上會延緩全國鐵路網的完成，因為各省的出資者都想讓自己的投資路段優先完成。朝廷因此全權委任張之洞，向外國銀行尋求金援。張氏和繼任的盛宣懷和由德、法、英、美四國組成的銀行團談判借款。當這個消息傳到鐵路沿線各省時，持有鐵路公司股份者便鼓動輿論起來反對，情形以湖南為最。由於各地群情激憤，政府只好拒絕批准貸款合同。然而，各國銀行團並不接受這個決定，並且讓其外交代表一再對清朝外務部呈送語帶威脅的照會。北京很快就打了退堂鼓，同意接受外國貸款，這筆款項將用在盛宣懷督辦的中國鐵路總公司名下，為中央政府築造南方的鐵路。緊接著，一九一一年五月十日，北京頒布詔令，解散各省集資興辦的鐵路公司，並且承諾在未來償付各公司股東認購的債券。16

各省的投資人聞訊後大為憤怒，群起抗議。這一次抗議風潮，以四川最為激烈。該省的報紙宣稱，清廷將「出售川省與外國」，並且痛斥盛宣懷為「賣國奴」。地方上有名望的諮議局議員、商會代表和愛國學生紛紛集結起來，組織保路同志會，發動激烈的群眾抗爭。學生回到故里，向農民宣傳，而哥老會分子也蠢蠢欲動。正當反清情緒甚囂塵上之際，四川總督趙爾豐擔心發生動亂，使得局面難以收拾，於一九一一年九月七日，決定趁保路運動尚未串連時加以扼殺，下令逮捕保路同志會和省諮議局的主要領導成員。趙的行動，逼使抗議者採取武力手段反抗。數日之內，仕紳領導的民團攻打成都的總督衙門，並將趙爾豐逐出省境。清廷在十月初下令動用軍隊恢復秩序，但是清朝自此就再也沒有恢復對四川這個「天府之國」的控制。

新軍的離心與武昌起義

只要各地的軍隊還保持效忠，清朝政府就能度過保路運動這個難關。但是在屯紮於華中、華南的新軍駐軍裡面，已經出現嚴重的離心徵兆。這些新式軍隊中的軍、士官，與各營出身綠營的管帶難以相處。新軍士官們受過軍校教育，粗通文墨，因此從一九〇三年後，就成為革命分子宣傳的主要目標。鄒容的《革命軍》小冊子重行揭發了滿洲人於十七世紀所犯的暴行，報紙批評中央政府的言論則在基層激起了反滿情緒。許多新軍的兵、士官，憂心中國的積弱不振，於暗中紛紛組織革命團體，聚會研究共和政治理論。這些革命團體、讀書會的活動，在武漢三鎮（即武昌、漢口、漢陽）的新軍各營中最為活躍；湖北新軍的統領，曾經破獲為數頗多的革命團體，逮捕其領導人，並且禁止在軍中宣傳共和思想。但是這些組織難以禁絕，遭到破獲後，總是換個名稱，從頭來過。武漢地區最傾向革命的社團，以「文學社」為名暗中組織。在一九一一年夏季，文學社成員受到保路風潮的鼓舞，開始計畫在同年秋季時舉事。

同盟會獲悉此一舉事計畫，不過卻認為時機尚未成熟。結果，當一九一一年十月九日，預謀舉事者在漢口的祕密機關裡不慎引爆小型炸藥時，17 同盟會成員無人在場。但是，爆炸當時巡捕就在附近，並且在悶燒的火場廢墟當中，搜出預備起事者的名冊。革命黨人立刻意識到：他們的組織和性命俱都岌岌可危，因此決定當晚就發動兵變。但是起事決定無法及時通知所有基層士兵，因此在次日，數名未受警告的領導人遭到湖廣總督瑞澂的親兵逮捕。總督衙門圍捕嫌犯不分青紅皂白，甚至將一些士兵從教練場中直接拖出逮捕。就在這人人自危之際，卻爆發了一場爭執——當晚，也就是一九一一年十月十日晚間，湖北新軍第八鎮工程營的正目（即班長）熊秉坤，在武昌彈藥庫執勤時，和查勤的官員因細故爭執。官員懷疑熊要謀逆，雖然熊正目並非原先預謀起事者，但他卻開槍射殺官員，帶領他的士兵譁變。其他心懷不滿的士兵，立即加入兵變的行列，他們很快就奪占武昌軍械庫，並且逼迫新軍協統（旅長）黎元洪出面領導。

武昌起義能夠成功，有以下三個原因。首先，擔任湖廣總督的滿人瑞澂，在事發之後就慌亂逃竄，把武漢三鎮留給叛軍。其次，發動兵變者搶占了整座兵械彈藥庫，以及湖北省的財庫——武器和經費都足以支撐，直到國內其他地方也響應起義。其三，他們的領導人黎元洪，在發現無法回頭以後，就成了最狂熱的革命領袖；黎同時謹慎地和各省諮議局領袖們（如湖南的譚延闓）連絡，因此能夠號召立憲派仕紳站在他這邊。各省的仕紳和新軍將領們，在確定武昌城裡這場兵變不是一次恐怖分子的冒險以後，紛紛宣布獨立。革命因此迅速由改革派仕紳和地方軍事長官所組成的聯盟接管，他們自然希望能夠得到袁世凱的支持。

名義上，袁世凱在此時已經從直隸總督任上退休，這個動作是向攝政王載灃表達抗議，因為後者強奪了北洋軍的指揮權。當武昌起義的消息傳到北京，宣統皇帝尚屬稚齡，皇太后立刻就認定，[18]袁世凱此刻是朝廷唯一的希望，並且盼望他回到北京主持政府，與革命軍協商停戰。可是在另一方面，攝政的醇親王和其他滿洲親貴，對袁氏並不信任，他們反對妥協，並敦促朝廷立刻向叛軍發起進攻。可是，除了醇王早先曾經試圖建立一支由滿人統率的軍隊，王公大臣們手上根本沒有兵權。當這些滿洲權貴還在那裡誇誇其談，反對授與袁氏全權的時候，北洋軍忠於袁世凱的將領便威脅要發動兵變。朝廷因此只能按照袁氏的意思，重新起用他。

在此同時，起義陣營當中的同盟會擁護共和者，已經開始和立憲派爭奪革命領導權。在武漢新軍發動兵變之後，黃興和其他同盟會領袖立刻趕回華中，試圖利用這波由反滿起事所激起的高昂民氣。正當農民蜂擁而起，剪去辮子、攻擊駐防旗人的同時，同盟會諸領導人則試圖組織起自已的大眾運動。在大多數的地方，他們的嘗試都被各省仕紳和軍頭組成的聯盟所擊敗。不過在中央層級，同盟會被各省承認，是領袖群倫的革命團體，因此各省於同年十一月四日，紛紛派遣代表，參加於南京成立的中華民國臨時政府。雖然若干與會的穩健人士提議：如果袁世凱願意公開表態效忠民國，便選舉他為臨時大總統，大部分的代表則分別屬意兩個候選人：代表仕紳與地方軍頭聯盟的領袖黎元洪，以及立場更為激進的革命領袖黃興。然而由於雙方缺乏共識，甫於一九一一年耶誕節結束流亡，回到上海的孫中山便獲得各方青睞，四天之後，他就被選舉為南京臨時政府的大總統。

相較於袁世凱手中的實力，孫中山對於他的力量，並沒有不切實際的想像。他知道很多各省代表原先主張選袁世凱為總統，也擔心黎元洪和黃興兩團體之間的脆弱聯盟，會經不起袁世凱的再三勸誘而導致瓦解。袁世凱此時已經得到英、日的強烈支持。這兩國相信，由袁出面組織政權，比起孫氏的革命政府，更符合他們的利益。孫中山擔心中國長期分裂，會引來帝國主義者的覬覦，因此在他就任總統時，便明確表態：如果清室宣布退位，支持統一的民國，他願意辭去總統一職，由袁氏接任。

正當袁世凱和革命黨人的談判繼續進行之時，滿人王公大臣們也持續反對退位。然而，元月二十七日，數名袁世凱的北洋軍將領，通電宣布擁護共和。袁世凱利用太后害怕激烈報復的心理，讓她勸說攝政的醇親王同意退位。一九一二年二月十二日，宣統皇帝正式下詔退位；就在這裡，兩百六十八年以前，多爾袞曾經驕傲的宣稱：天命歸於大清。隔日，孫中山履行承諾，將總統一職交給袁世凱，革命黨人放下手中的武器，準備迎接和平時期，議會政治的到來。

孫中山個人並沒有在舊革命團體（即同盟會）之外，另外建立草根政治聯盟的打算。同盟會現在交由原來東京總部的領導人宋教仁主持，他在各省政治團體、派系紛紛自稱對革命有功的一片嘈雜聲中，創建了議會政黨。現在清朝既然已經被推翻，許多投機主義者就想搭上勝利者的順風車。所以宋教仁很快就把同盟會的前革命黨人與溫和穩健的各省仕紳結合起來，組成了一個鬆散的政治聯盟，這就是國民黨。[19]他們在一九一三年春季於北京召開的制憲國會選舉當中，大獲全勝。這個聯盟是脆弱的，但是在選舉上的壓倒性勝利，讓南方的共和擁護者懷抱希望，認為自此有了憑藉，可以制衡袁世凱在北方日益壯大的權力。

二次革命

這個希望在一九一三年三月二十日歸於破滅，當天宋教仁在上海車站，正要搭上往北京開會的火車時，突然遇刺，之後傷重不治。宋氏身亡，無人再有他的威望和領導才能，可以維持住國民黨的團結局面。但是，正當袁世凱對若干較膽小的國民黨人施加威脅，讓他們退黨的同時，公眾卻發現：暗殺宋教仁的刺客，似乎由大總統本人間接指使。就在同時，袁氏任命他的北洋將領出任各省都督，這個舉措激怒了南方的軍事實力派，於是他們表達重組同盟，對抗北方的意願。前同盟會黨人和國民黨中的活躍分子懷抱這個目的，在一九一三年夏季發動了「二次革命」，反對袁世凱。

二次革命的成敗關鍵，在於開明派（即前立憲改革派）仕紳的態度，他們掌握了各省參議會（即原諮議局），在湖南、湖北、江西等省與軍事實力派合作。假如仕紳和軍人集結起來，組成團結的革命陣線，那麼就有打敗袁世凱的可能。幾個省的參議會領袖以及軍頭們，在革命初起時確實力挺國民黨，但是等到局面稍為逆轉，對袁世凱那邊有利時，他們的支持就都化為烏有。到了一九一四年，前同盟會的黨人被迫再次流亡海外，而國民黨則被宣布為非法團體。孫中山的革命時代又到來了，但是要等到將近十五年以後，新改組的中國國民黨才再次踏進北京的城門。

開明派仕紳對二次革命的迅速失敗，並沒有哀悼太久。有些成員甚至還歡迎袁世凱向激進的擁護共和分子發起進攻，因為這等於是替他們拔除各省的政治競爭者。在各省，這些開明仕紳倚靠新的都督（軍事實力派），並且掌握了省參議會、教育會以及商會組織。無論如何，他們相信勝利已經到手，目的大部分達成：清朝業已推翻，各省行政事務都掌握在他們手上。袁世凱不是孫中山心目中出任總統的適合人選，可是對這些開明仕紳來說，卻頗有好處。如果袁世凱欠缺民心支持，他就難以建立起一個強大，好插手干預的中央政府，當然也就管不到地方各省的自治事務。

尋找新天命

當然，袁世凱自己清楚：違背選民付託的總統難以團結國家。他也發現逐漸失去對北洋軍各將領的掌握，這些人的忠誠果然是極為短暫。袁氏認為，要尋覓一個無可置疑的權威，能夠凝聚全國，還是必須回到舊有的帝制。此時，一位見解絕對正確，但是昧於政治現實的美國教授向袁大總統進言：中國還沒有實行民主政治的條件，袁世凱決定為自己黃袍加身，在一九一五年暗中安排了一個「自發」的民眾請願，勸進他創建新王朝，登基稱帝。

這一次，地方仕紳再也沒有任何猶豫。袁世凱的復辟帝制之舉，看來既古怪又危險——看來古怪是因為，帝制對菁英而言，業已失去其儒家政治的重要性；而認為危險，則是因為帝制餘威猶在，或許能夠助長袁世凱的權勢，任他為所欲為。若是又處在帝制專政之下，各省將會無法自主，軍閥也要喪失獨立地位。因此，在一九一五到一九一六年的冬天，各省仕紳領導人和將領聯合起來，反對袁世凱復辟帝制的圖謀。起義首先由雲南都督蔡鍔領導，在西南發動，並且有立憲派健將梁啟超廣為公開。在各省相繼反對帝制的情形下，袁世凱被迫取消帝制，收起他為了加冕儀式特地準備、期待已久的黃袍。袁此時已經飽受尿毒症之苦，稱帝失敗的打擊復又加深了他的沮喪；一九一六年春季，他在意志消沉之中死去。[20]

袁世凱的失敗，並沒有為首都帶來由仕紳所領導的民主政治。思想家如梁啟超等人，要不手上沒有兵權，或者欠缺有實力的政黨作為奧援，因而只能在爭奪總統大位的北洋軍閥各派系當中棲身，試圖當個幕後的影武者。他們的學問、聲望，有時的確能夠拿來當作是政治武器，特別是在抨擊某些非常不得民心的軍頭之時。可是，拿思想武器和軍閥政治孔武有力的槍桿子相碰撞，畢竟還是太蒼白虛弱。明清時期的文臣，對於決定哪個將領能坐上皇帝寶座，具有關鍵的影響力；而民國初年從政的知識分子，則不再能保有這個權威。武夫的地位現在蓋過文人，而傳統仕紳對於有志於大位者的制衡力量，也隨著帝制的垮台而付諸流水了。

而各省的仕紳，在權力上也敵不過地方軍閥。在過去十年裡，開明派仕紳的各項策略以及所作所為，在在都使自己淪為軍事將領的附庸，而他們卻總是認為，身為各個軍事實力派的社會中間人，地方名流的存在是不可或缺的。在辛亥革命以前，仕紳靠著擔任國家與農村社會中間人的角色，來確保在地方上的主導地位。他們的家族穩定了鄉村，並且以家族長的非正式制度，帶領著農民。在明朝和清朝初期的賦稅制度之下，他們甚至還幫助政府順利徵收農業稅。[21]但是到了十九世紀晚期，那些稍後成為地方議會領導人的上層仕紳，逐漸與農村中國漸行漸遠。他們透過私下和下層仕紳組成聯盟，在鄉村中找到了一批幹部、經理人，替他們徵收賦稅與租金，這使得上層仕紳得以參與省會裡的地方政治事務。在地方事務裡，仕紳們找到了新角色：立憲運動者、鐵路公司投資人，還充當新式學堂的贊助人，教育下一代的中國青年，使他們的世界與祖先的生活大異其趣。新興的城市菁英，因此失去了原來仕紳那種經典、功名的傳統認同，開始將眼光投向遠處——上海、日本，甚至更遠，到達美國，還有那些培養出下一個世代的律師、工程師的大學校園裡。這種文化上的轉向，使他們和在鄉村裡，曾經為上層仕紳效勞的士民們疏離。而後者，現在已經是地主或是放貸業者，早已自成一體。在地方上包攬稅收以及收租長達五十年，讓這個群體羽翼豐滿，已經可以不受他們之前的恩庇者、保護人的制約。也是這群鄉村經理人，掌握了地籍登記，實際上負責地方行政事務，有時還將民團轉為私人保鑣武力，魚肉鄉里、欺壓佃農和債務人。這些小地主、土財主們並不以鄉紳自居，他們的地位比起農民高不到哪裡去，但是卻厚顏無恥地在鄉村肆行壓榨，加深階級之間的仇恨。後來，當這些低階地主們受到共產黨農村運動工作的威脅時，他們直接找上地方軍閥尋求保護，根本無須透過中間人的轉介。

辛亥革命是中國仕紳發展的最後頂點，同時也標誌著這個群體的消亡。但是，這個過程是什麼時候開始的呢？當帝制傾覆，原有的政治世界中心也隨之崩塌，之前尚可維持穩定的中華帝國體制，讓位給現代形式的鬥爭與階級衝突。然而，促成辛亥革命的黨人們，認為統一的局面很快又會恢復，舊有體制的摧毀，代表了新社會的隨即建立。他們懷抱著這種信念，從經典裡找到依據，將這種劇烈的破壞行為命名為「革命」，彷彿天命又重回到漢人身上，再一次自己當家作主。

但是，如果真有天命，那麼漢人的天命屬誰？是遺志被繼承人蔣介石奉為至高建國圭臬的國父孫中山？是摧殘民國的袁世凱，以及他手下那批北洋軍閥？還是那些為了眼前利益而違背初衷的地方仕紳？或者是那些不玩陌生的政治遊戲，專在鄉里剋扣稅收、威逼租佃的土豪劣紳？

在舊制度裡，只有一項事物完整無缺的留傳下來，然而被賦與新的許諾。舊日王朝的天命，雖說是由天所授與，但是《書經》上說：「天視自我民視，天聽自我民聽。」有一股模糊、尚未定形的新潮流，正轟然向北京湧去。在當時，沒有人能說清楚這股潮流到底是什麼。或許是武裝農民吧，現在我們稱他們為無產階級。為這股力量定位，並且學習怎樣使用，是未來革命分子的使命。在他們的時代到來以前，中國沒有真正的統一局面，而革命也不能保證能帶來天命。

致謝

我能夠順利完成這本著作，得益自我的許多學生的研究。在本書中所提出的很多問題，都曾經在研究生的討論課裡被提出來過，或者和我的助教：愛德華．漢蒙（Edward Hammond）與卡爾．司林喀德（Karl Slinkard）相互論辯之下所激發出來的。其他幾位學生的學位論文，則特別有助於界定我的觀點。詹姆士．波拉切克（James Polachek）對於十九世紀蘇州的研究，深刻地影響我在描述同治朝仕紳的論述。如果這本書有足夠的篇幅容納注釋的話，傑佛瑞．巴羅（Jeffrey Barlow）以孫中山為題的論文，值得一再引用。周錫瑞（Joshph Esherick）對於辛亥革命的詮釋（他稍後讀到這本書的時候，就會看到了），已經徹底影響了我對這段歷史的理解。而安格斯．麥克唐諾（Angus McDonald）對於湖南菁英的細緻研究，則給了我信心，論述二十世紀初年仕紳階層的轉變。這些作品，有些已經付梓。我誠摯的希望，它們全部都能夠出版，這樣讓其他人也可以從這些研究裡得益。1

在寫作這本書的這段時間，我負責加州大學柏克萊校區的人文研究教席，並由古根漢基金會（John Simon Guggenheim Memorial Foundation）贊助研究經費。感謝克里斯多福．霍伊（Christopher Howe）博士慷慨為我奔走，倫敦大學的當代中國研究學會讓我得以使用該校亞非學院圖書館收藏的史料。我還要特別感謝老魏斐德（Frederic Wakeman, Sr.）、詹姆士．謝瑞登

（James Sheridan），還有卡洛琳．葛蘭特（Carolyn Grant），在我撰稿的每一個階段，都提供我非常重要的協助。

魏斐德於柏克萊
一九七五年二月

譯後記

氣魄恢宏的晚清交響史詩

廖彥博
維吉尼亞大學歷史學系博士班

二次大戰結束以後，美國的「中國學」（Chinese Studies，或稱漢學 Sinology）興起，各家爭鳴，人才輩出。其中，被稱為「中國史三傑」（A Trio of U.S. China Historians）的是史景遷、孔復禮以及魏斐德。對於前兩位（尤其是史景遷），台灣讀者已經很熟悉，而魏斐德的作品比較少被提及介紹。其實，我們從本書就可以看到，若論格局恢宏、敘事流暢，及取材的洞見睿識，魏氏的史才絕對不在前二位之下，甚至尤有過之。

本書開宗明義就表明立場：西方入侵前的中國歷史，絕不是停滯不變的。鴉片戰爭以後，西方列強的船堅炮利，固然對中國帶來刺激，然而中國本身正在發展、進行中的各股社會力量，才是促成辛亥革命成功、清廷傾覆、帝制結束的主要因素。戰後美國歷史學者，對於十九世紀中國史的詮釋，最早時是「衝擊—回應」模式，即老大顢頇的中國，是在歐洲列強的挑戰之下，才做出各項回應。近年來則有新的「中國中心說」興起，關切的重點從政治、外交史轉往社會、文化史層面，強調一切歷史進展的動力，都來自於中國內部。魏斐德的立場，恰好處在這兩說之間：他既反對中國歷史是靠西方帝國主義推進的說法，同時也把晚清變局的根源，放在世界視野之下來討論。

如果我們打個比方，把歷史學者筆下的文字，當作是帶領人們穿越時空的鏡頭，或者是構成樂曲的音符，那麼魏斐德這本書，就好像是一部氣魄雄渾的史詩鉅作，又好像是一闕石破天驚的交響詩篇。前三章分別討論農民、仕紳、商人的社會角色變化，從悠遠長久的歷史說起，文氣舒緩，層次推進，好像是從高空之中俯瞰全局，又好像是交響樂裡的漸次分明的行板（andante）主題。第四章講到中國的興衰治亂，以及明朝的覆亡，主題若隱若現的浮現。五、六兩章，則將讀者的眼光引到白山黑水中、看滿洲的興起，以及康雍乾盛世、光輝燦爛的表相之中的社會隱憂。第七章，魏斐德筆鋒一轉，把鏡頭拉到十六世紀的歐洲，從葡萄牙人的商業冒險談起，一直講到英國商人在亞洲的海上霸權，把茶葉為什麼成為英國人心心念念要打開中國貿易市場、發動鴉片戰爭的主要誘因，又為什麼找到鴉片來逆轉白銀的流動趨勢，描述得絲絲入扣。

從第八章起，全書的敘事節奏逐漸加快，主題也反覆出現。洪秀全等人領導的太平天國運動，將中國社會內部不安的因素，和西方帶來的影響結合在一起，從此這個糾結，再也難以解開。另外一方面，為了抵禦太平天國的節節進逼，朝廷不得不授權地方辦理團練武力。這個舉動卻使得上層仕紳和他們在地方事務上的代理人緊密合作、形成聯盟。在地方社會上層，這些有舉人、進士功名的仕紳，因為有衙門胥吏、「稅棧」士民為他們經營鄉間事務，得以騰出手來，全心投入各省的政治、經濟事業。這就導致了他們的分流：上層仕紳與農村脫鉤、成為立憲運動的領導階層；而下層的租稅代理人則魚肉鄉里、把持地方財稅，又不負政治責任，成了土豪劣紳。基層農民滿腔苦難無處宣洩，傾注在排外運動的騷亂當中，最後演變成朝廷煽動下的義和拳亂。而各省興辦的地方自強事業、脫胎自團練的新軍武力，配合上晚清的激進思潮（無論是立憲或是革命，也同樣是清末改革促成的菁英意識），共同構成了辛亥年的這場轟然巨變。

究竟武昌起義是孫中山領導的同盟會布局已久的革命行動，還是各項社會因素激起、無名小卒領導的意外暴動，卻成了壓死清廷這匹大駱駝的最後一根稻草？時值民國百年，這樣的討論特別具有意義。我們從小受到的教育，多半是說「國父孫中山先生奔走革命，歷經十次起義，終於成功」。然而魏斐德卻申論道：孫在晚清變局當中，只能算是其中一個因素，而辛亥革命的成功、中國帝制的結束，卻是各種社會、經濟、政治動力交織共同形成的激昂樂章。全書之末，以袁世凱稱帝失敗作結，魏斐德在最後，並沒有明確的點出天命攸歸，看來「革命尚未成功」，而天命則渺茫難以掌握。

能夠翻譯這本書，說來也是一種機緣。二〇〇七年，我到美國讀書時，碩士論文的指導教授柯慕賢（James A. Cook），曾師事於魏斐德的大弟子周錫瑞，所以在翻譯的時候，頗有一種自居徒孫、私淑師門的感受。希望我的譯筆，如果能夠還原魏氏優美曉暢文風於萬一，就足堪告慰。另外，我雖然已經對書中的人名、書名盡力查證還原，倘若有疏漏之處，仍請讀者不吝賜教。

參考書目

在下面按照各章的順序排列，所列出的書目，並不是本書全部徵引的完整參考書目。它比較像是針對中國晚期帝制歷史的英文研究專著（也有幾篇論文），所作的一份特殊而簡要的指南。

緒論

Albert Feuerwerker(費維愷),ed., *History in Communist China* (Cambridge: M.I.T. University Press, 1968).

這是一本關於中共史學研究的優秀論文選集。

James P. Harrison, *The Communists and Chinese Peasants Rebellions* (New York: Atheneum, 1969).

哈里森教授追蹤近代中國對於民眾運動的態度演變與發展。同時，本書也對這些農民叛亂提供了相當多的細節資訊。

第一章　農民

Mark Elvin(伊懋可), *The Pattern of the Chinese Past* (London: Methuen, 1973).

高度推薦這本中國社會史研究專著。

Fei Hsiao-T'ung(費孝通), *Peasant Life in China: A Field Study of Country Life in the Yangtze Valley* (London: Kegan Paul, 1943).
這是由當代中國傑出人類學家所著，對中國農村的經典研究。

Maurice Freedman, *Lineage Organization in Southerneast China* (London: Athelon, 1958).
雖然傅氏的若干結論目前有些爭議，不過本書仍然是對於華南宗族組織的最佳研究。

Ho Ping-ti, *Studies on the Populations of China, 1368-1953* (Cambridge: Harvard University Press, 1959).
中譯本：何炳棣，《明初以降人口及其相關問題（1368-1953）》，北京：三聯書店，二〇〇〇年。
本書的重要性無與倫比，是了解中國社會史的學者所必讀，不宜粗略帶過。

Ramon H. Myers(馬若孟), *The Chinese Peasant Economy: Agricultral Development in Hopei and Shantung* (Cambridge: Harvard University Press, 1970).
這本關於華北農業經濟的爭議性作品，正面挑戰馬克思主義史家所建構的詮釋模式。如果想要了解作者對馬克思主義史學框架的批判，特別推薦此書之緒論。

Evelyn Sakakida Rawski(羅友枝), *Agricultural Change and the Peasant Economy of South China* (Cambridge: Harvard University Press, 1972).
這本傑作的出現，迫使其他學者重新評估他們對明清時期農民史先入為主的看法。

Jean Chesneaux(謝諾), ed., *Popular Movements and Secret Societies in China, 1840-1950* (Stanford:

Stanford University Press,1972).
這本論文集的參考書目非常優秀。

Irwin Scheiner, "The Mindful Peasant: Sketches for a Study of Rebellion," *Journal of Asian Studies* (Aug, 1973).
本文雖然主要是對日本農民運動史的研究回顧，不過，任何對中國農民運動有興趣的人，筆者非常建議閱讀這篇重要的文章。

第二章　仕紳

Chung-li Chang, *The Chinese Gentry: Studies on Their Role in Nineteenth Century Chinese Society* (Seattle: University of Washington Press, 1955).
中譯本：張仲禮著，李榮昌譯，《中國紳士：關於其在十九世紀中國社會中作用的研究》，上海：社會科學院出版社，一九九一年。
Chung-li Chang, *The Imcome of the Chinese Gentry* (Seattle: University of Washington Press, 1962).
上述這兩部書，對於了解仕紳在社會中的職能非常重要。不過，張氏對仕紳的定義，完全取決於科舉功名，因此必須由下面兩本著作來加以補充。

Wolfram Eberhard(艾伯華), *Social Mobility in Traditional China* (Leiden: E. H. Brill, 1963).
以氏族傳承的角度，來呈現仕紳世家的研究。

Ho Ping-ti, *The Ladder of Success in Imperial China: Aspects of Social Mobility, 1368-1911* (New York:

John Wiley and Sons, 1962).
何氏的研究，既主張仕紳當中的高度流動性，同時內容裡也包含了許多引人入勝的仕紳傳記。

Ch'ü Tung-tsu, *Local Government in China under the Ch'ing* (Cambridge: Harvard University Press, 1962).
中譯本：瞿同祖著，范忠信等譯，《清代地方政府》，北京：法律出版社，二〇〇三年。雖然有些枯燥，但是本書是中國地方政府研究的權威之作。可以和下一本書共同參照。

Hsiao Kung-Ch'üan(蕭公權), *Rural China: Imperial Control in the Nineteenth Century* (Seattle: University of Washington Press, 1960).
要想一口氣把這本書讀完，幾乎是不可能的。本書關於仕紳在正式縣衙中的角色，以及非正式地方自治中的功能，囊括了許多極具吸引力的細節描述。

John Watt, *The District Magistrate in Late Imperial China* (New York: Columbia University Press, 1972).
在瓦特這部詳細的研究裡，披露了在縣級官吏當中，儒家的期望和法家現實之間的差異。

Frederic Wakeman, Jr. and Carolyn Grant, eds., *Conflict and Control in Late Imperial China* (Berkeley: University of California Press, 1975).
這是一本論文集，所收錄的文章，關注從晚明到二十世紀這段時期中，仕紳的演變以及民眾運動的發展。

第三章　商人

W. E. Willmott, *Economic Organization in Chinese Society* (Stanford: Stanford University Press, 1972).
本書實在是一部關於錢莊、製鹽、絲綢等產業不可或缺的權威研究論文集。尤其是伊懋可和墨子刻（Thomas Metzger）的兩篇論文，更是推薦必讀。

Ho Ping-Ti, "The Salt Merchants of Yang-chou: A Study of Commercial Capitalism in Eighteenth Century China," *Harvard Journal of Asiatic Studies* (1954).

Arthur Waley, *Yuan Mei: Eighteenth Century Chinese Poet* (New York: Grove Press, 1956).
令人賞心悅目的讀物。

第四章　朝代循環

Arthur Wright(芮沃壽), ed., *Studied in Chinese Thought* (Chicago: Chicago University Press); Divid S. Nivison(倪德衛), *Confucianism in Action* (Stanford: Stanford University Press, 1959), and *The Confucian Persuasion* (Stanford: Stanford University Press, 1960); Denis Twitchett(杜希德), *Confucian Personalities* (Stanford: Stanford University Press, 1962).
這幾部論文集裡，收錄了幾篇關於中國政治思想和官僚行為的最佳英文研究。

C. K. Yang, *Religion in Chinese Society: A Study of Contemporary Social Functions of Religion and Some of Their Historical Factors* (Berkeley: University of California Press, 1961).
中譯本：楊慶堃著，范麗珠等譯，《中國社會的宗教：宗教的現代功能及其歷史因素之研究》，上海：世紀出版集團、上海人民出版社，二〇〇七年。本書是一部宗教社會學的結構功能研究，表明上層菁英文化如何和庶民文化交織、纏繞的過程。

Frederick W. Mott(牟復禮), *The Poet Kao Ch'i, 1336-1374* (Princeton: Princeton University Press, 1962).
詩人高啟和他身邊周遭的友人，在朱元璋創立明朝的動亂年代裡，共同經歷的事跡。

Charles O. Hucker(賀凱), *The Censorial System of Ming China* (Stanford: Stanford University Press, 1966).
對於明代官僚體系有詳盡的分析，並且特意強調監察系統對於帝國專制政治的批評這項議題之上。

James B. Parsons, *The Peasant Rebellions of the Late Ming Dynasty* (Tucson: University of Arizona Press, 1970).
以中文資料為素材所作的晚明民變研究。

第五章　滿族興起

Franz Michael, *The Origin of Manchu Rule in China: Frontier and Bureaucracy as Interacting Forces in the Chinese Empire* (Baltimore: Johns Hopkins University Press, 1942).
學者研究十七世紀邊境地帶私人武裝的入門著作。本書的結論，必須要按照法夸爾的研究（參見下一篇）進行大幅度的修正。

David M. Farquhar, "Mongolian versus Chinese Elements in the Early Manchu State," *Ch'ing-shih wen-*

t'i (Jun, 1971).

第六章　清初與盛清之世

Robert Oxnam(安熙龍), "The Politics of the Oboi Regency," *Journal of Asian Studies* (1973).
這是一篇重要的論文，主要在論述順治駕崩之後，滿洲親貴貝勒們採取的嚴厲政策。

Jonathan Spence(史景遷), *Ts'ao Yin and the K'ang-hsi Emperor, Bondservant and Master* (New Haven: Yale University Press, 1966).
中譯本：史景遷著，溫洽溢譯，《曹寅與康熙》，台北：時報文化，二〇一二年。這是一部文筆優美、可讀性高，並且重要的學術作品。

Silas H. L. Wu(吳秀良), *Communication and Imperial Control in China: Evolution of the Palace Memorial System, 1693-1735* (Cambridge: Harvard University Press, 1970).
本書利用新發現的中文史料，清楚表明康熙和雍正皇帝如何創設私人耳目系統，進而進一步集權中央的過程。

Chang Te-Ch'ang(張德昌), "The Economic Role of the Imperial Household (Nei-wu-fu) in the Ching Dynasty," *Journal of Asian Studies* (Feb, 1972).
除了吳秀良之外，學者們對於內務府所知甚少，一直到張教授這篇論文問世，才為清史學界開闢了一個新視野。

Harold L. Kahn(康無為), *Monarchy in the Emperor's Eyes: Image and Reality in the Ch'ien-lung Reign* (Cambridge: Harvard University Press, 1971).
作者學問淵博，又語帶詼諧地分析了乾隆皇帝的自我形象。

第七章　西方入侵

John K. Fairbank(費正清), *The Chinese World Order: Traditional China's Foreign Relations* (Cambridge: Harvard University Press, 1968).
這是一部由研討會的論文集結成書的文章選輯，篇首的導論非常清楚的解釋了傳統中國的藩屬外交體系。

Teng Ssu-yü(鄧嗣禹) and John K. Fairbank, *China's Response to the West: A Documentary Survey, 1839-1923* (New York: Atheneum, 1965).
本書涵括了由十九世紀到二十世紀初期的所有史料，並且加以細緻的注解、考釋；其中的導論則概述了鴉片戰爭以前的中外關係。

William C. Hunter, *The 'Fan Kwae' at Canton before Treaty Days, 1825-1844* (Shanghai: Kelly and Walsh, 1911).
中譯本：亨特著，馮樹鐵譯，《西洋鏡看中國：阿兜仔在廣州》，台北：台灣書房，二〇一〇年。在地觀察者的第一手資料，充滿地方色彩。

Louis Dermigny, *La Chine et l'Occident. La commerce à Canton au XVIIIe siècle, 1719-1833* (Paris: S. E.

V. P. E. N., 1964), 3 Vols.
本書是唯一一本不是以英文寫作的推薦作品。它被列入書單裡的原因很簡單：對於任何想要了解廣州貿易體系是如何運作的人來說，德米尼的研究實在是不可或缺。

Michael Greenberg, *British Trade and the Opening of China,1800-1842* (Cambridge, Eng.: Cambridge University Press, 1951).
作者利用港腳貿易事務所的檔案，描述自由商人涉入鴉片戰爭的諸般情節。

第八章　外患與內亂

Chang Hsin-pao, *Commissioner Lin and the Opium War* (Cambridge: Harvard University Press, 1964).
中譯本：張馨保著，徐梅芳、劉亞猛譯，《林欽差與鴉片戰爭》，福州：福建人民出版社，一九八九年。張氏對於林則徐在鴉片戰爭期間的所有活動，都有持平的敘述。

Frederic Wakeman, Jr., *Strangers at the Gate: Social Disorder in South China, 1839-1861* (Berkeley: University of California Press, 1966).
中譯本：魏斐德著，王小荷譯，《大門口的陌生人：一八三九－一八六一年間的華南社會動亂》，台北：時英，二〇〇四年。本書嘗試評估鴉片戰爭給廣東帶來的社會效應。

John K. Fairbank, *Trade and Diplomacy on the China Coast: the Opening of the Treaty Ports, 1842-1854* (Cambridge: Harvard University Press, 1953).
經典之作。

Arthur Waley, *The Opium War through Chinese Eyes* (London: George Allen and Unwin, 1958).
本書是韋氏摘錄鴉片戰爭時期，多位中國人的日記（包括林則徐在內）翻譯的知名之作。

Immanuel Hsu(徐中約), *China's Entrance into the Family of Nations: the Diplomatic Phase, 1858-1880* (Cambridge: Harvard University Press, 1960).
本書是這個時期的最佳外交史研究，應該和下列書一起參看。

Masataka Banno(阪野正高), *China and the West, 1858-1861: the Origins of the Tsungli Yamen* (Cambridge: Harvard University Press, 1964).
本書對於了解當時北京政壇的各個派系，特別有幫助。

Franz Michael, *The Taiping Rebellion: History and Documents*, Vol.1 (Seattle: University of Washington Press, 1965).
對於太平天國的興起、發展階段，作了非常好的整理。

Jen Yu-wen(簡又文), *The Taiping Rebellion* (New Haven: Yale University Press, 1973).
作者是世界上最傑出的太平天國史專家，本書是他所撰述、一部百科全書式的研究。

Vincent Y. C. Shih(施友忠), *The Taiping Ideology: Its Sources, Interpretations, and Influences*(Seattle: University of Washington Press, 1967).

蒐羅詳盡。

第九章　中興與自強的幻影

Mary C. Wright, *The Last Stand of Chinese Conservatism: the T'ung-chih Restoration, 1862-1874* (Stanford: Stanford University Press, 1957).

中譯本：芮瑪麗著，房德鄰、鄭師渠等譯，《同治中興：中國保守主義的最後抵抗》，北京：中國社會科學出版社，二〇〇二年。本書是關於十九世紀中國史的研究當中，最佳的幾部作品之一。儘管學界對芮教授的某些見解仍有些爭論，不過就這部專著而言，因為它的詳盡與用心，立論仍然無懈可擊。

Stanley Spector, *Li Hung-chang and the Huai Army: A Study in Nineteenth-Century Chinese Regionalism* (Seattle: University of Washington Press, 1964).

在芮瑪麗關注太平天國動亂之後的朝廷中興，史貝克特則將焦點放在對區域政治權力的發展上面。

Philip Kuhn, *Rebellion and Its Enemies in Late Imperial China* (Cambridge: Harvard University Press, 1970).

中譯本：孔復禮著，謝亮生等譯，《中華帝國晚期的叛亂及其敵人》，台北：時英，二〇〇四年。另一方面，孔復禮則把地方割據和軍事化區分開來。這本著作深刻的影響了歷史學者對晚清的理解。

K. C. Liu(劉廣京), "Li Hung-chang in Chihli," in Albert Feuerwerker, ed., *Approaches to Modern*

Chinese History (Berkeley: University of California Press, 1968).
劉反駁史貝克特認為李鴻章是地方實力派的觀點。

Joseph R. Levenson, *Confucian China and Its Modern Fate* (Berkeley: University of California Press, 1958-1965), Vol. 3.
中譯本：列文森著，任菁譯，《儒教中國及其現代命運》，桂林：廣西師範大學出版社，二〇〇九年。或許是歷來所有對於中國知識分子歷史的研究中最深刻的一部。

Albert Feuerwerker, *China's Early Industrialization: Sheng Hsuan-huai, 1844-1916, and Mandarin Enterprise* (Cambridge: Harvard University Press, 1958).
解答「為什麼自強運動會歸於失敗」的傑出研究。

John Rawlinson, *China's Struggle for Naval Development, 1839-1895* (Cambridge, 1966).
解答「自強運動是怎麼失敗」。

Lloyd Eastman(易勞逸), *Throne and Mandarins: China's Search for a Policy during the Sino-French Controversy, 1880-1885* (Cambridge: Harvard University Press, 1967).
這本具有啟發性的著作，最有趣的篇章，是「清議派」的部分。

第十章　維新與反動

William L. Langer, *The Diplomacy of Imperialism, 1890-1902* (New York: Knopf, 1951), 2 Vols.

將列強在中國爭權奪利的史實，擺在世界格局裡觀察。

John E. Schrecker(石約翰), *Imperialism and Chinese Nationalism: Germany in Shantung* (Cambridge: Harvard University Press, 1971).
作者除了分析德國外交政策之外，還描述了清朝官員試圖維護中國主權的努力。

Lloyd Eastman, "Political Reformism in China before the Sino-Japanese War," *Journal of Asian Studies* (August, 1968).
對於早期改革政治思想家，如何啟、鄭觀應，以及其他人的著作之研究。

蕭公權，〈康有為的思想〉，《崇基學報》，一九六八。
作者是傳統中國政治思想的專家，對於康有為的著作，進行細緻、逐篇的分析。

Joseph R. Levenson, *Liang Ch'i-ch'ao and the Mind of Modern China* (Cambridge: Harvard University Press, 1953).
中譯本：列文森著，劉偉等譯，《梁啟超與中國近代思想》，成都：四川人民出版社，一九八六年。在列文森的筆下，梁啟超成了中國現代認同危機的試金石。不過本書的論旨，必須按照下一本書的論點，來進行重新評價。

Hao Chang, *Liang Ch'i-ch'ao and Intellectual Transition in China* (Cambridge: Harvard University Press, 1971).
中譯本：張灝著，崔志海、葛夫平譯，《梁啟超與中國思想的過渡》，江蘇人民出版社，二〇〇五年。在列文森的書裡，梁啟超在文化認同上飽受折磨；可是在張灝的研究裡面的梁氏，看來平靜多了。本書裡對於梁氏關於主權和社會組織的傳統文化根源的分析，有獨到之見。

Benjamin Schwartz, *In Search of Wealth and Power: Yen Fu and the West* (Cambridge: Harvard University Press, 1964).
中譯本：史華慈著，葉鳳美譯，《尋求富強：嚴復與西方》，江蘇人民出版社，二〇一〇年。嚴復在十九世紀末時，將赫胥黎、史賓塞、彌爾以及孟德斯鳩等人的著作譯為中文。他本人的思想（被這一影響深刻的著作，放在普世的脈絡裡來探討），更是極具影響力。

Victor Purcell, *The Boxer Uprising: A Background Study* (Cambridge, Eng.: Cambridge University Press, 1963).
究竟義和拳是一場自發的社會動亂，還是官方蓄意組織的運動？普西爾為了回答這個具爭議性的問題，對於民眾運動提供了不少洞見。

第十一章　天命已盡

Meribeth Cameron, *The Reform Movement in China, 1898-1912* (Stanford: Stanford University Press, 1931).
本書是西方學界對於清末各項維新改革的基本讀物。

Jerome Chen(陳志讓), *Yuan Shih-k'ai* (Stanford: Stanford University Press, 1972).
這是一部優秀的政治傳記。

Ralph Powell, *The Rise of Chinese Military Power, 1895-1912* (Princeton: Princeton University Press, 1955).
本書強調袁世凱和朝廷間為爭奪兵權而進行的鬥爭。應該和下一篇文章一起參看。

Stephen R. Mackinnon, "The Peiyang Army, Yuan Shih-k'ai, and the Origins of Modern Chinese Warlordism," *Journal of Asian Studies* (May 1973).
麥金農反對鮑威爾認為軍事改革導致軍閥割據的說法。他的研究非常重要，不過，卻還不是這方面的定鍾之音。

Michael Gasster(高慕軻), *Chinese Intellectual and the Revolution of 1911* (Seattle: University of Washington Press, 1969).
本書對於章炳麟以及其他主張革命激進分子的思想，進行詳細的分析探討。

Harold Schiffrin, *Sun Yat-sen and the Oringins of the Chinese Revolution* (Berkeley: University of California Press, 1970).
中譯本：史扶鄰著，邱權政、符致興譯，《孫中山與中國革命的起源》，北京：中國社會科學出版社，一九八一年。西方學界中，對於孫中山在革命中扮演的角色，這是首部可靠的學術之作。

Mary C. Wright, ed., *China in Revolution: The First Phase, 1900-1913* (New Haven: Yale University Press, 1971).

這是一部極為傑出的論文集：不僅對於辛亥革命的各個層面，都提供最新的學術成果回顧，還包括了許多資料，足以讓讀者在心中反覆思索。

注釋

緒論

1 Cited in Albert Feuerwerker, ed., *History in Communist China* (Cambridge: M. I. T. University Press, 1968), p.26.

第一章　農民

1 毛澤東，《紅旗》，引自一九七一年十一月六日的《紐約時報》。

2 本書中所用的「儒家」一詞，指的是唐代以後普及的政治與道德正統。

3 或者將這樣的說法擺在「天命」理論的歷史語境裡。參見第四章的敘述。

4 譯注：此指五代十國時期。

5 擁有地產並不能帶來高利潤。一九三〇年代以前，河北的田地投資每年只有百分之三的淨利，而城市裡的房地產或是當鋪投資則能獲取淨利達原投資額的百分之三十至四十五。

6 佃農和自耕農有時難以區分清楚。一位農民可能向地主租一塊土地耕作，同時自己也出租另一塊土地招徠佃農耕作。

7 Ramon H. Myers, *The Chinese Peasant Economy: Agricultural Development in Hopei and Shantung* (Cambridge: Harvard University Press, 1970), p.234.

8 一九三八年，國民黨人蓄意炸開黃河堤壩，用以阻止日軍繼續南進。黃河因此由山東改道，奪淮河出海，一直到一九四七年。此次潰堤，據保守估計，洪水淹沒四十四個縣，九十萬人喪生，三百九十萬人民流離失所，淪為難民。

9 「漢人」是一種自我稱謂，用以和帝制晚期居住在中國的少數民族以及宗教團體（苗、傜與儸族；滿族、蒙古與穆斯林等）區分。

10 在中文裡用作動詞，放在北方的封地（manor）和南方的地產（estate）前頭的字眼，是同一個字「圈」，封地和地產並不是絕對不同。按照一個比較寬鬆的定義，封地是正式被認可的、是朝廷所封授的；而地產則是非正式的、被默認的（如明代江南的「公產」即為法律上所不許可）。我所下的定義不是絕對的，關於這方面若干名稱上與史學上的討論，可以參考Ramon H. Myers, "Transformation and Continuity in Chinese Economic and Social History," *Journal of Asian Studies* (Feb, 1974), pp. 265-277.

11 一直以來論者多持這種觀點。租佃契約這種將佃農與土地綁在一起、允許地主像奴隸一樣出售的設計，同時也保護佃農免於轉手之際遭到任意驅逐。「隨田佃戶」的傳統習俗，意謂著只要隨田被轉手的佃戶繼續交租，新地主就無權將其拋開。承認耕作權與土地所有權分割的「一田兩主」，則對佃農提供了類似的保護。

第二章　仕紳

1 即使在十九世紀晚期，當居住在城裡、靠收取鄉間地租作為收入的行業蔚然成風之時，還有四成的仕紳居住在農村地區。可參考汪一駒之著作：Y. C. Wang, *Chinese Intellectuals and the West, 1872-1949*, (Chapel Hill: University of North Carolina Press, 1966), P.13.譯按：本書中文版為汪一駒著，梅寅生譯，《中國知識分子與西方》（台北：久大文化出版公司，一九九一年）。

2 低階的功名有時候可透過向朝廷捐資而購得。

3 這也是政府提高軍稅的後果之一，在十五世紀時，朝廷為了對抗蒙古而徵收軍稅。朝廷需金孔急，於是將低階功名（生員），以每個一千兩銀子的價格出售。監生的頭銜也被視為低階仕紳。隨著納捐獲得功名愈來愈多，功名的聲望趨於下滑。儘管在一四五〇至一八五〇年間，貨幣的通貨膨脹嚴重，在十九世紀中期，只需一百零八兩銀子就能捐得一個監生。

4 在後文當中，為了敘述方便起見，我將使用「生員」一詞來指稱所有低階的功名者，包括了正式的廩生、增生、附生、武生、貢生，以及非正式的監生。

5 亦即通過了每三年舉行一次的「科」考者。

6 即使是在太平天國起事之後，任官授職之門已經廣開，依然只有百分之三的生員、百分之四十的舉人、百分之七十五的進士能獲得任命。新科進士當中，只有前三名能留在權力金字塔的頂峰——翰林院。

7 十九世紀晚期的中國，正式、非正式的仕紳，一共約有一百四十四萬三千九百人。以一般家庭為五口之家來推算，這表示將近有七百二十二萬人享有功名所帶來的仕紳身分地位。若是保守估計當時中國人口為三億七千七百五十萬人，則仕紳人口占全人口數的百分之一點九；如果寬鬆估計人口為四億五千萬，那麼仕紳人口僅占百分之一點六。

8 這種限定於獲得功名者為仕紳的定義，頗與東方專制的歷史解釋理論相符。如果菁英無法脫離國家的掌握，那麼認為中國是這種東方專制代表的歷史學家們，就能證明他們「國家全面控制」的說法；按照這樣的說法，那麼即便是在地方上擁有甚大權力的菁英，國家也能控制他們。

9 Cited in Chang Chung-li, *The Chinese Gentry* (Seattle: University of Washington Press, 1955), p.32.

10 因此，出生的時辰、八字、骨相和面相都很重要，因為它們能夠決定人的一生。

11 一位知縣在每地平均的在任時間約二年四個月。

12 潘光旦，《明清兩代嘉興的望族》（上海：商務印書館，一九四七年），頁九四—九六。

13 在一七二〇年代時，雍正皇帝曾下令劃分出更多的縣分，以減輕現有每個縣的規模和業務，不過這仍然不足以緩解因為人口增長而帶來的沉重負擔。

14 法家思想在秦代盛極一時，要求以嚴刑峻法來規範社會。

15 衙門是地方文官辦公官署所在。

16 這兩類仕紳當然都是預備要從事公職，雖然他們所接受的養成訓練，培養出的是經學家，而不是法務或者財務專家。諷刺的是，能投身公職的都是些文化上的通才，而那些省試落第者，才是真正學到行政技術的人；他們為上級提供諮詢，或者是擔任縣官的非正式屬員。

17 事實上，很多商人捐資購買功名。更有甚者，高階仕紳通常也投入經商。參見Maurice Freedman, *Chinese Lineage and Society: Fukien and Kwangtung* (New York: Humanities Press, 1971), p.70.

18 下層仕紳的成員經常默許非仕紳的地主使用生員的名義，賄賂衙門屬員、謊報財產登記，以規避繇役稅。

第三章　商人

1 然而，各省之間的猜忌和交通的困難，阻礙了一個合理的交易系統的完整發展。拿梅嶺通道這個例子來說，運輸費用的差異（運送銀兩和布匹僅需幾百頭驢子，而鐵和鹽則要成千上萬頭牲口）並不受市場的規範。相反的，為了競價，他們在通道兩端，挑起福建和廣東人先前在商場上的夙怨、彼此敵視。

2 儘管他們居於城鎮，這個時期的上層仕紳仍然自覺地著重農村價值。文人在鄉間寺院的庭院裡賦詩作對、在山林隱居處作畫，以及邀集三五好友、於郊野別墅裡彈琴鼓瑟，自娛娛人。

3 馬尼拉的大帆船帶來墨西哥的白銀，交換中國的絲綢與錦緞，再運回新西班牙（譯按：今日的墨西哥與美國南部如加州、德州、新墨西哥州等地）裝飾祭壇。這個交易在十八世紀時有了新的交換媒介：西班牙銀元（Carolus），充斥全中國各地。

4 傅衣凌，《明清時代商人及商業資本》（北京：人民出版社，一九五六年）。

5 Mark Elvin, *The Pattern of the Chinese Past* (London: Methuen, 1973), pp. 276-277.

6 或者更按字面上來解釋，指「從事同一貿易、由不同商鋪所組成的街區」。可參見日籍學者加藤繁一文：Kato Shigeshi, "On the Hang of Merchants in China," *Memoirs of the Research Department of the Toyo Bunko*, No.8(1936), p. 49.

7 這和當代的企業巨人有明顯類似之處，特別是在國營企業、跨國企業與政府間的關係上面。拿揚州鹽商中的菁英與美國、日本或歐洲的大企業集團的類似政商關係做比較，或許不會太牽強。不過，鹽商只是企圖壟斷現有市場，而這個市場的規模很難再事擴展。當代的公司行號不但注重現有的市場，也致力於開發新的資源和市場。

8 在一八三〇年代，經世學家魏源和他的朋友、鹽運使陶澍，對這種官府與少數有力商人串通勾結的情形深惡痛絕。可是，他們對於這種官商體系同樣也束手無策。

9 恩科的名額來自政府，作為商人貢獻朝廷財庫所做的酬謝。無論這樣的設計，其背後的宗旨是不是想要將商人綁在現行制度裡面，它的確消除不少實力雄厚的資產階級商人對儒家仕紳的潛在敵意。

10 James Cahill, *Chinese Painting* (Lausanne: Skira, 1960), p.192.

11 這個時期中國所刊行的書籍，在數量上比起世界其他地方出版書籍的總和還要多。

12 Arthur Waley, *Yuan Mei: Eighteenth Century Chinese Poet* (New York: Grove Press, 1956), p. 108.譯按：此段引文由英文本轉譯，非出自袁枚原文。

第四章　朝代循環

1 在這裡，天命也指上天所授與每個個人所具有的天資稟賦。

2 很多歷史學者相信，起事造亂的白蓮教派（和禁慾修行的白蓮教有別）受到摩尼教的影響，描繪宇宙間即是光明與黑暗勢力間的戰場。摩尼教的教義具有融合性質，借用了基督教和祆教的若干教旨，由波斯先知摩尼（Mani，西元二七四年卒）所宣揚。摩尼教可能是在唐代、經由回鶻傭兵介紹而傳入中國。不過摩尼教義只是白蓮教諸多元素當中的一個，其他的元素還結合了食素、若干伊斯蘭教的儀軌，以及道教神祇和佛教彌勒菩薩降世的觀念。

3 Romeyn Taylor, "Social Origins of the Ming Dynasty, 1351-1360," *Monumenta Serica*, 22.1:13.

4 這段文字銘刻在一個十六世紀的石碑上。轉引自楊慶堃著作：C. K. Yang, *Religion in Chinese Society: A Study of Contemporary Social Functions of Religion and Some of Their Historical*

Factors, (Berkeley and L.A.: University of California, 1967), p.157.。

5 這是因為他們和官府之間，只達成一種不成文的默契，官府因此在形式上沒有履約的義務。相較而言，日本農民在德川幕府統治時期（西元一六〇〇至一八六八年）的起事，多半是基於村人認為，他們和大名（即地方諸侯）所訂立的、更清楚的契約，遭受幕府當局的破壞所致。日本農民的起事，因此通常會伴隨著請願、引用風俗慣例及特定的政治訴求。我對於德川幕府時期農民起事的理解，得益於埃爾文．史奈爾（Irwin Scheiner）在這方面的研究。

6 蕭一山，《清代通史》（台北：商務印書館，一九六三年），卷一，頁二六五。

7 許多資料都提到這一著名事件，不過說法不盡相同。例如有的版本說，李的目標是門匾上的「天」字，也成功射中了。這個說法可參見劉尚友，《定思小記》，收入趙詒琛、王大隆編，《丁丑叢編》（無錫：出版社不詳，一九三七年），冊二。

8 譯注：這位大臣是陸賈，原話出自《史記．酈生陸賈列傳》：「陸生時時前說稱《詩》、《書》。高帝罵之曰：乃公居馬上而得之，安事《詩》、《書》！陸生曰：居馬上得之，寧可以馬上治之乎？且湯武逆取而以順守之，文武並用，長久之術也。」

9 陳濟生，《再生紀略》，收入鄭振鐸編輯，《玄覽堂叢書續集》（南京：國立中央圖書館，一九四七年），第一章，頁一一—一二。然而在這裡需要說明的，是李自成的軍隊進入京師後的前幾個星期，並未展開大規模的燒殺擄掠。

第五章　滿族興起

1 鹽商應該要將糧食運送到前線，以補給這些駐軍。參見第三章。

2 「滿洲」一詞，於一六三五年正式由建州女真的領導人皇太極（見下文的介紹）採納、用作這個民族的稱呼。雖然有些歷史學者試著把他們的祖先之一「文殊」和這個民族扯上關係，但滿洲這個詞的由來仍不清楚。我們稍後就會看到，滿洲人作為一個「民族」，是隨著建州女真的愛新覺羅氏不斷征服各部，而成長、凝聚起來的。在清朝入關、坐穩北京皇帝寶座以前，「滿洲」一詞指的是不同部族的組合：包括原住民建州女真、扈倫各部、在東北的蒙古諸部以及邊緣族群，像是索倫、達斡爾與呼倫貝爾各族。在這裡，我將使用「滿族」這個名詞來指稱建州女真，包括在他們還沒以「滿人」來稱呼自己之前的時期。

3 「滿人氏族是一個由意識凝聚起來的群體，這個意識就是各部之間都是同樣男性祖先的後裔、有血緣關係，透過這樣的認同，擁有共同族群精神、各種族內禁忌，諸如……異族間通婚這樣的誡律。」可參見史祿國作品：S. M. Shirokogoroff, *Social Organizations of the Manchus: A Study of the Manchu Clan Organizations* (Shanghai: Royal Asiatic Society, North China Branch, 1924), p.16.譯按：本書中文版為史祿國著，高丙中譯，《滿族的社會組織：滿族氏族組織研究》（北京：商務印書館，一九七七年）。

4 尼堪外蘭有可能是一個女真化的漢人。他的名字在滿文裡的意思，指的就是「漢人官員」。

5 覺羅族的愛新一派（愛新是滿文裡「黃金」的意思）來自瑚爾哈（松花江流域），其先祖輾轉遷徙到長白山區。

6 在一六三一年以前，許多被俘獲的漢人都成為滿人的「包衣」家奴，附屬在滿洲八旗建制之下。那些被指派往由皇帝直接管轄的「上三旗」的包衣，則成為皇帝本人的家奴。他們的後代子孫，在內務府供職，於十八世紀時出任鹽運使。

7 每個固山下分為兩個團，每個團又再分為塔坦（營），騎兵和步兵以一比二的比例配屬。大衛・法夸爾（David M. Farquhar）的論文已經詳細地指出蒙古人對滿族軍事組織的影響。David M. Farquhar, "Mongolian versus Chinese Elements in the Early Manchu State," *Ch'ing-shih wen-t'i*, 2.6:11-23(June, 1971).

8 例如明代的「衛所」軍制，原來也是由蒙古的軍事組織模仿而來。

9 滿人的首座京城，原先座落在扈倫哈達。一六二一年，遼陽成為第三任首都，四年以後，又遷都瀋陽（皇太極改名為盛京）。

10 根據滿族傳說，金台吉死前對這位新任大汗留下詛咒：愛新覺羅一族，將來必定會毀在葉赫部女子之手。這個預言，在三個世紀後實現了：慈禧太后治國無方，加速了清廷的傾覆。慈禧太后的娘家姓氏是葉赫那拉，就是葉赫部的後裔。

11 皇太極稱汗時的名號阿巴汗（Abahai），在《舊滿洲檔》中從未出現過。在這些文獻檔案裡，他被稱為「皇太極」，意思是「帝國皇太子」。阿巴汗這一名號，在西方較為常見。編按：原書為了西方讀者閱讀上的方便，仍使用「阿巴汗」這個稱號，而譯文中仍以「皇太極」稱呼清太宗。

12 漢人官員在一六二九年時，已經組織建文館，稍後改為內三院。

13 滿人向草原上的蒙古人學來騎術，然而，他們並不以騎兵作為戰鬥時的前鋒兵種；而是以披甲的長矛兵、長劍兵、弓箭手打頭陣，將騎兵保留到後面，作為決定戰局時投入打擊的預備隊。

14 這點在另一篇文章裡被大力強調。可參見趙綺娜，〈清初八旗漢軍研究〉，《故宮文獻》，四卷二期，頁五五—六六。

15 到了一六四二年時，投靠的人數已經足夠，遂能按滿洲八旗建制，組織了一支漢軍八旗；而數年以前，滿洲人的蒙古盟友則早已建立起蒙古八旗。

16 吳三桂的老父此時被囚於北京，所以也修書一封，敦促兒子歸降。李自成又奪占了吳三桂的寵妾，後來的詩文、戲曲，都強調這個著名事件起到的關鍵影響，說吳因此「衝冠一怒為紅顏」，選擇與滿人聯手，攻擊李自成。

17 李自成先往西撤，後又往南。他於稍後在接近江西邊界處為農民所殺。譯按：根據《清太宗實錄》、《明史紀事本末》相關記載，李自成於順治二年（一六四六），在湖北省通山縣西的九宮山上，為地方農民殺害，屍首不知所蹤。

18 蕭一山，《清代通史》，卷一，頁二七九。

第六章　清初與盛清之世

1 這一重要機構職掌宮內行政、秉承皇帝旨意，為皇上管理私庫。

2 譯注：據《清史稿．列傳第三十六．鰲拜列傳》，鰲拜在輔政顧命四大臣中，實位列第四。首席大臣以資望、地位論，應為索尼。到康熙六年（一六六七），索尼病故後，鰲拜才利用兩黃旗之間的矛盾，躍居首席。

3 尚之信為尚可喜之子。其父仍效忠清廷，於是尚之信將其軟禁，在一六七六年加入吳三桂陣營。

4 Jonathan D. Spence, *Emperor of China: Self-portrait of K'ang-hsi* (New York: Alfred A. Knopf, 1974), pp.38-39.譯按：引文之中文譯文，引自該書中譯本，史景遷著、溫洽溢譯，《康熙：重構一位中國皇帝的內心世界》（台北：時報文化，二〇〇五年），頁五六。

5 精緻藝術也於同時間興盛。於一七〇五至一七一二年出任江西巡撫的郎廷極，於任內重開景德鎮的瓷器窯場，燒製出精緻的「郎窯紅」漆器，以及雨過天青色的瓷器，頗能代表康熙年間的瓷器特色。

6 在那時，中國土地稅法按照土地面積徵收，而不是以土地價值計算。一七一三年，康熙「永不加賦」的詔令，規定此後每畝土地稅率不許有任何增加。這個措施在日後嚴重限制了中央政府增加賦稅的範圍和財政能力，在十九世紀末時絆礙甚為惡化。在「永不加賦」頒布後的未來兩個世紀內，土地耕作面積隨著中國人口的增長，也上升將近兩倍。但是此後即無新的土地丈量來追蹤耕地的成長，而地方官通常不願意呈報轄縣內耕地的成長，因為他們受到如期、如額完稅的長期壓力。而實際上，從康熙頒布詔令到清朝傾覆這段時間裡，土地稅成長了一倍，但這只是由於許多規費、增收稅附加於原來稅額上之故。而到了二十世紀初年，即使是土地稅上漲一倍的收入，也無法滿足清朝的財政需求。

7 清朝歷代皇帝，對於晚明時期因爭奪皇位而產生的鬥爭都心存警惕。在萬曆後期，皇宮中接連爆發的「三大案」（即挺擊、紅丸、移宮案）在朝廷中導致激烈的攻訐與謀殺。

8 如果出生後即夭折的子嗣不計在內，康熙一共育有五十六位子女。他的三十六名兒子當中，有二十位長大成人。

9 Jonathan D. Spence, *Emperor of China: Self-portrait of K'ang-h'si*,p136.譯按：引號中的文字中文譯文，引自史景遷著，溫洽溢譯，《康熙》，頁一四四。

10 一位魯莽的年輕御史，於一七一七年即上疏請求復立皇太子，隨後被康熙斬首示眾——如此量刑，已是康熙施恩，因為皇上剛開始的反應，是要將他凌遲處死。在美國學人委員會（American Council

of Learned Society）於一九七四年十一月二十八日至十二月二日召開的「明清轉變」學術研討會中，司徒琳（Lynn Struvve）和史景遷發表的論文都已經指出，皇位繼承危機是清史的主要轉變之一。從此以後，繼康熙後即皇帝位的雍正也採取類似的嚴厲措施。譯按：本條注釋中，所謂「年輕御史」，似指康熙五十七年（一七一七）上疏請求復立胤礽的朱天保，惟朱當時所任官職是翰林院檢討，並非言官。

11 譯注：近年來海峽兩岸的清史學者，對於康熙晚年諸子奪嫡以及雍正繼位、死亡等問題，均有深入的研究與討論，並且得出不少新看法。例如對於雍正繼位的合法性，雖仍存疑點，但是胤禛實與胤禵同為康熙所屬意的接班人選，並無疑義。又雍正為呂四娘所誅一節，當屬無稽之談。當前學界的研究趨勢，較為通俗的整理、歸納，可以參見陳捷先，《雍正寫真》（台北：遠流出版事業公司，二〇〇一年）；以及馮爾康，《雍正傳》（台北：台灣商務印書館，一九九五年）；史景遷的名著《雍正王朝之大義覺迷》（英文書名：*Treason by the Book*，中文版：溫洽溢、吳家恆譯，台北：時報文化，二〇〇二年），則可以作為美國漢學界對雍正的最新觀點之一例。

12 李衛的首個官職是捐資得來，到了一七一七年，他年已三十，充任兵部員外郎。在一七二三年，他為皇帝所差遣，到雲南祕密偵伺官員動態。他表現甚佳，因此兩年之後即超遷為浙江巡撫（後為浙江總督管巡撫事）。李衛對他的御下之道，具有狂熱的偏執。

13 田文鏡，漢軍旗人，早年學業無所成，因此明顯的對舉人和進士帶有偏見。他常遭控訴，指他污辱屬下各級官吏。在完成刑部的差使之後，他於一七二三年升任山西布政使，其行事作風證明他能鐵面無私、捍衛皇上的利益。隔年他轉調河南省，擔任相同職務，幾個月內即令其上司河南巡撫去職，由他取而代之。根據曾小萍（Madeleine Zelin）的研究，田文鏡很可能是雍正在藩邸（雍親王府）時的舊人。

14 鄂爾泰，滿洲旗人，兼任低階侍衛與內務府員外郎。一七二六年，他受命擔任雲貴總督，鎮壓數起苗人起事，並且在貴州廢除世襲土司，實行「改土歸流」政策。在往後數年，在他身邊逐漸形成一個派系，而與張廷玉一黨相抗。

15 在這個改革以後，一位知縣每年的正式俸祿約是四十兩銀子，江蘇巡撫為一百五十兩。而他們的養廉銀津貼，知縣是一千八百兩，巡撫一萬二千兩。

16 由於這個機構名為「軍機處」，又由於雍正隨即對厄魯特蒙古諸部用兵，歷史學者們長期以來都認為軍機處的機制和運作，頗為類似今日的國家安全委員會。然而，近來吳秀良（Silas H. L. Wu）已經指出，軍機處是由奏摺通訊系統演化而來。Silas H. L. Wu, *Communication and Imperial Control in China: Evolution of the Palace Memorial System, 1693-1735* (Cambridge: Harvard University Press, 1970).

17 有若干證據指出：雍正為明朝遺老之女所刺殺。譯按：參見注11。

18 Carroll Brown Malone, *History of the Peking Summer Palaces under the Ch'ing Dynasty* (Urbana: University of Illinois Press, 1934), p.111.譯按：引文為乾隆御製〈萬壽山大報恩延壽寺碑記〉，見《御製文初集》卷十八。

19 George Macartney, *An Embassy to China, Being the Journal Kept by Lord Macartney during his Embassy to the Emperor Ch'ien-lung, 1793-1794*, ed. By J. L. Cranmer-Byng (London: Longman's, 1962),p.125.引文中括號內句子，為馬嘎爾尼引用約翰．彌爾頓（John Milton）名著《失樂園》（*Paradise Lost*）當中的詩句。

20 一直到一三二八年為止，元朝皇帝都以「可汗」（gaghans）的名號，作為橫跨歐、亞的蒙古帝國名義上的統治者。然而，蒙古帝國並不同於統治中國的部分（即元朝）。John W. Dardess, *Conquerors and Confucians: Aspects of Political Change in Late Yuan China* (New York: Columbia University Press, 1973), pp. 157-158.

21 嘉慶皇帝（御名顒琰）為乾隆寵妃魏佳氏所生。其母來自蘇州，自稱為旗人之後，但可能曾在內務府所設「昇平署」（皇家劇院）內當過藝人。嘉慶於一七七三年被乾隆祕密建儲為繼位人。

22 倪德衛（David S. Nivison）對和珅一案的來龍去脈，有精闢的分析見解。David S. Nivison, "Ho-shen and His Accusers: Ideology and Political Behavior in the Eighteenth Century," in David S. Nivison and Arthur F. Wright, eds.,*Confucianism in Action* (Stanford: Stanford University Press, 1959), pp. 209-243.

23 朝廷鎮壓河南滑縣的天理教叛亂，確實展現出此時清朝仍具有軍事上的活力。Susan Naquin, “Millenarian Rebellion in China: the Eight Trigrams Uprising of 1813,”Ph. D. thesis, Yale University, 1974, p.354.

第七章　西方入侵

1 十六世紀時，因為時有海盜侵擾，北京的朝廷每隔一段時間，便決心禁止一切外國貿易，相信封鎖沿海海岸可以對抗蠻夷。但是沿海各省，例如浙江、福建，以及廣東的居民，都仰賴漁業以及貿易作為其主要生計；據此，各省的官員時常向中央爭論，反對此項海禁政策。對貿易及航海的禁令，因此短暫地於一五六七年解除，不過在本世紀末，由於日本出兵侵略朝鮮，海禁又再度恢復。

2 超過三個世紀後，當時中國正受歐洲諸列強的侵略，清廷被迫割讓澳門給葡萄牙。這項割讓的協議與條約，俱由中國海關稅務司英籍代表金登幹（J. D. Campbell）於一八八七年談判、簽定。

3 澳門同時也是宗教和政治流亡者的避難地。澳門不受天主教審判所（Inquisition）的管轄，因此有許多即將受到宗教迫害的人們，發現這裡實在是西班牙文世界中，適合居住的友善之地。其他人士，例如偉大的詩人路易士・德・賈梅士（Luís de Camões）也流亡至此。

4 英國人首次對中國進行的遠征，在船長約翰・韋德爾（John Weddell）的指揮下，於一六三七年抵達廣州，打通了珠江上游航道。

5 在一年前，康熙皇帝決定要使海上貿易合法化，因為他相信對貿易的禁令，只會使地方官員因獲一己私利而縱容走私。皇上也把商業貿易視為朝廷收入的一大來源，並且確認，要任命他親信的內務府官員出掌海關職位。

6 擔保商首次出現在東印度公司的年鑑當中，是在一七三六年十二月四日，不過整個擔保制度，要等到一七五四年，才由海關監督正式向各洋商介紹。

7 每位海關監督任期三年，為了得到這個職位，他得在北京花上極多財產來打點。在廣州有謠言說：只要擔任海關監督一年，所榨取的錢財，就可以使他為了鑽營這個位置所作的投資全部回本；第二年的進帳則能達成皇帝交代的額度。最後在第三年，他就能大撈一筆。

8 譯注：聖詹姆士宮為當時英王的辦公處所，至今仍為英國皇室的法定官邸。

9 譯注：在該役中，英國東印度公司乘歐洲英法戰爭之機，擊敗印度孟加拉王公以及法國東印度公司的聯軍，取得底定南亞的關鍵性勝利，使法國勢力就此退出印度。

10 譯注：所謂「港腳貿易」，指的是英國商人所經營，亞洲內部國與國之間的貿易，但是後來亞洲商人自營的跨國港埠貿易也包括在內。參見陳國棟，《東亞海域一千年》（台北：遠流出版事業公司，二〇〇五年）。

11 譯注：本段文中所謂「皮特內閣」（Pitt's government）似指英國輝格黨政治家老威廉・皮特（William Pitt the Elder）擔任首相時的英國政府。皮特與其子小威廉・皮特（William Pitt the Younger）皆曾出任英國首相。

12 每箱都裝有約一百四十五英磅的鴉片。

13 波士頓和薩勒姆（Salem，亦位於麻州）等地的美國商人，也發展了自己在士麥納和安那托利亞（Anatolia）的鴉片供貨來源。土耳其產的鴉片，其效果不如巴特那出產的來得好，但是比起中國土產貨仍然勝過一籌，因此銷售狀況也很好。

14 稍後在十九世紀，中國全部人口中，約有百分之十的人吸食鴉片。Jonathan D. Spence, "Opium Smoking in Ch'ing China," in Frederic Wakeman, Jr., and Carolyn Grant, eds., *Conflict and Control in Late Imperial China* (Berkeley and Los Angeles: University of California Press, 1975).

15 貿易逆差並不是造成通貨膨脹的唯一因素。政府在此時鑄造成本較低的銅錢。格雷欣法則（Gresham's law，譯按：即劣幣驅逐良幣的現象，格雷欣為十六世紀英國鑄幣局長）此時十分普遍，劣質貨幣充盈市面，而品質較優良的則被私下重鑄，按其原來價值出售。

第八章　外患與內亂

1 例如魏源、賀長齡、梁廷枏等人。

2 英文翻譯參見Teng Ssu-yü and John K. Fairbank, eds., *China's Response to the West: A Documentary Survey, 1839-1923* (New York: Atheneum, 1965), pp.24-28。

3 林和他那個時代的人，都認為英國人和日本倭寇一樣，是在海上襲擾的侵略者，因此低估了他們對手的軍事能耐。他們了解西方擁有較為先進的海軍，但是認為若是陸戰，海軍將無能為力。有些官員甚至說，英國士兵的綁腿束得太緊，膝蓋無法彎曲，因此在戰場上，勢必難以抵擋八旗和綠營騎兵的衝陣。

4 一八三四年時，在東印度公司的貿易專賣權結束後，律勞卑爵士（Lord Napier）被派往廣州，擔任英國駐華商務監督。他來華的使命，便是要調整兩國的貿易關係，使之立足在平等的新基礎上。他堅持和兩廣總督盧坤直接交涉，而不再經由公行轉呈，然而中方官府卻拒絕與之有任何接觸。當雙方危機日趨嚴重時，盧坤下令關閉夷館、封鎖廣州河口水路，成功逼使律勞卑讓步，並且不光彩的離任下台；律勞卑後來染上「中國熱病」（China fever），死在澳門。

5 很多鴉片戰爭時在中國作戰的英軍士兵，實際上是印度人。

6 鴉片商擴展事業版圖到銀行、保險以及國際金融業，成了大資本家。靠著販售鴉片賺來的利潤，他們在麻州的薩勒姆建起豪宅，並且出資協助修築太平洋聯合鐵路（Union Pacific Railway）。英國的怡和洋行（Jardine and Matheson）一手主導了上海和香港的各種投資。他們的繼承者凱薩克（Keswick）家族，至今仍是這家實力雄厚財團的董事會成員，旗下包括了香港遠東投資公司、上海匯豐銀行、香港電力股份有限公司、香港置地公司、隆德保險、有利銀行、巴克萊（Barclays）銀行、紐約第一帝國銀行、漢布洛（Hambros）銀行、集裝運輸、租賃公司、歐洲美西銀行、約克夏銀行、太陽企業聯盟、商業信貸公司以及英國石油公司等。Martin Walker, "Open File," *The Guardian*, Nov 22, 1973.

7 治外法權的爭議，在一八三九年七月七日，發生於九龍尖沙嘴的騷動中浮上檯面，當時若干名英、美籍的水手，將名為林維喜的中國人以木棍毆打致死。林則徐向英方索討嫌犯，但是義律拒絕交人。

8 譯注：據《清史稿》與郭廷以《近代中國史綱》，於一八四二年春受命組織對英軍攻勢者，似為道光皇帝之侄、協辦大學士奕經，而非怡良。於英軍攻取定海，原督辦浙江軍務欽差大臣裕謙自盡之後，奕經被任命為揚威將軍，徵調各省部隊反攻。同一時間，怡良為閩浙總督，駐福建與巡撫會同督辦閩、台軍務。

9 譯注：一八一二年，英將威靈頓（Earl of Willington，即為日後的威靈頓公爵）在西班牙與拿破崙作戰，率兵包圍由五千法軍駐守的巴達霍斯城。因英軍傷亡極大（死傷五千餘人），因此在城破之後兩日，英軍肆行姦淫燒殺，軍紀極壞，難以制止。

10 鴉片的合法化，還要等到英國在英法聯軍之役（一八五六至六〇年）獲勝以後才實現。

11 譯注：兩地為英、法兩國外交部的所在地。

12 洪秀全，〈敕令〉，引自Vincent Y. C. Shih, *The Taiping Ideology: Its Sources, Interpretations and Influences* (Seattle: University of Washington Press, 1967), P.6.

13 洪的早期著作裡，摘引了《禮記》的相關段落。而稍後，凡是提到《禮記》中「大同」的部分，都被謹慎地從太平天國的文獻中刪除。

14 參見本書第十章，〈康有為的哲學〉。

15 比如《水滸傳》。治太平天國史的專家簡又文認為，洪的思想直接得益於今文經學，參見氏著，《太平軍廣西首義史》（上海：商務印書館，一九四六年），頁六七。可是，其他學者對此說抱持疑義，見Vincent Y. C. Shih, *The Taiping Ideology*, pp.212-214.

16 他們當中不全是赤貧的農民。後來成為太平天國重要將領的石達開，在率領親屬與追隨者加入拜上帝會以前，是家境富裕的地主。

17 楊秀清本來是燒炭工人，也可能當過職業貨運保鑣。蕭朝貴或許是楊的親戚，原來以務農為業。

18 然而，太平天國神學的「三位一體」，在此時以及往後，分別是上帝、耶穌基督以及耶穌的幼弟洪秀全。譯按：基督教神學的三位一體為聖父、聖子和聖靈。

19 這個數字也許被太平天國領導人誇大，用來激勵其信眾。參見Teng Ssu-yü, *The Taiping Rebellion and the Western Powers* (New York: Oxford University Press, 1971), pp. 330-335.

20 男、女性分營居住，不得共處。女性通常組成勞動團，協助部隊作戰。有時若干由苗族女性組成的女營，由女官統領，直接上戰場作戰。

21 這個職銜來自於《周禮》。其他更高級的官銜，也依照周代官稱來取名，由兩（相當於排）、卒（相當於連）、旅（相當於團），一直到軍；一個軍的總士兵人數，約一萬三千一百五十六人。不過在當時，新編成的軍，只有七千名士兵。為了統一指揮，洪秀全於一八五一年八月下令，蕭朝貴、石達開為前軍，韋昌輝、馮雲山統後軍、中軍則交給楊秀清統領，顯然楊的地位最高。

22 到一八五三年左右，太平天國的聖庫中，據報存銀達一千八百萬兩；這個數字是當時清廷北京戶部存銀的六倍。

23 該組織由水匪首領羅大綱統領。

24 「長毛」是叛亂起事者的傳統標誌。對太平天國來說，這也代表對滿洲剃髮留辮習俗的抗議。

25 在這裡，很難避免將太平天國占領長江下游的情形，與二次大戰時以陝北延安為根據地的中共作一個比較。兩者的組織，同樣都是長征之下的軍事社會。而中共將領朱德在其童蒙之時，於故鄉四川曾深受太平天國軼事的影響，因此在紅軍長征時，刻意模仿太平天國的組織。然而，一旦長征結束，紅軍在陝北安頓下來，其與太平天國的相似性就大為下降。在延安，中共刻意採取農村社會的組織型態，並且透過整風運動重整其組織、幹部，成為全新的革命黨國體制。

26 此時，馮雲山和蕭朝貴都已在早期的戰役中陣亡。他們的位置分別由胡以晃和秦日剛頂替，不過在楊秀清以外，最具實力的將領仍為石達開和韋昌輝，各有男、女官屬三千餘人。

27 Cited in Franz Michael, *The Taiping Rebellion: History and Documents, Vol. 1* (Seattle: University of Washington Press, 1966), p. 119.譯按：本詩題為〈我朝傷內禍〉，作者不明，係偽託於翼王石達開之作。

28 Cited in Ho Ping-ti, *Studies on the Population of China, 1368-1953* (Cambridge: Harvard University Press, 1959), p. 239.譯按：原文引自該書中譯本。何炳棣，《明初以降人口及其相關問題（1368-1953）》，頁二八〇。

29 這即是「亞羅號戰爭」（Arrow War），事因一艘誤掛英國國旗的海盜船而起。清軍逮捕海盜、降下英旗，咄咄逼人的英國領事巴夏禮（Harry Parkes）將這視作是對英王的污辱，並且向英政府報告，作為宣戰的理由。此時巴麥尊再次掌權，便以這個輕率的藉口「給中國一個教訓」。

30 這份抄本是聯軍在攻占廣州、占領兩廣總督衙門時，由檔案中所繳獲的。

31 譯注：原文中作Ying Keng-yun，疑為殷兆鏞的字號。

32 僧格林沁是出身自博爾濟吉特家族的蒙古親王。他為道光皇帝所提攜，戰功彪炳，在一八五五年力挫太平軍的北伐。

33 英國人和法國人在縱火之前，先在園中大肆劫掠一番。雖然這些搶來的珍玩，未必像帕德嫩神廟的大理石楣柱（Pathenon Friezes，大英博物館的著名藏品）一樣是無價之寶，但是圓明園中皇帝的龍袍和御座都被運回英國，給維多利亞與亞伯特博物館（Victoria and Albert Museum）中的東方特藏區增色不少，是英國帝國主義的時代象徵。

34 Cited in Harley Farnsworth MacNair, *Modern Chinese History-Selected Readings* (Shanghai: Commerical Press, 1923), Vol.1, p. 317.

第九章　中興與自強的幻影

1 經世學派以明末的顧炎武和陳子龍（一六〇八至一六四七年）為宗，強調地方政府的重要性，以及上層仕紳在地方政治層面應該負起的責任。十九世紀最著名的倡議者是馮桂芬（一八〇九至一八七四年），他相信最能捍衛既有秩序者，就是那些要保護個人財產的人。至於馮桂芬在蘇州地方政治裡的角色，可參見本章稍後的述敘。

2 根據儒家禮節，官員的雙親之一過世時，必須離職回鄉守孝三年，稱為「丁憂」。

3 當科舉考試於一九〇五年廢除之後，仕紳不再單由朝廷那裡獲得身分地位，並且逐漸在新式學堂、地方興辦的工業等事業之中，尋求新的途徑來維持本身的地位。參見第十一章。

4 到了太平天國亂事行將平定之際，地方督撫已經幾乎都由漢人出任。

5 統兵將領的忠誠，則由仕紳菁英間的人際網路來確保。有若干資料指出，曾國藩在中下層幹部之中，鼓勵發展「哥老會」一類的組織，用來鞏固部隊對他的忠誠。哥老會在太平天國亂後成為非常聞名的祕密會社組織，在湘軍解散之後，於辛亥革命之前的屢次變亂當中，都扮演重要的角色。

6 釐金事實上可分為三種：在產地徵收的釐金、市場釐金，以及運送過程收取的釐金。以最後一項為最大宗。見Yeh-chien Wang, *Land Taxation in Imperial China, 1750-1911* (Cambridge: Harvard University Press, 1973), p. 11.

7 讀者可能會發現，類似的村莊圍堵戰術，美軍也在南越戰場上使用過。雖然這項做法是由吳廷琰（譯按：南越總統）開始實施，部分是仿效英國在馬來亞（Malaya）的策略，但是也受到中國戡亂戰術的直接影響。曾國藩的平亂用兵之道，在二十世紀時被蔡鍔注意（譯按：原文中作Tsao O，疑為蔡鍔之誤，蔡氏曾編有《曾胡治兵語錄》），他的著作後來啟發了蔣介石在一九三一到一九三四年時、對付中共江西蘇區的圍剿戰術。歷次圍剿戰役當中所採用的戰術，後來成為國軍軍事院校裡戰略課程的分析戰例；一九六〇年代時，美國軍事顧問在台灣上過這些課程，他們調職到南越後，就把所學用在該地。

8 小刀會約於一八五〇年時，由一位海外華僑創立於廈門。這個組織是三合會的一個分支，很快就把發展基地轉到上海，吸引當地許多水匪、船夫加入。小刀會首受到太平天國攻占南京的鼓舞，準備在一八五三年舉事。同年九月初七，會首劉麗川發難，奪占上海縣城。他麾下的人馬很快就改採守勢，因為朝廷官軍（有法軍一部助戰）很快就將縣城包圍。雖然有鄰近的農民私運糧食入內，城中的起事會眾終究還是因為城中缺糧而失敗。在一八五五年九月十七日，他們嘗試突圍，但是被官軍擊敗，會首劉麗川陣亡。小刀會原先聲稱要反清復明，至少在舉事之前、劉麗川於一八五三年九月初一發布的宣告裡，都還這麼說。《上海小刀會史料匯編》（上海人民出版社，一九五八年）重刊了這份宣告（頁四）。然而在同年的九月十八日，劉寫信給洪秀全，宣稱他聽令於太平天國的天王陛下。我曾在上海豫園小刀會陳列館裡，見過這份信函的原件。該函複本可參見上揭書，頁一一。約瑟夫・法斯（Joseph Fass）對這次起事也有分析，可見其論文。Joseph Fass, “L’Insurrection du Xiaodaohui à Shanghai,” in Jean Chesneaux et al., eds., *Mouvements populaires et sociétés secrétes en Chine aux XIXe et XXe siècles* (Paris: François Maspéro, 1970), pp.178-195.譯按：本書英文版書名為*Popular movements and secret societies in China, 1840-1950* (Stanford: Stanford University Press, 1972).

9 英國軍官，他後來於喀土木（Khartoum）光榮陣亡。

10 此語出卜魯斯。J. S. Gregory, *Great Britain and the Taipings* (New York: Praeger, 1969), p.112.

11 肅順是宗室旗人，授輔國將軍，是內務府的重要成員。在一八五八年，他以都察院左都御史的身分，上奏朝廷，請處死耆英；隔年，以戶部尚書身分，逮捕錢莊經理及其幫辦人等，壓制通貨膨脹。譯按：此即咸豐八年（一八五八）冬爆發之「戶部寶鈔案」，起自肅順發現，戶部因籌措軍款設立之寶錢總局，帳面與實際欠款不符。此案涉及多名高級官員，據《清史稿．翁心存傳》云：「戶部迭興大獄，肅順主之，多所羅織」。

12 讀者會想起，前面章節中曾提到金台吉對努爾哈赤的詛咒：姓葉赫那拉的女子，終將傾覆這個國家。

13 北京神機營組建於一八六一年，為中國首支完全配備洋槍的軍團。譯按：原文作Peking Field Army（直譯為「北京野戰軍」），據《清史稿．榮祿傳》載：「同治初，設神機營，賞（榮祿）五品京堂，充翼長，兼專操大臣。再遷左翼總兵。」

14 醇王是未來光緒皇帝的親生父親。

15 同文館是為了學習西方學問而特設的機構，由新設立的總理衙門（全名為總理各國事務衙門）於一八六一年創立。雖然總理衙門的設置，得到很多國外友華派人士的讚賞，認為是制度改革的開端，但是總理衙門對於因循泄沓的北京政壇，只是一個無力的附屬機構。它被視為臨時單位，在皇上的堅持之下，其奏摺必須透過禮部代轉。總理衙門大臣必須要有大學士兼銜，才能具有實權。

16 Cited in Victor Purcell, *The Boxer Uprising: A Background Study* (Cambridge: Cambridge University Press,1963), p.124.

17 這些被蒙在鼓裡的修女，還以為她們只是付錢酬謝這些送孤兒前來的好心人士。

18 譯注：崇厚此時應為三口通商大臣，即日後的北洋通商大臣。

19 豐大業稍後堅持，這些人是意圖攻擊他。

20 雖然官方聲稱，同治皇帝因染天花駕崩，但是據說皇帝實際上是在北京的妓院裡染上性病。Arthur W. Hummel, comp., *Eminent Chinese of the Ch'ing Period* (Washington, D. C.: Government Printing office, 1944), p. 731.

21 左宗棠出身於湖南的小康鄉紳之家，他不像李鴻章，能夠繼承其父在京城中的人脈關係。左也沒有考中進士；太平天國亂起之時，他已經從公職告退回鄉，以耕讀維生，追求他在軍事地理上的興趣。

22 黑旗軍是太平天國的外圍追隨者、客籍三合會首劉永福建立的一支私人武力。劉在一八六五年率部退回中國後，於中越邊境創立一個軍事政權。由於他與越南的反法分子合作，一起抵抗法軍，因此於一八六九年，越南國王正式承認黑旗軍為友軍。

23 不過，朝鮮問題隨即就使北京為之苦惱。

24 張此時是強硬主戰的清議派領導人物。他後來則成為李鴻章的女婿。

25 引自Teng Ssu-yü and John K. Fairbank, eds., *China's Response to the West: A Documentary Survey, 1839-1923*, p.121.或者也像托克維爾（de Tocqueville）所說，法國在阿爾及利亞的立場：「在撤退和完全控制之間，沒有第三條路好走。」

26 J. M. Miller, *China: Ancient and Modern* (Chicago: J. M. Miller, 1900), p.231.

27 語出李的奏摺，引自Stanley Spector, *Li Hung-chang and the Huai Army: A Study in Nineteenth-Century Chinese Regionalism* (Seattle: University of Washington Press, 1964), p.255.不過，應該指出的是，在一八八二到一八八五年間，有大量的商人資本出現，特別是買辦階級。這是因為招商局在名義上雖由盛宣懷領導，實際上由買辦所經營。在一八八五年，因為盛宣懷親自接管的緣故，使得股東失去信心，從而使公司的股票大跌。參見Wellington K. K. Chan, "Chou Hsueh-hsi and Late Ch'ing Bureaucratic Capitlaism," paper delivered at the Association for Asian Studies, April, 1974。

第十章　維新與反動

1 Teng Ssu-yü and John K. Fairbank, eds., *China's Response to the West: A Documentary Survey, 1839-1923*, p.152.

2 確實，湖南在太平天國動亂之後，全省經歷了一段人才輩出的振興時期，產生許多近代中國的領導人，包括了對於曾國藩和左宗棠非常景仰的毛澤東在內。

3 主張維新變法者，尤其注意日本的國會，將日本軍事力量的強盛，歸功於議院在國家的旗幟下，能夠有效凝聚全民的意志。

4 「孔教」一詞，就是在這個時期創造出來的。之前的儒家學者各自有不同的學派統屬、淵源。雖然這個新孔教的社會福利方案，是受到基督教傳教士如李提摩太（Timothy Richard）的中文著作的啟發，不過學會的各項勸導人民尊孔的計畫，顯然是針對基督教對人心的侵蝕而來。

5 康的解釋——就如同洪秀全堅持說，中國因為遭受蠻夷統治，故而背離了上帝那樣——讓他能夠解釋當下為何中國陷入長期黑暗的原因，而不損及他作為一個中國人的尊嚴和驕傲。他也同樣聲稱，自己的解釋具有普世性。透過重新發現孔子被掩蓋的教導，中國人能夠創造出新的「道」，最終將世界結合在一起。

6 引自馮友蘭著、包弼德（Derk Bodde）譯，《中國哲學史》（*A History of Chinese Philosophy*）（Princeton: Princeton University Press, 1953），Vol. 2, p.675.譯按：原文回譯自康有為，〈序〉，《孔子改制考》（北京：中華書局，一九五八年）。

7 Cited in Richard Howard, “Kang Yu-wei” in Arthur Wright and Denis Twitchett, eds., *Confucian Personalities* (Stanford: Stanford University Press, 1962), p. 309.

8 戴震在十八世紀時，便認為「禮」已經成為社會、政治專制的工具。不過，他的論旨雖然起到作用，但是沒有使「仁」這樣的原則，形成廣為社會接受的普遍規範。

9 譯注：本書寫作之時，文化大革命尚未塵埃落定。

10 參見本書第八章對洪秀全意識型態的解釋。康有為和洪秀全的相似性值得注意。這是因為，在洪秀全早期談到天啟的著作中，他也將「太平」以及「大同」結合在一起。在某些層面上，康有為不過是想要捏造出一個儒家版本的自然神論，好用來取代基督教的末世論。並沒有證據顯示，康氏受到洪思想的直接影響（康的祖父和叔父曾在廣東領導團練，鎮壓太平軍）。但頗有意思的是，他們的思想上內在與外在的匯流融合，康氏將西方關於進步科學理論，運用在中國式的田園觀念上，創造出一個未來的烏托邦理想世界；而對洪秀全來說，那個世界則是降臨在人世間的天堂。

11 中國只拒絕了義大利的要求。在歐陸，舉行了多場針對即將到來的、瓜分中國的會談。一八九九年九月六日，美國國務卿海約翰（John Hay）對列強諸國提出照會，要求在中國「門戶開放」。雖然這一照會，以及日後的門戶開放政策都提到了保持中國的領土完整，但是他們的基本目的，是要保持在原來的通商口岸能夠利益均霑。海約翰要求列強，不要干涉各國在通商港埠的既得利益，或者在他國的勢力範圍內，獲取新的權益。當然，租約照舊。

12 洋行的創辦者，原來是廣州的大鴉片進口貿易商。

13 引自翦伯贊編，《戊戌變法》，卷一（上海：神州國光社，一九五五年），頁五六。

14 上引書，頁二〇〇。

15 譯注：原文中將《庸書》的作者誤植為陳虬。今據郭廷以，《近代中國史綱》（香港：中文大學出版社，一九八九年），頁三〇三改正。

16 不過，所謂「百日維新」通常從皇上召見康有為前五天、也就是下《定國是詔》的那天開始算起。

17 Cited in Li Chien-nung, *The Political History of China, 1840-1928, trans.* by Teng Ssu-yü (Princeton: Van Nostrand, 1956), p.165.譯按：括號內文字為譯者所增補。原文引自李劍農，《中國近百年政治史》（台北：商務印書館，一九九三年）。葉德輝關於中國居於中心位置的判斷，是基於他的觀察，認為黃色是最完美、中庸的人種膚色，處在黑色人種與白色人種兩極之間。

18 在當時，這是未經證實的謠言。不過，可以確定的，是充滿疑心的滿人塔懷布和土默特蒙古人立山向太后奏陳說，光緒正在變更祖宗成法。當時慈禧拒絕了他們要求太后干預之請。參見Sue Fawn Chung, "Tz'u-hsi and the Reform Movement," Ph. D. dissertation, Berkeley, 1975.

19 慈禧以原來用作海軍發展經費的款項，重建被燒毀的頤和園。愛國者批評修園子對後來的黃海之戰毫無用處。她從此事以後，就正式退休，將日常政務交給光緒皇帝管理。

20 袁世凱在這場政變中扮演的角色，引發許多歷史爭議。根據袁氏的日記（這也可能是他事後所記，以為自己的行為開脫），譚嗣同於九月十八日晚間和他會面。然而在同一天，榮祿已經召袁赴天津。袁手中的軍事實力（身為直隸省按察使，他在天津附近的小站有約七千兵力），不敵已經動員部分軍隊的榮祿。袁在二十日抵達天津，向榮祿告發維新黨的陰謀。同日稍後，他返回北京，要求總署王大臣、慶親王奕劻將這項消息向皇太后代奏。袁於二十一日回到天津，在臨行前，他應太后召，前往頤和園覲見。參見注18引用之Sue Fawn Chung的論文。

21 引自李劍農，《中國近百年政治史》，頁一六〇。這些對話原先來自北京茶館之中，那裡常有宮中的匿名太監爆料宮中內幕。

22 光緒此後一直被軟禁，直到一九〇〇年八月，八國聯軍攻進北京，皇室成員逃往西安。自此之後，他獲准出席主持一些儀式活動，但是再也沒有掌權。他據說駕崩於一九〇八年、慈禧薨逝的前一日，但是更可能是因為太后自知不起，便先將他謀害。

23 蕭公權，〈翁同龢與戊戌變法〉，《清華學報》（一九五七年四月），頁一一六。

24 這種領袖想像（Chrisma）特質的投射，在彼得・沃斯里（Peter Worsley）的著作中的緒論裡有介紹。Peter Worsley, *The Trumpet Shall Sound: A Study of 'Cargo' Cults in Melanesia, 2nd ed.* (New York: Schocken Books, 1970).

25 從「反清復明」到「扶清滅洋」。

26 五位漢人大臣稍後因反對此項政策，遭到政府處死。

27 到了使領館區解圍之後，一共有六十六名外國人被殺害。

28 這個沉重的擔子加在中國納稅人的身上。另外一千八百八十萬兩則加到各省稅額中，主要是土地稅，分年攤還。這些附加稅使得民眾對政府日趨不滿，對於加速清朝的覆亡，起到了不小的作用。

第十一章　天命已盡

1 這是為什麼孫中山的地位，在中共的革命史觀裡也同樣重要的原因。毛澤東（國共合作時期，他曾經熱誠地在孫的領導下服務）堅持說：「中國的反帝、反封建的資產階級民主革命，正規的說起來，是從孫中山先生開始的。」參見毛澤東，〈青年運動的方向〉，收於《毛澤東選集》卷二，頁五七。

2 盛宣懷原來是李鴻章的幕僚，後來被任命為郵傳部侍郎，負責鐵路與電報事業。

3 慈禧在發動政變時，所運用的政治體制武器裡，當中有一項就是議政王大臣會議，由各部院大臣與滿洲王公親貴所共同組織。在一八九八年九月二十三日軟禁光緒皇帝之前，慈禧太后事前先徵詢過諸王大臣，並且取得這批滿洲權貴的支持。在義和拳亂之時，議政王大臣會議召開，討論和戰選擇，端王把持了局面。

4 譬如，在袁世凱升任軍機大臣以後，軍務仍舊由他的屬下、朋友馮國璋看管。馮兼著陸軍部軍諮處的差使。

5 後來，蔣介石在一九二四年主持黃埔軍校的軍事幹部教育時，也採取同樣的辦法。

6 在袁世凱麾下這批軍官裡面，有五位當上北洋政府的總統，一位出任總理。還有許多人後來是著名的大軍閥。

7 地方督撫早先時已經迫使朝廷廢除道台一職，如此就剝奪了戶部在地方上的財務監管人，無法上報釐金徵收的數額。

8 以馬克思主義史家的觀點，認為一個完整、統一的資產階級，直到一九二〇年代以前，都還沒發展起來。仕紳畢竟是有土地產業的階級，他們的利益並不總是和商人一致。所以，在一九一一年之前，他們是在反對帝國主義侵略這項議題上面密切合作，並且在面對朝廷時，團結一致，保護地方利益不受中央的插手干預。後面這種觀點，是蘭欽（Mary Backus Rankin）提出來的，參見其論文。Mary Backus Rankin, “Provincial Initiative and Elite Politics: The Chekiang and Kiangshu Railway Controversies, 1906-1911,” paper delivered at the Associations for Asian Studies, April 1974.

9 參見第十章。

10 Cited in Charles Hedtke, “The Revolution in Szechwan,” paper presented at the Conference on the Chinese Revolution of 1911 (Laconia, 1965), p.40.引號中文字經過作者的稍微改動。

11 如果中國的貸款，在合同上是美金一百萬元，以這個數額支付高額利息，但是中方實際上只收到九十萬元。

12 E-tu Zen Sun, *Chinese Railways and British Interests, 1898-1911* (New York: Columbia University Press, 1954), p. 109.

13 當中最著名的，是秋瑾於一九〇七年七月在杭州所領導的起義。然而，起事後來失敗，秋瑾被清廷警察斬首。

14 孫的許多觀點，都受到毛萊士・威廉斯（Maurice Williams）的啟發，威廉斯是紐約布魯克林區的一名牙醫，宣揚亨利・佐治的單一稅社會主義。

15 宋教仁，《我之歷史》，轉引自Ta-ling Lee, *Foundations of the Chinese Revolution* (New York: St. John's University Press, 1970), pp. 28-29.

16 朝廷宣稱，將會按照債券票面金額的六成支付還款；剩下的四成，則由免息債券抵付。

17 有許多革命團體的黨人參與其事，但他們都不是同盟會的會員。

18 譯注：此時的皇太后為光緒皇帝的正宮隆裕皇后。原文中將她誤植為「年輕宣統皇帝的母親」。實則她並非宣統生母，僅奉為「兼祧母后」。

19 前後兩個國民黨名稱看來一樣，其實是不同的政黨。孫中山於一九一九年改組成立的中國國民黨，一九二八年後成為中國的執政黨，直到一九四九年。而頭一個國民黨，則是一個鬆散的國會聯盟政團。後來改組成立的國民黨有嚴格的黨員制度，必須奉行三民主義及對總理孫中山個人效忠。

20 譯注：袁世凱確實於一九一五年十一月，改國體為「中華帝國」，自任皇帝，年號「洪憲」。但是南方各省反對袁氏稱帝，隨即發起護國運動，袁部北洋將領也多不支持，袁被迫於一九一六年三月二十二日撤銷了為期僅八十三日的「洪憲帝制」，仍欲留任總統，但是各方電催其退位。在袁世凱病死之後，退位問題「不解自解」。參見郭廷以，《近代中國史綱》，頁四三二—四四五。

21 在十八世紀，百分之七十五的國家稅收來自農村。到了二十世紀初，土地稅的收入只占國家歲入的三分之一。商業稅、鴉片貿易關稅，還有工業稅等，現在都成為軍閥控制下的財源收入。

致謝

1 譯注：文中所提到的研究，分別如下：James Polachek, "Gentry and Local Control in Su-Sung-Tai, 1830-1884," (Conference on Local Control and Social Protest During the Ch'ing Period, Honolulu,

1971). Angus McDonald, Jr., *The Urban Origins of Rural Revolution: Elites and the Masses in Hunan Province, China, 1911-1927* (Berkeley: University of California Press, 1978). Joseph Esherick, *Reform and Revolution in China: The 1911 Revolution in Hunan and Hubei* (Berkeley: University of California Press, 1986).（中譯本：周錫瑞著，楊慎之譯，《改良與革命：辛亥革命在兩湖》，江蘇人民出版社，二〇〇七年。）Jeffrey Barlow, *Sun Yat-sen and the French, 1900-1908* (Center for Chinese Studies, Institute of East Asian Studies, University of California, 1979).

大清帝國的衰亡
The Fall of Imperial China

作　者—魏斐德（Frederic Wakeman, Jr.）
譯　者—廖彥博
編　輯—張啟淵
封面設計—吳郁嫻

董事長—趙政岷
出版者—時報文化出版企業股份有限公司
108019臺北市和平西路三段二四〇號四樓
發行專線—（〇二）二三〇六六八四二
讀者服務專線—〇八〇〇二三一七〇五　（〇二）二三〇四七一〇三
讀者服務傳真—（〇二）二三〇四六八五八
郵撥—一九三四四七二四時報文化出版公司
信箱—10899臺北華江橋郵局第九九信箱
時報悅讀網—http://www.readingtimes.com.tw
法律顧問—理律法律事務所　陳長文律師、李念祖律師
印　刷—勁達印刷有限公司
三版一刷—二〇二二年三月十一日
定　價—新臺幣四二〇元
（缺頁或破損的書，請寄回更換）

時報文化出版公司成立於一九七五年，
並於一九九九年股票上櫃公開發行，於二〇〇八年脫離中時集團非屬旺中，
以「尊重智慧與創意的文化事業」為信念。

大清帝國的衰亡 / 魏斐德 (Frederic Wakeman, Jr.) 著 ; 廖彥博譯 .
-- 三版 . -- 臺北市 : 時報文化出版企業股份有限公司 , 2022.03
面 ;　公分 . -- (歷史與現場 ; 315)

譯自 : The fall of imperial China.

ISBN 978-626-335-012-0(平裝)

1.CST: 清史

627　　111001154

ISBN 978-626-335-012-0
Printed in Taiwan